數　學

（四）

楊維哲

學歷：國立臺灣大學數學系畢業
　　　國立臺灣大學醫科肆業
　　　普林斯敦大學博士
經歷：國立臺灣大學數學系主任
　　　、數學研究中心主任
　　　國立臺灣大學數學系教授

蔡　聰　明

學歷：國立臺灣大學數學研究所
　　　博士
經歷：國立臺灣大學數學系
　　　副教授

三 民 書 局 印 行

©　數　學　（四）

著作人	楊維哲　蔡聰明
發行人	劉振強
著作財產權人	三民書局股份有限公司 臺北市復興北路386號
發行所	三民書局股份有限公司 地址／臺北市復興北路386號 電話／(02)25006600 郵撥／0009998-5
印刷所	三民書局股份有限公司
門市部	復北店／臺北市復興北路386號 重南店／臺北市重慶南路一段61號

初版一刷　中華民國八十七年二月
初版九刷　中華民國一〇〇年二月
編　　號　S 312030
行政院新聞局登記證局版臺業字第〇二〇〇號

ISBN　978-957-14-2429-3　（第四冊：平裝）
http://www.sanmin.com.tw　三民網路書店

編 輯 大 意

一、本教材係依四學分編寫，每週授課四小時。

二、本書力求銜接國中數學，特別注重數學中實驗的、觀察的、歸納的一面，由一些實例的求解，才引出數學概念與方法的發展。最後，再透過數學的觀念網，回頭重新觀照經驗世界的山河大地，更有效地解決問題。這種由經驗世界出發，創造出觀念與方法，再回歸到經驗世界，形成一個迴路，乃是數學或科學的求知活動之常軌。我們遵循此常軌，儘量避免為數學而數學的毛病。期望在這整個過程中可以啟發學生的分析、綜合、類推、歸納、計算、推理……諸能力。

三、本書儘可能採用數學史上有趣的名例以及日常生活的實例來講解，以符合趣味性、實用性與應用性，提高學習興趣。

四、本書的行文力求親切細膩，由淺入深，尋幽探徑，期望達到自習亦可讀的地步。學習就是儘早學會自己讀書的習慣。

五、將日常生活或大自然的現象加以量化、圖解化、關係化就產生了各種數的概念、方程式、函數、幾何圖形與微積分等等，這些題材就構成了本書的骨架。

六、本書使用者，無論是老師或學生，如有改善高見，請逕函三民書局，俾便再版修正，至所企盼。

數　學 ㈣

目　次

第七章　無窮級數

第一章　積分的技巧

在第三冊裡，我們已經學過：有一個**微分公式**

$$DF(x) = f(x)$$

就對應有一個**不定積分**（或**反微分**）**公式**

$$\int f(x)dx = F(x) + c$$

與一個**定積分公式**（又叫 Newton-Leibniz 公式）

$$\int_a^b f(x)dx = F(x)\Big|_a^b = F(b) - F(a)$$

它們是「三合一」的公式，「三位一體」。

例如，已知 $D\sin x = \cos x$，那麼就有

$$\int \cos x dx = \sin x + c$$

$$\int_0^{\frac{\pi}{2}} \cos x dx = \sin x\Big|_0^{\frac{\pi}{2}} = \sin \frac{\pi}{2} - \sin 0$$

$$= 1 - 0 = 1$$

本章我們要繼續來探討，求積分的各種常用的技巧，最主要是分部積分公式與變數代換公式，它們分別是微分的 Leibniz 公式（即兩函數乘積的微分公式）與連鎖公式所對應而來的。

1-1　分部積分法

假設 u, v 為可微分函數，則由萊布尼茲 (Leibniz) 的微分公式

$$(uv)' = u'v + uv'$$

得到　　　$uv' = (uv)' - u'v$

兩邊作不定積分的運算得

$$\int uv'dx = \int (uv)'dx - \int u'vdx$$

亦即 $\qquad\displaystyle\int uv'dx = uv - \int vu'dx$

或 $\qquad\displaystyle\int udv = uv - \int vdu$

因此我們有

定理 1

設 $u,\ v$ 為可微分函數，則

$$\int udv = uv - \int vdu$$

此式叫做**分部積分公式**。

這個定理的用意是當我們要計算 $\displaystyle\int f(x)dx$ 時，可能不容易看出 f 的反導函數，於是就去適當的選擇 u 及 v，使得 $\displaystyle\int f(x)dx$ 可表成 $\displaystyle\int udv$ 的形狀，因此就可用 $uv - \displaystyle\int vdu$ 來替代。要點是，原則上 $\displaystyle\int vdu$ 必須較容易計算，否則就失去分部積分公式的用意。讓我們舉一些例子來說明：

例 1 　求 $\displaystyle\int \tan^{-1} xdx$。

解 　利用分部積分公式

$$\begin{aligned}
\int \tan^{-1} xdx &= x\tan^{-1} x - \int xd\tan^{-1} x\\
&= x\tan^{-1} x - \int \frac{x}{1+x^2}dx\\
&= x\tan^{-1} x - \frac{1}{2}\ln(x^2+1) + c \quad\blacksquare
\end{aligned}$$

例2　求 $\displaystyle\int x^2 \sin x\, dx$。

解　利用分部積分公式

$$\int x^2 \sin x\, dx = \int x^2 d(-\cos x)$$

$$= -x^2 \cos x - \int (-\cos x)\, dx^2$$

$$= -x^2 \cos x + \int 2x \cos x\, dx$$

再對 $\displaystyle\int 2x \cos x\, dx$ 施行分部積分法得

$$\int 2x \cos x\, dx = 2\int x\, d\sin x$$

$$= 2(x \sin x - \int \sin x\, dx)$$

$$= 2x \sin x + 2\cos x + c$$

$$\therefore \int x^2 \sin x\, dx = -x^2 \cos x + 2(x \sin x + \cos x) + c \quad \blacksquare$$

例3　求 $\displaystyle\int x e^{ax}\, dx$。

解　利用分部積分法

$$\int x e^{ax}\, dx = \frac{1}{a}\int x\, de^{ax} = \frac{x}{a}e^{ax} - \frac{1}{a}\int e^{ax}\, dx$$

$$= \frac{x}{a}e^{ax} - \frac{1}{a^2}e^{ax} + c$$

$$= \frac{e^{ax}}{a^2}(ax - 1) + c \quad \blacksquare$$

【隨堂練習】

(1)求 $\displaystyle\int x^2 e^{-x}\, dx$。　　　　　　(2)求 $\displaystyle\int e^x \sin x\, dx$。

> **定 理 2**

（定積分的分部積分公式）

假設 u, v 為 $[a, b]$ 上的連續可微分函數，則

$$\int_a^b u\,dv = (uv)\Big|_a^b - \int_a^b v\,du$$

這由不定積分的分部積分公式:

$$\int u\,dv = uv - \int v\,du$$

代入積分上、下限立即得到。

例4 求 $\int_0^a xe^{-x}dx$。

解 由分部積分公式

$$\int_0^a xe^{-x}dx = -\int_0^a x\,d(e^{-x}) = (-xe^{-x})\Big|_0^a + \int_0^a e^{-x}dx$$

$$= -ae^{-a} + (-e^{-x})\Big|_0^a$$

$$= -ae^{-a} - e^{-a} + 1 \quad \blacksquare$$

例5 求 $\int_0^1 \tan^{-1}x\,dx$。

解 由分部積分公式

$$\int_0^1 \tan^{-1}x\,dx$$

$$= x\tan^{-1}x\Big|_0^1 - \int_0^1 x\,d\tan^{-1}x$$

$$= 1\cdot\tan^{-1}1 - 0\cdot\tan^{-1}0 - \int_0^1 \frac{x}{1+x^2}dx$$

$$= \frac{\pi}{4} - \frac{1}{2}\ln(1+x^2)\Big|_0^1$$

$$= \frac{\pi}{4} - \frac{1}{2}\ln(1+1^2) + \frac{1}{2}\ln(1+0^2) = \frac{\pi}{4} - \frac{1}{2}\ln 2 \quad \blacksquare$$

【隨堂練習】　求下列的積分:

(1) $\displaystyle\int_1^b \ln x\,dx$ 　　　　　(2) $\displaystyle\int_0^{\frac{\pi}{2}} x\cos x\,dx$

上述定理 2 的公式, 有很簡單的幾何解釋: 考慮參數方程式

$$\begin{cases} u = u(t) \\ v = v(t) \end{cases}, \quad t \in [a,b]$$

其圖形 Γ 如下:

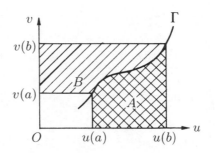

圖 1–1

將曲線 Γ 表成 $v = f(u)$, 則面積 A 就是

$$A = \int_{u(a)}^{u(b)} f(u)\,du = \int_a^b v(t)\,du(t) \quad (\because f(u(t)) \equiv v(t))$$

同理將曲線 Γ 表成 $u = g(v)$, 則面積 B 就是

$$B = \int_{v(a)}^{v(b)} g(v)\,dv = \int_a^b u(t)\,dv(t) \quad (\because g(v(t)) \equiv u(t))$$

今由圖形看出, $A + B$ 表示大矩形的面積減去小矩形的面積, 即

$$A + B = u(b)v(b) - u(a)v(a)$$

此式就是分部積分公式！

　　換言之，求算定積分時，在 A, B 兩塊面積中可能有難易之別，於是我們就用分部積分公式把難算的表成容易算的，因而達到「以簡御繁」的目的。

習 題 1-1

求下列的積分：

1. $\displaystyle\int x^2 e^{-2x}dx$　　　　　　　　2. $\displaystyle\int \sqrt{x}\ln x\,dx$

3. $\displaystyle\int (\ln x)^2 dx$　　　　　　　　4. $\displaystyle\int x\ln x\,dx$

5. $\displaystyle\int x\tan^{-1}x\,dx$　　　　　　6. $\displaystyle\int \frac{\ln x}{x}dx$

7. $\displaystyle\int_0^\pi x\sin x\,dx$　　　　　　　8. $\displaystyle\int_1^e x\ln x\,dx$

9. $\displaystyle\int_0^1 x\tan^{-1}x\,dx$　　　　10. $\displaystyle\int_0^{\frac{\pi}{2}} x^2\cos x\,dx$

11. $\displaystyle\int_0^1 xe^x dx$　　　　　　　12. $\displaystyle\int_0^1 \sin^{-1}x\,dx$

13. $\displaystyle\int_0^{\frac{\pi}{2}} \sin^4 x\,dx$　　　　　14. $\displaystyle\int_0^{\frac{\pi}{2}} \sin^3 x\,dx$

1-2　變數代換法

　　由連鎖規則

$$Df(g(x)) = f'(g(x))g'(x)$$

得到對應的兩個積分公式：

$$\int f'(g(x))g'(x)dx = f(g(x)) + c$$

與

$$\int_a^b f'(g(x))g'(x)dx = f(g(x))\Big|_a^b$$
$$= f(g(b)) - f(g(a))$$

進一步，我們可以得到

$$\int f(\varphi(x))\varphi'(x)dx \quad 與 \quad \int f(x)dx$$

這兩類型的積分之求法。

甲、第一類型的變數代換法

【問題】　如何求 $\int f(\varphi(x))\varphi'(x)dx$？

令 $u = \varphi(x)$ 作變數代換，則 $du = \varphi'(x)dx$，於是

$$\int f(\varphi(x))\varphi'(x)dx = \int f(u)du$$

如果我們可以算出 $\int f(u)du$，得到

$$\int f(u)du = F(u) + c \qquad (1)$$

那麼

$$\int f(\varphi(x))\varphi'(x)dx = \int f(u)du = F(u) + c$$

再將 $u = \varphi(x)$ 換回，就得到

$$\int f(\varphi(x))\varphi'(x)dx = F(\varphi(x)) + c \qquad (2)$$

這就是我們所要的答案，為什麼可以這樣做呢？

因為由連鎖規則知

$$DF(\varphi(x)) = F'(\varphi(x))\varphi'(x)$$

再由(1)式知 $F'(u) = f(u)$，所以

$$DF(\varphi(x)) = f(\varphi(x))\varphi'(x)$$

將此式化成不定積分的形式就是(2)式。

定 理 1

（不定積分的變數代換公式）

設 f, φ, φ' 都是連續函數，並且

$$\int f(u)du = F(u) + c$$

則我們有

$$\int f(\varphi(x))\varphi'(x)dx = F(\varphi(x)) + c$$

讓我們來說明它的用法。假定我們只會求 f 的反導函數 F，但是我們所遇到的不定積分 $\int f(\varphi(x))\varphi'(x)dx$ 乍看之下，被積分函數 $f(\varphi(x))\varphi'(x)$ 好像是很複雜，暫時看不出其反導函數。但是只要我們令 $u = \varphi(x)$（變數代換），則 $du = \varphi'(x)dx$，從而 $\int f(\varphi(x))\varphi'(x)dx$ 就化約成 $\int f(u)du$ 之形。然而 $\int f(u)du = F(u)+c$ 是已知，因此再把變數 $u = \varphi(x)$ 換回，就得到 $F(\varphi(x))+c$，這就是變數代換的過程。

例 1　求 $\int (2x+1)^{100}dx$。

解　　令 $u = 2x+1$，則 $du = 2dx$

$$\therefore \int (2x+1)^{100}dx = \frac{1}{2}\int (2x+1)^{100} \cdot 2dx$$

$$= \frac{1}{2}\int u^{100}du = \frac{1}{2}\cdot\frac{1}{101}u^{101}+c$$

$$= \frac{1}{202}(2x+1)^{101}+c \quad \blacksquare$$

例2　求 $\displaystyle\int \frac{xdx}{(1+x^2)^2}$。

解　令 $u=1+x^2$，則 $du=2xdx$

$$\therefore \int \frac{xdx}{(1+x^2)^2} = \frac{1}{2}\int \frac{2xdx}{(1+x^2)^2}$$

$$= \frac{1}{2}\int \frac{du}{u^2}$$

$$= -\frac{1}{2}\frac{1}{u}+c$$

$$= -\frac{1}{2(x^2+1)}+c \quad \blacksquare$$

例3　求 $\displaystyle\int \frac{xdx}{1+x^4}$。

解　令 $u=x^2$，則 $du=2xdx$

$$\therefore \int \frac{xdx}{1+x^4} = \frac{1}{2}\int \frac{du}{1+u^2} = \frac{1}{2}\tan^{-1}u+c$$

$$= \frac{1}{2}\tan^{-1}x^2+c \quad \blacksquare$$

注意：如果我們令 $u=x^4$ 會如何呢？此時 $du=4x^3dx$

$$\therefore xdx = \frac{du}{4x^2} = \frac{du}{4\sqrt{u}}$$

於是　$\displaystyle\int \frac{x}{1+x^4}dx = \int \frac{1}{(1+u)}\frac{du}{4\sqrt{u}} = \frac{1}{4}\int \frac{1}{\sqrt{u}+u\sqrt{u}}du$

　　這變得比原問題更難做，因此必須講究代換的技巧，做到「熟能生巧」的地步。

　　讓我們再舉更多的例子加以練習。

例 4　　$\displaystyle \int \frac{\tan^{-1} x}{1 + x^2} dx = \int \tan^{-1} x \, d(\tan^{-1} x)$

$\displaystyle \qquad\qquad\qquad = \frac{1}{2}(\tan^{-1} x)^2 + c$　■

（註：本例是 $\displaystyle \int \square \, d\square = \frac{1}{2}\square^2 + c$ 的一個特例。）

例 5　　$\displaystyle \int \sin^3 x \, dx = \int \sin^2 x \sin x \, dx$

$\displaystyle \qquad\qquad\quad = \int (\cos^2 x - 1) d\cos x$

$\displaystyle \qquad\qquad\quad = \int \cos^2 x \, d\cos x - \int d\cos x$

$\displaystyle \qquad\qquad\quad = \frac{1}{3}\cos^3 x - \cos x + c$　■

例 6　　$\displaystyle \int \frac{dx}{x \ln x} = \int \frac{1}{\ln x} d(\ln x) = \ln |\ln x| + c$　■

例 7　　$\displaystyle \int \tan x \, dx = \int \frac{\sin x}{\cos x} dx = -\int \frac{d\cos x}{\cos x}$

$\displaystyle \qquad\qquad = -\ln|\cos x| + c = \ln|\sec x| + c$　■

*例 8　　$\displaystyle \int \sec x \, dx = \int \frac{dx}{\cos x} = \int \frac{\cos x}{\cos^2 x} dx = \int \frac{d\sin x}{1 - \sin^2 x}$

$\displaystyle \qquad\qquad = \frac{1}{2} \int \left(\frac{1}{1 + \sin x} + \frac{1}{1 - \sin x} \right) d\sin x$

$$= \frac{1}{2} \left[\int \frac{1}{1 + \sin x} d\sin x + \int \frac{1}{1 - \sin x} d\sin x \right]$$

$$= \frac{1}{2} [\ln(1 + \sin x) - \ln(1 - \sin x)] + c$$

$$= \frac{1}{2} \ln \left(\frac{1 + \sin x}{1 - \sin x} \right) + c$$

$$= \frac{1}{2} \ln \frac{(1 + \sin x)^2}{\cos^2 x} + c$$

$$= \ln |\sec x + \tan x| + c \quad \blacksquare$$

（註：本例也可如此做：

$$\int \sec x \, dx = \int \frac{d(\sec x + \tan x)}{\sec x + \tan x} = \ln |\sec x + \tan x| + c\,)$$

【隨堂練習】　求下列的不定積分：

(1) $\int x e^{x^2} dx$　　　　　(2) $\int \sin 2x \, dx$

乙、第二類型的變數代換法

【問題】　如何求 $\int f(x) dx$？

上面的變數代換，是以 x 函數 $u = \varphi(x)$，化問題為對 u 的積分。底下反其道而行把 x 寫成 $x = \varphi(t)$，化為對 t 的積分！

令 $x = \varphi(t)$ 作變數代換，則 $dx = \varphi'(t)dt$，於是

$$\int f(x) dx = \int f(\varphi(t)) \varphi'(t) dt$$

如果我們可以算出 $\int f(\varphi(t)) \varphi'(t) dt$，得到

$$\int f(\varphi(t)) \varphi'(t) dt = F(t) + c$$

那麼

$$\int f(x)dx = \int f(\varphi(t))\varphi'(t)dt = F(t) + c$$

再假設 $x = \varphi(t)$ **有反函數**，解得 $t = \varphi^{-1}(x)$，代入上式得到

$$\int f(x)dx = F(\varphi^{-1}(x)) + c$$

這就是我們所要的答案。

定理 2

設 $f(x)$, $x=\varphi(t)$, 及 $\varphi'(t)$ 均為連續函數，$x = \varphi(t)$的反函數存在，並且

$$\int f(\varphi(t))\varphi'(t)dt = F(t) + c \qquad (1)$$

則我們有

$$\int f(x)dx = F(\varphi^{-1}(x)) + c \qquad (2)$$

---

*證明　令 $x = \varphi(t)$，則 $t = \varphi^{-1}(x)$ 並且 $dx = \varphi'(t)dt$，代入(1)得

$$\int f(x)dx = F(\varphi^{-1}(x)) + c \quad \blacksquare$$

例9　求 $\displaystyle\int \frac{dx}{\sqrt{a^2 - x^2}}$。

解　令 $x = a\sin t$ 作變數代換，於是

$$\int \frac{dx}{\sqrt{a^2 - x^2}} = \int \frac{a\cos t}{a\cos t}dt = \int dt$$

$$= t + c = \sin^{-1}\frac{x}{a} + c \quad \blacksquare$$

例10　求 $\displaystyle\int \frac{dx}{\sqrt{a^2 + x^2}}$。

解　令 $x = a\tan t$ 作變數代換，於是

$$\int \frac{dx}{\sqrt{a^2 + x^2}} = \int \frac{a \sec^2 t}{a \sec t} dt = \int \sec t \, dt$$

$$= \ln |\sec t + \tan t| + c_1 \quad （例 8）$$

$$= \ln \left| \tan t + \frac{1}{a} \sqrt{a^2 + a^2 \tan^2 t} \right| + c_1$$

$$= \ln \left| \frac{x + \sqrt{a^2 + x^2}}{a} \right| + c_1$$

$$= \ln |x + \sqrt{a^2 + x^2}| + c$$

其中 $c = c_1 - \ln a$　∎

例 11　求 $\int \dfrac{dx}{\sqrt{x^2 - a^2}}$。

解　作變數代換 $x = a \sec t$，於是

$$\int \frac{dx}{\sqrt{x^2 - a^2}} = \int \frac{a \sec t \tan t}{a \tan t} dt$$

$$= \ln |\sec t + \tan t| + c_1$$

$$= \ln |x + \sqrt{x^2 - a^2}| + c$$

其中 $c = c_1 - \ln a$　∎

（註：上面三個例子（例 9 至例 11）就是所謂的**三角代換法** (trigonometric substitutions)）

例 12　求 $\int \dfrac{dx}{x^2 \sqrt{1 + x^2}}$。

解　作變數代換 $x = \dfrac{1}{t}$，於是

$$\int \frac{dx}{x^2 \sqrt{1 + x^2}} = \int \frac{-\dfrac{1}{t^2} dt}{\dfrac{1}{t^2} \sqrt{1 + \dfrac{1}{t^2}}} = -\int \frac{t \, dt}{\sqrt{t^2 + 1}}$$

$$=-\sqrt{t^2+1}+c=-\sqrt{\frac{1}{x^2}+1}+c$$

$$=-\frac{\sqrt{1+x^2}}{x}+c \quad\blacksquare$$

例 13　求 $\displaystyle\int \frac{dx}{\sqrt{x}+\sqrt[3]{x}}$。

解　作變數代換 $x=t^6$，於是

$$\int \frac{dx}{\sqrt{x}+\sqrt[3]{x}}=\int \frac{6t^5\,dt}{t^3+t^2}=6\int \frac{t^3}{t+1}dt$$

$$=6\int\left(t^2-t+1-\frac{1}{t+1}\right)dt$$

$$=2t^3-3t^2+6t-6\ln|t+1|+c$$

$$=2\sqrt{x}-3\sqrt[3]{x}-6\ln|\sqrt[6]{x}+1|+c \quad\blacksquare$$

【**隨堂練習**】　求下列的不定積分：

(1) $\displaystyle\int \sqrt{r^2-x^2}\,dx$ 　　　　(2) $\displaystyle\int \frac{x^3}{\sqrt{16-x^2}}dx$

丙、定積分的變數代換公式

　　對於定積分的情形，也有相應的變數代換公式。讓我們先用一個例子來說明：

例 14　求 $\displaystyle\int_0^{\sqrt{3}} \frac{x}{\sqrt{x^2+1}}dx$。

解　先求不定積分 $\displaystyle\int \frac{x}{\sqrt{x^2+1}}dx$。我們觀察到，只要令

$u=x^2+1$ 則 $du=2x\,dx$。於是

$$\int \frac{x}{\sqrt{x^2+1}}dx = \frac{1}{2}\int \frac{2x}{\sqrt{x^2+1}}dx$$

$$= \frac{1}{2}\int \frac{1}{\sqrt{u}}du = \sqrt{u}+c$$

$$= \sqrt{x^2+1}+c$$

（上述是不定積分的變數代換法）

從而

$$\int_0^{\sqrt{3}} \frac{x}{\sqrt{x^2+1}}dx = \sqrt{x^2+1}\,\Big|_0^{\sqrt{3}} = 2-1 = 1$$

這就是答案。　∎

不過，讓我們仔細觀察一下，上述的算法還可以簡化！由於作變數代換的函數

$$u = x^2+1$$

當 x 從 0 變到 $\sqrt{3}$ 時，u 從 1 變到4。我們經由變數代換 $u = x^2+1$ 把 $\int \frac{x}{\sqrt{x^2+1}}dx$ 變成 $\frac{1}{2}\int \frac{1}{\sqrt{u}}du$，進一步算得 $\sqrt{u}+c$，我們不需要再把 u 換成 $1+x^2$，直接利用 u 的上、下限來代入就可算得

$$(\sqrt{u}+c)\,\Big|_1^4 = (\sqrt{4}+c) - (\sqrt{1}+c)$$

$$= 2-1 = 1$$

結果是一樣的！這就是定積分的變數代換法。我們再算一個例子：

例15　求 $\int_0^{\frac{\pi}{2}} \sin^2 x \cos x\,dx$。

解　令 $u = \sin x$，則 $du = \cos x\,dx$，並且當 x 由 0 變到 $\frac{\pi}{2}$ 時，u 從 0 變到1。

$$\therefore \int_0^{\frac{\pi}{2}} \sin^2 x \cos x dx = \int_0^1 u^2 du$$

$$= \frac{1}{3} u^3 \Big|_0^1 = \frac{1}{3} \quad \blacksquare$$

我們把上面兩個例子的計算法總結成下面的定理:

定理 3

（定積分的變數代換公式）

假設 f 在 $[\alpha, \beta]$ 上連續。再設 $x = \varphi(t)$ 為定義在 $[\alpha, \beta]$ 上的可微分函數，且有 $\varphi(\alpha) = a$，$\varphi(\beta) = b$，則

$$\int_\alpha^\beta f(\varphi(t))\varphi'(t)dt = \int_a^b f(x)dx$$

（註: 連續性只是要保證定積分的存在性。）

證明　令 $F(x) = \int f(x)dx$，則

$$\int_a^b f(x)dx = F(b) - F(a)$$

由不定積分的變數代換公式知

$$\int f(\varphi(t))\varphi'(t)dt = F(\varphi(t))$$

$$\therefore \int_\alpha^\beta f(\varphi(t))\varphi'(t)dt = F(\varphi(t))\Big|_\alpha^\beta$$

$$= F(\varphi(\beta)) - F(\varphi(\alpha)) = F(b) - F(a)$$

$$= \int_a^b f(x)dx \quad \blacksquare$$

例 16　求 $\int_1^5 t\sqrt{t^2 + 1}dt$。

解　令 $x = t^2 + 1$，則 $dx = 2tdt$，且當 t 從 1 變到 5 時，x 從 2 變到 26，故

$$\int_1^5 t\sqrt{t^2 + 1}\,dt = \frac{1}{2}\int_1^5 \sqrt{t^2 + 1}\;2t\,dt$$

$$= \frac{1}{2}\int_2^{26} \sqrt{x}\,dx$$

$$= \frac{1}{2}\cdot\frac{2}{3}x^{\frac{3}{2}}\Big|_2^{26} = \frac{1}{3}\left(26^{\frac{3}{2}} - 2^{\frac{3}{2}}\right) \quad \blacksquare$$

例 17　求 $\displaystyle\int_0^r \sqrt{r^2 - x^2}\,dx$。

（註：這是圓 $x^2 + y^2 = r^2$ 在第一象限所圍的面積。）

解　令 $x = r\sin t$，則 $dx = r\cos t\,dt$ 並且當 x 從 0 變到 r 時，t 從 0 變到 $\dfrac{\pi}{2}$，

$$\therefore \int_0^r \sqrt{r^2 - x^2}\,dx = \int_0^{\frac{\pi}{2}} \sqrt{r^2 - r^2\sin^2 t}\;r\cos t\,dt$$

$$= r^2\int_0^{\frac{\pi}{2}} \cos^2 t\,dt = r^2\int_0^{\frac{\pi}{2}} \frac{1 + \cos 2t}{2}\,dt$$

$$= \frac{r^2}{2}\left(t + \frac{1}{2}\sin 2t\right)\Big|_0^{\frac{\pi}{2}} = \frac{\pi r^2}{4}$$

乘以 4 就得到半徑為 r 的圓之面積為 πr^2　　$\blacksquare$

例 18　求 $\displaystyle\int_0^1 \frac{x^2}{\sqrt[3]{2x^3 - 5}}\,dx$。

解　令 $u = 2x^3 - 5$，則 $du = 6x^2 dx$，且當 x 從 0 變到 1 時，u 從 -5 變到 -3，故

$$\int_0^1 \frac{x^2}{\sqrt[3]{2x^3 - 5}}\,dx = \frac{1}{6}\int_0^1 \frac{6x^2}{\sqrt[3]{2x^3 - 5}}\,dx$$

$$= \frac{1}{6}\int_{-5}^{-3} \frac{1}{\sqrt[3]{u}}\,du = \frac{1}{6}\cdot\frac{3}{2}u^{\frac{2}{3}}\Big|_{-5}^{-3}$$

$$=\frac{1}{4}(\sqrt[3]{9}-\sqrt[3]{25}) \quad \blacksquare$$

例 19　求 $\displaystyle\int_2^4 \frac{x^2+1}{2x-3}dx$。

解　令 $u=2x-3$，則 $du=2dx$，$dx=\frac{1}{2}du$，$x=\frac{u+3}{2}$，並且
當 x 從 2 變到 4 時，u 從 1 變到 5。

$$\therefore \int_2^4 \frac{x^2+1}{2x-3}dx$$

$$=\int_1^5 \frac{\left[\frac{(u+3)}{2}\right]^2+1}{u}\frac{du}{2}$$

$$=\int_1^5 \left(\frac{u}{8}+\frac{3}{4}+\frac{13}{8u}\right)du$$

$$=\left(\frac{u^2}{16}+\frac{3u}{4}+\frac{13}{8}\ln u\right)\Bigg|_1^5$$

$$=\left(\frac{5^2}{16}+\frac{3\cdot5}{4}+\frac{13}{8}\ln 5\right)-\left(\frac{1^2}{16}+\frac{3\cdot1}{4}+\frac{13}{8}\ln 1\right)$$

$$=\frac{9}{2}+\frac{13}{8}\ln 5 \quad \blacksquare$$

【隨堂練習】　求下列定積分：

(1) $\displaystyle\int_1^2 \frac{\ln x}{x}dx$　　　　(2) $\displaystyle\int_0^{\frac{\pi}{4}} \cos\left(\frac{\pi}{4}-x\right)dx$

(3) $\displaystyle\int_0^1 \frac{dx}{1+\sqrt{x}}$　　　　(4) $\displaystyle\int_0^{\ln 2} \sqrt{e^x-1}dx$

習 題 1-2

求下列的積分

1. $\displaystyle\int x\sin 2x\,dx$

2. $\displaystyle\int \sqrt{x}\ln x\,dx$

3. $\displaystyle\int x^2 e^{-2x}\,dx$

4. $\displaystyle\int x^2\cos x\,dx$

5. $\displaystyle\int \frac{(\ln x)^3}{x^2}\,dx$

6. $\displaystyle\int x\sin\sqrt{x}\,dx$

7. $\displaystyle\int (2x+1)^{20}\,dx$

8. $\displaystyle\int \csc x\,dx$

9. $\displaystyle\int \frac{x}{\sqrt{1-x^2}}\,dx$

10. $\displaystyle\int 2\cos(2x+1)\,dx$

11. $\displaystyle\int_0^1 x(x^2+1)^3\,dx$

12. $\displaystyle\int_{-1}^0 3x^2(4+2x^3)^2\,dx$

13. $\displaystyle\int_1^2 (6-x)^{-3}\,dx$

14. $\displaystyle\int_{-1}^1 \frac{x}{(1+x^2)^4}\,dx$

15. $\displaystyle\int_0^a x\sqrt{a^2-x^2}\,dx$

16. $\displaystyle\int_0^a x\sqrt{a^2+x^2}\,dx$

17. $\displaystyle\int_4^5 \frac{x}{x^2-1}\,dx$

18. $\displaystyle\int_1^e \frac{\ln x}{x}\,dx$

19. $\displaystyle\int_0^1 xe^{-x^2}\,dx$

20. $\displaystyle\int_0^1 x(e^{x^2}+2)\,dx$

21. $\displaystyle\int_2^4 x^2 e^{-x}\,dx$

22. $\displaystyle\int_2^3 (\ln x)^2\,dx$

23. $\displaystyle\int_1^e x^3\ln x\,dx$

24. $\displaystyle\int_0^{\frac{1}{\sqrt{2}}} \frac{1}{\sqrt{1-x^2}}\,dx$

1-3 配方積分法

當被積分函數含有 $\sqrt{a^2-x^2}$, $\sqrt{a^2+x^2}$ 與 $\sqrt{x^2-a^2}$ 時，通常利用三角代換法就可以算出積分。如果被積分函數含有 ax^2+bx+c 與 $\sqrt{ax^2+bx+c}$ 時，我們就使用配方法。逢山開路，遇水架橋。

例 1　求積分 $\displaystyle\int \frac{x+2}{\sqrt{3+2x-x^2}}dx$。

解　對 $3+2x-x^2$ 作配方，得到

$$
\begin{aligned}
3+2x-x^2 &= 3-(x^2-2x) \\
&= 4-(x^2-2x+1) \\
&= 4-(x-1)^2 \\
&= a^2-u^2
\end{aligned}
$$

其中 $u=x-1$ 並且 $a=2$。因為 $u=x-1$，故 $dx=du$ 且 $x+2=u+3$。從而

$$
\begin{aligned}
&\int \frac{x+2}{\sqrt{3+2x-x^2}}dx \\
&=\int \frac{u+3}{\sqrt{a^2-u^2}}du = \int \frac{udu}{\sqrt{a^2-u^2}} + 3\int \frac{du}{\sqrt{a^2-u^2}} \\
&=-\sqrt{a^2-u^2} + 3\sin^{-1}\left(\frac{u}{a}\right)+c \\
&=-\sqrt{3+2x-x^2} + 3\sin^{-1}\left(\frac{x-1}{2}\right)+c \quad \blacksquare
\end{aligned}
$$

例2　求積分 $\displaystyle\int \frac{dx}{x^2 + 2x + 10}$。

解　對 $x^2 + 2x + 10$ 作配方，得到

$$x^2 + 2x + 10 = (x^2 + 2x + 1) + 9$$

$$= (x + 1)^2 + 9 = u^2 + a^2$$

其中 $u = x + 1$ 且 $a = 3$。於是 $du = dx$，從而

$$\int \frac{dx}{x^2 + 2x + 10} = \int \frac{du}{u^2 + a^2} = \frac{1}{a}\tan^{-1}\left(\frac{u}{a}\right) + c$$

$$= \frac{1}{3}\tan^{-1}\left(\frac{x + 1}{3}\right) + c \quad\blacksquare$$

例3　求積分 $\displaystyle\int \frac{x\,dx}{\sqrt{x^2 - 2x + 5}}$。

解　$x^2 - 2x + 5 = (x^2 - 2x + 1) + 4$

$$= (x - 1)^2 + 4 = u^2 + a^2$$

其中 $u = x - 1$ 且 $a = 2$。於是 $du = dx$，從而

$$\int \frac{x\,dx}{\sqrt{x^2 - 2x + 5}} = \int \frac{u + 1}{\sqrt{u^2 + a^2}}\,du$$

$$= \int \frac{u\,du}{\sqrt{u^2 + a^2}} + \int \frac{du}{\sqrt{u^2 + a^2}}$$

由上一節（1–2節）例 10 知

$$\int \frac{du}{\sqrt{u^2 + a^2}} = \ln\left|u + \sqrt{u^2 + a^2}\right|$$

因此

$$\int \frac{x\,dx}{\sqrt{x^2 - 2x + 5}}$$

$$= \sqrt{u^2 + a^2} + \ln\left|u + \sqrt{u^2 + a^2}\right| + c$$

$$=\sqrt{x^2-2x+5}+\ln\left|x-1+\sqrt{x^2-2x+5}\right|+c \quad \blacksquare$$

例4　求積分 $\displaystyle\int \frac{dx}{\sqrt{x^2-4x-5}}$。

解　　$x^2-4x-5=(x^2-4x+4)-9$

$$=(x-2)^2-9=u^2-a^2$$

其中 $u=x-2$ 且 $a=3$。於是

$$\int \frac{dx}{\sqrt{x^2-4x-5}}=\int \frac{du}{\sqrt{u^2-a^2}}=\ln\left|u+\sqrt{u^2-a^2}\right|$$

$\uparrow$

（上一節例11）

$$=\ln\left|x-2+\sqrt{x^2-4x-5}\right|+c \quad \blacksquare$$

習 題 1-3

求下列的積分：

1. $\displaystyle\int \frac{dx}{\sqrt{2x-x^2}}$

2. $\displaystyle\int \frac{dx}{\sqrt{5+4x-x^2}}$

3. $\displaystyle\int \frac{dx}{x^2+4x+5}$

4. $\displaystyle\int \frac{(x+1)dx}{\sqrt{2x-x^2}}$

5. $\displaystyle\int \frac{\sqrt{x^2+2x-3}}{x+1}dx$

6. $\displaystyle\int \frac{dx}{\sqrt{4x^2+4x+17}}$

7. $\displaystyle\int \frac{dx}{\sqrt{x^2-2x-8}}$

8. $\displaystyle\int \frac{x^2dx}{\sqrt{6x-x^2}}$

9. $\displaystyle\int \frac{dx}{(x^2-2x-3)^{\frac{3}{2}}}$

10. $\displaystyle\int \frac{dx}{(x+2)\sqrt{x^2+4x+3}}$

1-4 有理函數的積分法

若 $P(x)$ 與 $Q(x)$ 皆為多項式函數，則稱 $\dfrac{P(x)}{Q(x)}$ 為**有理函數**，例如

$$\frac{2x^2+3}{x^3+2x+4},\quad \frac{x^5}{x^2-1},\quad \frac{x^2+1}{x^3+x^2+x+1}$$

都是有理函數。對於有理函數的積分，我們都先化成**部分分式**之後再求算。今舉例來說明：

例1 求 $\displaystyle\int_6^{10}\frac{1}{x^2-4}dx$。

解 令 $\dfrac{1}{x^2-4}=\dfrac{1}{(x+2)(x-2)}=\dfrac{A}{x-2}+\dfrac{B}{x+2}$，其中 A, B 為待定常數。整理上式得

$$\frac{1}{x^2-4}=\frac{A(x+2)+B(x-2)}{(x-2)(x+2)}$$

於是

$$1=A(x+2)+B(x-2)$$
$$=(A+B)x+(2A-2B)$$

比較兩邊係數得

$$\begin{cases} A+B=0 \\ 2A-2B=1 \end{cases}$$

解得

$$A=\frac{1}{4},\ B=-\frac{1}{4}$$

因此

$$\frac{1}{x^2 - 4} = \frac{1}{4(x-2)} - \frac{1}{4(x+2)}$$

兩邊作積分得

$$\int_6^{10} \frac{1}{x^2 - 4} dx = \int_6^{10} \frac{1}{4(x-2)} dx - \int_6^{10} \frac{1}{4(x+2)} dx$$

$$= \frac{1}{4} \int_6^{10} \frac{1}{x-2} dx - \frac{1}{4} \int_6^{10} \frac{1}{x+2} dx$$

$$= \frac{1}{4} \ln|x-2| \Big|_6^{10} - \frac{1}{4} \ln|x+2| \Big|_6^{10}$$

$$= \frac{1}{4}(\ln 8 - \ln 4) - \frac{1}{4}(\ln 12 - \ln 8)$$

$$= \frac{1}{4}(2\ln 2 - \ln 3) \quad \blacksquare$$

例 2　求 $\displaystyle\int_2^4 \frac{2x^2 + 3}{x(x-1)^2} dx$。

解　容易驗證 $\dfrac{2x^2 + 3}{x(x-1)^2}$ 可以化成如下之部分分式:

$$\frac{2x^2 + 3}{x(x-1)^2} = \frac{3}{x} - \frac{1}{x-1} + \frac{5}{(x-1)^2}$$

$$\therefore \int_2^4 \frac{2x^2 + 3}{x(x-1)^2} dx$$

$$= 3\int_2^4 \frac{1}{x} dx - \int_2^4 \frac{1}{x-1} dx + 5\int_2^4 \frac{1}{(x-1)^2} dx$$

$$= 3\ln|x| \Big|_2^4 - \ln|x-1| \Big|_2^4 - 5(x-1)^{-1} \Big|_2^4$$

$$= 3(\ln 4 - \ln 2) - (\ln 3 - \ln 1) - 5\left(\frac{1}{3} - 1\right)$$

$$= \frac{10}{3} + 3\ln 2 - \ln 3 \quad \blacksquare$$

例3　求 $\int_0^{\frac{1}{2}} \frac{x^5+2}{x^2-1}\,dx$。

解　容易驗證

$$\frac{x^5+2}{x^2-1} = x^3 + x - \frac{1}{2(x+1)} + \frac{3}{2(x-1)}$$

$$\therefore \int_0^{\frac{1}{2}} \frac{x^5+2}{x^2-1}\,dx$$

$$= \int_0^{\frac{1}{2}} \left[x^3 + x - \frac{1}{2(x+1)} + \frac{3}{2(x-1)} \right] dx$$

$$= \left[\frac{1}{4}x^4 + \frac{1}{2}x^2 - \frac{1}{2}\ln|x+1| + \frac{3}{2}\ln|x-1| \right]\Bigg|_0^{\frac{1}{2}}$$

$$= \frac{9}{64} - \frac{1}{2}\ln 3 - \ln 2 \quad \blacksquare$$

例4　求 $\int \frac{2x+2}{(x-1)(x^2+1)^2}\,dx$。

解　先把真分式表為部分分式。設

$$\frac{2x+2}{(x-1)(x^2+1)^2} = \frac{A_1}{x-1} + \frac{B_1x+C_1}{x^2+1} + \frac{B_2x+C_2}{(x^2+1)^2}$$

右邊通分，再比較兩端分子同次冪係數，得到下面的方程組：

$$\begin{cases} A_1 + B_1 = 0 \\ C_1 - B_1 = 0 \\ 2A_1 + B_2 + B_1 - C_1 = 0 \\ C_2 + C_1 - B_2 - B_1 = 2 \\ A_1 - C_1 - C_2 = 2 \end{cases}$$

解之得

$$A_1 = 1, \ B_1 = -1, \ C_2 = 0, B_2 = -2, \ C_1 = -1$$

因此

$$\int \frac{2x+2}{(x-1)(x^2+1)^2}dx$$

$$=\int \frac{dx}{x-1} - \int \frac{x+1}{x^2+1}dx - \int \frac{2x}{(x^2+1)^2}dx$$

$$=\ln|x-1| - \int \frac{x}{x^2+1}dx - \int \frac{1}{x^2+1}dx + \frac{1}{x^2+1}$$

$$=\ln|x-1| - \frac{1}{2}\ln(x^2+1) - \tan^{-1}x + \frac{1}{x^2+1} + c \quad \blacksquare$$

【隨堂練習】 求下列的積分：

(1) $\int \frac{6x^2+14x-20}{x^3-4x}dx$

(2) $\int \frac{2x^3+x^2+2x-1}{x^4-1}dx$

習 題 1-4

求下列不定積分：

1. $\int \frac{12x-17}{(x-1)(x-2)}dx$

2. $\int \frac{14x-12}{2x^2-2x-12}dx$

3. $\int \frac{10-2x}{x^2+5x}dx$

4. $\int \frac{2x+21}{x^2-7x}dx$

5. $\int \frac{9x^2-24x+6}{x^3-5x^2+6x}dx$

6. $\int \frac{x^2+1}{x+2}dx$

7. $\int \frac{x+1}{x-1}dx$

8. $\int \frac{x^4}{x^2+4}dx$

9. $\int \frac{e^x}{e^{2x}-4}dx$

10. $\int \frac{1}{1+e^x}dx$

1-5 定積分的近似計算

按照定義，積分是近似和的極限。當這個積分不容易求的時候，我們只好犧牲一點準確性，而改用計算上較方便的辦法 —— 求近似值。怎麼求呢？這有種種辦法，本節就來介紹它們。

甲、階梯法

首先注意到，我們並沒有理由要取等分割，而且樣本點也可以任取。我們取等分割並且適當取樣，都只是為了計算上的方便。

所謂用階梯法來估計 $\int_a^b f(x)dx$ 是這樣的：
對 $[a,b]$ 作分割

$$a = x_0 < x_1 < x_2 < \cdots < x_n = b$$

取每一小區間的左端點或右端點當樣本點，作近似和

$$f(x_0)(x_1-x_0)+f(x_1)(x_2-x_1)+\cdots+f(x_{n-1})(x_n-x_{n-1})$$

或

$$f(x_1)(x_1-x_0)+f(x_2)(x_2-x_1)+\cdots+f(x_n)(x_n-x_{n-1})$$

它們分別是下面兩圖陰影的面積：

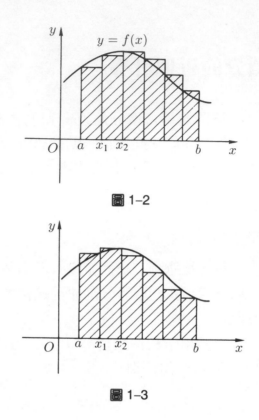

圖 1–2

圖 1–3

用逼近的概念來說，上述近似估計的意思就是：用階梯函數作為 f 的逼近函數，然後對這個逼近函數求積分。要點是，這個逼近函數的積分要很容易算。

乙、梯形法（又叫折線法）

我們把取左右樣本點所算得的近似面積，作算術平均，見下圖 1–4：

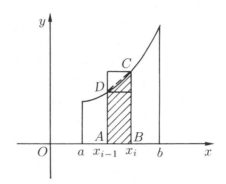

圖 1-4

考慮第 i 個小長條的面積，取左端樣本點，則近似面積為 $f(x_{i-1}) \cdot \Delta x_i$，取右端樣本點，則近似面積為 $f(x_i) \cdot \Delta x_i$，加起來折半得到 $\frac{1}{2}[f(x_{i-1}) + f(x_i)]\Delta x_i$，這恰好是梯形 $ABCD$ 的面積。換句話說，我們用割線 CD 取代原曲線，以求近似面積，這個近似面積一般而言，比階梯法準確。

對於一般的函數 f，我們就仿上述取梯形的辦法來計算 $\int_a^b f(x)dx$ 的近似值。將 $[a,b]$ 分割成：$a = x_0 < x_1 < \cdots < x_n = b$；令 $y_0 = f(x_0)$, $y_1 = f(x_1), \cdots, y_n = f(x_n)$，（見下圖 1-5）則各小

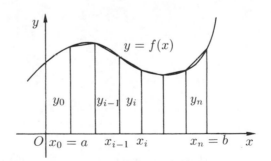

圖 1-5

梯形面積的和為 $\sum\limits_{i=1}^{n} \dfrac{1}{2}[y_{i-1} + y_i]\Delta x_i$，換言之，

$$\int_a^b f(x)dx \doteqdot \sum_{i=1}^{n} \frac{1}{2}[y_{i-1} + y_i]\Delta x_i$$

我們已說過，為了計算方便，取等分割，即取 $\Delta x_i = \dfrac{b-a}{n}$, $\forall i$
於是上式變成

$$\int_a^b f(x)dx \doteqdot \frac{b-a}{n}\left[\frac{1}{2}y_0 + y_1 + y_2 + \cdots + y_{n-1} + \frac{1}{2}y_n\right]$$

此式就叫作**梯形公式**，而上述方法叫做**梯形法**。梯形法的意義
是，用**折線**（或叫**割線**）取代原曲線以計算近似面積。

例 1　用梯形法求 $\displaystyle\int_0^1 \dfrac{1}{1+x^3}dx$。

解　將 $[0,1]$ 三等分：

$$x_0 = 0 < x_1 = \frac{1}{3} < x_2 = \frac{2}{3} < x_3 = 1$$

於是由梯形公式得

$$\int_0^1 \frac{1}{1+x^3}dx \doteqdot \frac{1}{3}\left[\frac{1}{2}\cdot\frac{1}{1+0^3} + \frac{1}{1+\left(\dfrac{1}{3}\right)^3} + \frac{1}{1+\left(\dfrac{2}{3}\right)^3}\right.$$

$$\left. + \frac{1}{2}\cdot\frac{1}{1+1^3}\right]$$

$$= \frac{1}{3}\left[\frac{1}{2} + \frac{27}{28} + \frac{27}{35} + \frac{1}{4}\right]$$

$$\doteqdot 0.829 \quad\blacksquare$$

【隨堂練習】　求 $\displaystyle\int_0^1 \dfrac{1}{1+x^2}dx$，取 $n = 10$。請跟正確值 $\dfrac{\pi}{4}$ 做
比較。

例2　將 $[0,2]$ 分割成四等分以估計 $\int_0^2 e^{-x^2}dx$。

解　$[0,2]$ 四等分的分點為：

$$x_0 = 0 < x_1 = 0.5 < x_2 = 1 < x_3 = 1.5 < x_4 = 2$$

$$\therefore \int_0^2 e^{-x^2}dx \doteqdot \frac{2}{4}\left[\frac{1}{2} + e^{-0.25} + e^{-1} + e^{-2.25} + \frac{1}{2}e^{-4}\right]$$

$$= \frac{1}{2}[0.5 + 0.780 + 0.368 + 0.106 + 0.009]$$

（利用電算器）

$$= 0.881 \quad \blacksquare$$

丙、Simpson 規則

更進一步，我們若用拋物線（二次式）取代原曲線，以求積分的近似值，就是下面要介紹的 Simpson 法。

譬如說，我們要計算 $\int_\alpha^\beta f dx$，見下圖：

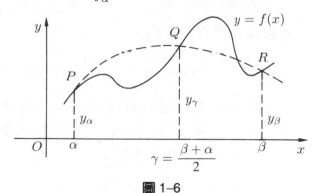

圖 1–6

將 $[\alpha, \beta]$ 分成兩等分，我們知道過不共線的 P, Q, R 三點可作一拋物線 $y = ax^2 + bx + c$，即滿足

$$\begin{cases} y_\alpha = a\alpha^2 + b\alpha + c \\ y_\beta = a\beta^2 + b\beta + c \\ y_\gamma = a\left(\dfrac{\beta+\alpha}{2}\right)^2 + b\left(\dfrac{\beta+\alpha}{2}\right) + c \end{cases} \tag{1}$$

由此可求得 a, b, c，於是就用 $\displaystyle\int_\alpha^\beta (ax^2+bx+c)dx$ 當作 $\displaystyle\int_\alpha^\beta f dx$ 的近似值。事實上，我們並不需要解上述聯立方程式，就可直接用 $y_\alpha, y_\beta, y_\gamma$ 表出 $\displaystyle\int_\alpha^\beta (ax^2+bx+c)dx$。首先我們有

$$\int_\alpha^\beta (ax^2+bx+c)dx$$

$$= \left(\frac{a}{3}x^3 + \frac{b}{2}x^2 + cx\right)\Big|_\alpha^\beta$$

$$= \frac{a}{3}(\beta^3-\alpha^3) + \frac{b}{2}(\beta^2-\alpha^2) + c(\beta-\alpha)$$

$$= (\beta-\alpha)\left[\frac{a(\beta^2+\beta\alpha+\alpha^2)}{3} + \frac{b(\beta+\smile)}{2} + c\right]$$

於是我們宣稱：對 y_α, y_β, y_γ 作適當的加權平均 (Weighted Average) 我們就可得到 [ ]，即

$$\frac{a(\beta^2+\beta\alpha+\alpha^2)}{3} + \frac{b(\beta+\alpha)}{2} + c = \Box y_\alpha + \Box y_\beta + \Box y_\gamma$$

這只要深入觀察並比較兩邊係數，就可決定各 $\Box$。由於左式中，α, β 是對稱的（對稱性的考慮恒是數學最重要的思考），故 y_α 與 y_β 的係數必相等（權重一樣）。今觀察(1)式聯立方程組，只要給 y_α, y_β 相同的權重，作 y_α, y_β, y_γ 的加權平均，則 $\dfrac{b(\beta+\alpha)}{2}$ 與 c 兩項左右兩式均相等。現在剩下的是，比較兩邊 $\dfrac{a(\beta^2+\beta\alpha+\alpha^2)}{3}$ 項的問題。令 $\dfrac{a(\beta^2+\beta\alpha+\alpha^2)}{3} + \dfrac{b(\beta+\alpha)}{2} + c =$

$my_\alpha + my_\beta + (1-2m)y_\gamma$，比較 α^2 項的係數得 $m = \dfrac{1}{6}$，因此

$$\frac{a(\beta^2 + \beta\alpha + \alpha^2)}{3} + \frac{b(\beta + \alpha)}{2} + c = \frac{1}{6}y_\alpha + \frac{1}{6}y_\beta + \frac{4}{6}y_\gamma$$

即
$$\int_\alpha^\beta (ax^2 + bx + c)dx = \frac{\beta - \alpha}{6}[y_\alpha + 4y_\gamma + y_\beta]$$

（註: 譬如一學期有三次考試，平時考，期中考，期末考，如何計算
學期分數呢? 當然有種種辦法，比如我們給三次成績不同的權
重: 期末考佔 50%，期中考佔 30%，平時考佔 20%，如此算得的
平均叫做加權平均。算術平均就是每次成績的權重都相等的特
例。）

一般情形，要利用 Simpson 法計算 $\displaystyle\int_a^b fdx$，必須將 $[a, b]$ 分
成偶數等份，乾脆就分成 $2n$ 等份，分點為 $x_0, x_1, \cdots, x_{2n}$。
令 $y_i = f(x_i)$，$i = 1, \cdots, 2n$，見下圖:

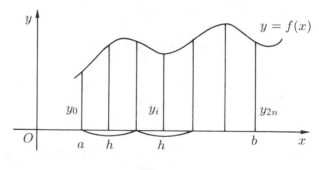

圖 1–7

對每一小段 $[x_0, x_2], [x_2, x_4], \cdots, [x_{2n-2}, x_{2n}]$ 應用上述公式，於是
得到

$$\int_a^b fdx \doteqdot \frac{x_2 - x_0}{6}(y_0 + 4y_1 + y_2) + \frac{x_4 - x_2}{6}(y_2 + 4y_3 + y_4)$$

$$+ \cdots + \frac{x_{2n} - x_{2n-2}}{6}(y_{2n-2} + 4y_{2n-1} + y_{2n})$$

$$= \frac{h}{6}[y_0 + 4(y_1 + y_3 + \cdots + y_{2n-1})$$

$$+2(y_2 + y_4 + \cdots + y_{2n-2}) + y_{2n}]$$

其中 $h = x_2 - x_0 = x_4 - x_2 = \cdots = x_{2n} - x_{2n-2} = \dfrac{b-a}{n}$。 這叫做 Simpson 公式，或拋物線公式。

【隨堂練習】　假設我們要計算 $\displaystyle\int_\alpha^\beta f(x)dx$，將 $[\alpha, \beta]$ 分成三等分， 分點為 $\alpha = x_0, x_1, x_2, x_3 = \beta$， 令 $f(x_i) = y_i$， $i = 0, 1, 2, 3$。試過 (x_0, y_0), (x_1, y_1), (x_2, y_2), (x_3, y_3) 四點作一曲線 $y = ax^3 + bx^2 + cx + d$ 作為 f 的迫近， 然後用 y_0, y_1, y_2, y_3 表出

$$\int_\alpha^\beta (ax^3 + bx^2 + cx + d)dx$$

例3　試用 Simpson 法， 將 $[0, 2]$ 四等分以估計 $\displaystyle\int_0^2 e^{-x^2}dx$。

解　因 $2n = 4$， 故 $n = 2$， 於是

$$\int_0^2 e^{-x^2}dx \fallingdotseq \frac{1}{6}[e^0 + 4(e^{-0.25} + e^{-2.25}) + 2 \cdot e^{-1} + e^{-4}]$$

$$= \frac{1}{6}[1 + 4(0.780 + 0.106) + 2 \times 0.368 + 0.018]$$

（利用電算器）

$$= \frac{1}{6} \times 5.298 = 0.883 \quad \blacksquare$$

習 題 1-5

1. 試用梯形法， 求下列定積分的近似值：

(1) $\displaystyle\int_3^{10} \frac{1}{\sqrt{x-2}}dx$，　$n = 7$
(2) $\displaystyle\int_0^2 \sqrt{4 + x^3}dx$，　$n = 4$

(3) $\displaystyle\int_0^5 x\sqrt{25-x^2}dx,\quad n=10$　　(4) $\displaystyle\int_0^3 \frac{x}{\sqrt{16+x^2}}dx,\quad n=6$

(5) $\displaystyle\int_{-2}^3 \sqrt{20+x^4}dx,\quad n=5$　　(6) $\displaystyle\int_1^6 \sqrt[3]{x^2+3x}dx,\quad n=5$

(7) $\displaystyle\int_0^2 \sqrt{1+x^3}dx,\quad n=4$　　(8) $\displaystyle\int_1^5 \sqrt{126-x^3}dx,\quad n=4$

2.試用 Simpson 法，求下列定積分的近似值：

(1) $\displaystyle\int_0^1 e^{-x^2}dx,\quad 2n=10$　　(2) $\displaystyle\int_0^4 x\sqrt{25-x^2}dx,\quad 2n=8$

(3) $\displaystyle\int_1^5 \sqrt[3]{6+x^2}dx,\quad 2n=8$　　(4) $\displaystyle\int_1^5 \sqrt[3]{x^3-x}dx,\quad 2n=8$

(5) $\displaystyle\int_0^2 \sqrt{4+x^3}dx,\quad 2n=8$　　(6) $\displaystyle\int_2^8 \frac{x}{\sqrt{3+x^3}}dx,\quad 2n=12$

第二章 不定型與瑕積分

　　在微積分學中，**極限**(Limit)是最基本的概念，例如導數與積分都是利用極限來定義的。當然本書並不強調極限的嚴格定義，我們只訴諸讀者的常識與直覺。

　　基本上說來，要計算定積分與求導數，都是求極限值而已。因此求極限值顯得非常重要。我們在第三冊第一章中看過，夾擠原則是求極限非常有力的工具。本章我們要來介紹另一個工具，即 L'Hospital 規則，它專門對付，求「**不定型**」極限的問題。

　　順便，我們也要介紹**瑕積分**，例如

$$\int_a^\infty f(x)dx, \ \int_{-\infty}^b f(x)dx, \ \int_{-\infty}^\infty f(x)dx, \ \int_0^1 \frac{dx}{\sqrt{1-x}}, \ \int_0^1 \frac{1}{x}dx$$

等等都是瑕積分。

2–1　$\dfrac{0}{0}$ 與 $\dfrac{\infty}{\infty}$ 之不定型

甲、什麼是不定型？

　　當 $\lim\limits_{x \to a} f(x) = 0$ 且 $\lim\limits_{x \to a} g(x) = 0$ 時，我們就稱 $\lim\limits_{x \to a} \dfrac{f(x)}{g(x)}$ 為 $\dfrac{0}{0}$ **之不定型** (Indeterminate Form)。當 $\lim\limits_{x \to a} f(x) = +\infty$（或 $-\infty$）且 $\lim\limits_{x \to a} g(x) = +\infty$（或 $-\infty$）時，則稱 $\lim\limits_{x \to a} \dfrac{f(x)}{g(x)}$ 為 $\dfrac{\infty}{\infty}$ **之不定型**。

　　另外，還有其他**五類不定型**：

$$\infty - \infty, \ 1^\infty, \ \infty^0, \ 0^0, \ 0 \cdot \infty$$

都可以仿上述方式加以定義。不過，這後五類不定型經過適當變換之後，都可以化成 $\dfrac{0}{0}$ 或 $\dfrac{\infty}{\infty}$ 之型，因此，在總共七類不

定型中，基本上只有 $\dfrac{0}{0}$ 與 $\dfrac{\infty}{\infty}$ **兩類型**而已。

為什麼 "$\dfrac{0}{0}$"（或 "$\dfrac{\infty}{\infty}$"）叫做不定型？ 理由是，它們的答案詭譎多變！ 請看下面的例子：

例 1　　　$\displaystyle\lim_{x\to 0}\dfrac{x}{x}=1$　　■

例 2　　　$\displaystyle\lim_{x\to 0}\dfrac{x^2}{x}=\lim_{x\to 0}x=0$　　■

例 3　　　$\displaystyle\lim_{x\to 0}\dfrac{x}{x^3}=\lim_{x\to 0}\dfrac{1}{x^2}=\infty$　　■

例 4　　　$\displaystyle\lim_{x\to 0}\dfrac{x\sin\left(\dfrac{1}{x}\right)}{x}=\lim_{x\to 0}\sin\left(\dfrac{1}{x}\right)$，不存在！　　■

例 5　　　$\displaystyle\lim_{x\to 2}\dfrac{x^2-2^2}{x-2}=\lim_{x\to 2}\dfrac{(x-2)(x+2)}{x-2}=\lim_{x\to 2}(x+2)=4$　　■

乙、故事

印度天才數學家 Ramanujan (1887～1920) 在讀小學時就對「數學的至高真理」著迷。小學三年級時，老師教他「任何數除以自身都等於 1」，他馬上反問：「0 除以 0 等於多少？」難倒了老師。 Ramanujan 的問題也是一種不定型問題。

丙、Cauchy 的均值定理

為了探求不定型的極限，我們必須用到 Cauchy 的均值定理，這是均值定理的推廣。

定理 1

(Cauchy 均值定理)

假設 f，g 在 $[a,b]$ 上可微分，而且 $g'(t) \neq 0$，$\forall t \in (a,b)$，則存在 $\xi \in (a,b)$ 使得

$$\frac{f(b) - f(a)}{g(b) - g(a)} = \frac{f'(\xi)}{g'(\xi)}$$

(註：當 $g(t) \equiv t$ 時，則 $g'(t) = 1$，於是上定理變成均值定理。這就是 Cauchy 定理又叫推廣的均值定理的原因。另外，由下圖直觀看來，存在 $\xi \in (a,b)$ 使通過點 $(g(\xi), f(\xi))$ 的切線平行於直線 l。但由參變函數的微分公式知，過點 $(g(\xi), f(\xi))$ 的切線斜率為 $\left. \dfrac{dy}{dx} \right|_{t=\xi} = \dfrac{f'(\xi)}{g'(\xi)}$，而 l 的斜率為 $\dfrac{f(b) - f(a)}{g(b) - g(a)}$。因此有 $\dfrac{f'(\xi)}{g'(\xi)} = \dfrac{f(b) - f(a)}{g(b) - g(a)}$，這式叫做 Cauchy 公式。)

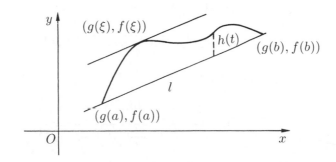

圖 2–1

*證明　令 $x = g(t)$，$y = f(t)$，$t \in [a,b]$，這個參數方程式的圖形如上。整個證明的想法跟均值定理的一樣。設 l 表示通過 $(g(a), f(a))$ 與 $(g(b), f(b))$ 兩點的割線。令 $h(t)$ 表示點 $(g(t), f(t))$ 到割線 l 的垂縱距離，然後對 $h(t)$ 使用 Rolle 定理就好了。

令 $\lambda = \dfrac{f(b) - f(a)}{g(b) - g(a)}$，這是 l 的斜率，則 l 的方程式為

$$y = f(a) + \lambda(x - g(a)) = f(a) + \lambda(g(t) - g(a))$$

因此

$h(t) = f(t) - [f(a) + \lambda(g(t) - g(a))]$，顯然 $h(a) = h(b) = 0$
並且 h 可微分。由 Rolle 定理知，存在 $\xi \in (a, b)$ 使

$$0 = h'(\xi) = f'(\xi) - g'(\xi)\lambda$$

於是

$$\frac{f'(\xi)}{g'(\xi)} = \lambda = \frac{f(b) - f(a)}{g(b) - g(a)}, \quad 得證。 \blacksquare$$

（註: 要求 $g'(t) \neq 0$, $\forall t \in (a, b)$，就可保證 $g(b) \neq g(a)$，這又是 Rolle 定理的結論。）

丁、L'Hospital 規則

我們欲求極限 $\lim\limits_{t \to a} \dfrac{f(t)}{g(t)}$，例如像 $\lim\limits_{t \to 1} \dfrac{t^2 + 2}{t + 2}$ 及 $\lim\limits_{t \to 0} \dfrac{\log(t + 1)}{t}$。
前者的極限很清楚:

$$\lim_{t \to 1} \frac{t^2 + 1}{t + 2} = \frac{\lim\limits_{t \to 1}(t^2 + 1)}{\lim\limits_{t \to 1}(t + 2)} = \frac{2}{3}$$

但是後者却不能利用「商的極限等於極限的商」這條規則，因為

$$\lim_{t \to 0} t = 0 = \lim_{t \to 0} \log(t + 1)$$

這種情形叫做 "$\dfrac{0}{0}$" 的不定型。還有一種不定型是 "$\dfrac{\infty}{\infty}$"，這是當 $\lim\limits_{t \to a} f(t) = \pm\infty = \lim\limits_{t \to a} g(t)$ 時的情形。

現在我們來看，如何利用 Cauchy 定理，求不定型的極限。就以上例來說，如果我們令 $f(t) = \log(t + 1)$, $g(t) = t$，則由

Cauchy 公式

$$\frac{f(t)}{g(t)} = \frac{f(t) - f(0)}{g(t) - g(0)} = \frac{f'(\xi)}{g'(\xi)} = \frac{\dfrac{1}{1+\xi}}{1}$$

其中 ξ 介乎 0 與 t 之間。因此

$$\lim_{t \to 0} \frac{\log(t+1)}{t} = \lim_{\xi \to 0} \frac{1}{1+\xi} = 1$$

換言之，$\lim\limits_{t \to 0} \dfrac{f(t)}{g(t)} = \lim\limits_{t \to 0} \dfrac{f'(t)}{g'(t)}$，這種求極限的辦法就是所謂

L'Hospital 規則：要算商的極限，若是不定型，那麼算各別微分的商之極限，就好了。後者往往比較容易算。

定 理 2

(L'Hospital 規則)

設 f 及 g 在點 c 的近旁 (a, b) 可以微分。再設 $g'(t) \neq 0$，當 $t \neq c$，且 $\lim\limits_{t \to c} f(t) = 0 = \lim\limits_{t \to c} g(t)$ 或 $\lim\limits_{t \to c} f(t) = \lim\limits_{t \to c} g(t) = \pm\infty$，此時，若 $\lim\limits_{t \to c} \dfrac{f'(t)}{g'(t)} = k$，則 $\lim\limits_{t \to c} \dfrac{f(t)}{g(t)} = k$。

（註：當 $c \in (a, b)$ 時，就稱 (a, b) 為 c 的一個近旁 (Neighborhood)。）

*證明 先證 "$\dfrac{0}{0}$" 的情形。對 $[c, t]$（或 $[t, c]$）使用 Cauchy 定理，見右圖。由於 $f(c) = 0 = g(c)$（因可微分，故必連續也），於是

$$\frac{f(t)}{g(t)} = \frac{f(t) - f(0)}{g(t) - g(0)} = \frac{f'(\xi)}{g'(\xi)}$$

其中 ξ 介乎 c 與 t 之間。從而（$\because t \to c$ 時，則 $\xi \to c$）

$$\lim_{t \to c} \frac{f(t)}{g(t)} = \lim_{\xi \to c} \frac{f'(\xi)}{g'(\xi)} = k$$

至於 "$\dfrac{\infty}{\infty}$" 的情形。 對 $[t,x]$ 使用 Cauchy 定理，見下圖。
於是有

$$\frac{f(x)-f(t)}{g(x)-g(t)}=\frac{f'(\xi)}{g'(\xi)}=\frac{f(t)}{g(t)}\cdot\frac{1-f(x)f(t)^{-1}}{1-g(x)g(t)^{-1}}$$

其中 $t<\xi<x$。令 t,x 均趨近於 c，使 t 比 x 趨近 c 更快，
而有

$$\lim f(x)f(t)^{-1}=\lim g(x)g(t)^{-1}=0$$

這由條件 $\lim\limits_{t\to c}f(t)=\lim\limits_{t\to c}g(t)=\pm\infty$ 可辦到。從而

$$\lim_{t\to c}\frac{f(t)}{g(t)}=\lim_{t\to c}\left[\frac{f'(\xi)}{g'(\xi)}\right]\left[\lim_{t\to c}\frac{1-g(x)g(t)^{-1}}{1-f(x)f(t)^{-1}}\right]$$

$$=\lim_{t\to c}\frac{f'(\xi)}{g'(\xi)}=k\quad\blacksquare$$

例6　　$\displaystyle\lim_{x\to0}\frac{\sin x}{x}=\lim_{x\to0}\frac{D\sin x}{Dx}=\lim_{x\to0}\frac{\cos x}{1}=1\quad\blacksquare$

例7　　$\displaystyle\lim_{x\to0}\frac{e^x-1}{x}=\lim_{x\to0}\frac{D(e^x-1)}{Dx}=\lim_{x\to0}\frac{e^x}{1}=1\quad\blacksquare$

例8　　$\displaystyle\lim_{x\to\infty}\frac{x}{e^x}=\lim_{x\to\infty}\frac{Dx}{De^x}$

$$=\lim_{x\to\infty}\frac{1}{e^x}=0\quad\blacksquare$$

例9　　$\displaystyle\lim_{x\to0}\frac{\tan x-x}{x-\sin x}=\lim_{x\to0}\frac{\sec^2 x-1}{1-\cos x}=\lim_{x\to0}\frac{\frac{1}{\cos^2 x}-1}{1-\cos x}$

$$=\lim_{x \to 0} \frac{1 - \cos^2 x}{\cos^2 x(1 - \cos x)}$$

$$=\lim_{x \to 0} \frac{1 + \cos x}{\cos^2 x} = \frac{2}{1} = 2 \quad \blacksquare$$

有時 L'Hospital 規則必須重複使用好幾次:

例 10　　$\displaystyle\lim_{x \to 0} \frac{x - \sin x}{x^3} = \lim_{x \to 0} \frac{1 - \cos x}{3x^2}$　　（還是不定型）

$$=\lim_{x \to 0} \frac{\sin x}{6x} \quad （還是不定型）$$

$$=\lim_{x \to 0} \frac{\cos x}{6} = \frac{1}{6} \quad \blacksquare$$

【隨堂練習】　　求下列的極限值:

(1) $\displaystyle\lim_{x \to 0} \frac{e^{x^2} - 1}{\cos x - 1}$　　　　　　(2) $\displaystyle\lim_{x \to \infty} \frac{\ln x}{x^2}$

習 題 2-1

求下列的極限值:

1. $\displaystyle\lim_{x \to 0} \frac{\sin 3x}{\sin x}$

2. $\displaystyle\lim_{x \to 1} \frac{\ln x}{x - 1}$

3. $\displaystyle\lim_{x \to 0} \frac{e^x - 1}{\sin 5x}$

4. $\displaystyle\lim_{x \to 0} \frac{3x}{\tan x}$

5. $\displaystyle\lim_{x \to 1} \frac{\sqrt[4]{x} - 1}{\sqrt[5]{x} - 1}$

6. $\displaystyle\lim_{x \to 0} \frac{e^x - 1 - x}{1 - \cos \pi x}$

7. $\displaystyle\lim_{x \to \pi} \frac{\ln(\cos 2x)}{(\pi - x)^2}$

8. $\displaystyle\lim_{x \to \infty} \frac{\dfrac{1}{x}}{\sin \left(\dfrac{\pi}{x}\right)}$

2–2 其他的不定型

甲、$0 \cdot \infty$ 型

設 $\lim\limits_{x \to a} f(x) = 0$, $\lim\limits_{x \to a} g(x) = \infty$, 欲求 $\lim\limits_{x \to a} [f(x) \cdot g(x)]$ 時, 我們可以視實際情況將原式改寫成:

$\dfrac{0}{0}$型: $f(x) \cdot g(x) = \dfrac{f(x)}{\dfrac{1}{g(x)}}$

或

$\dfrac{\infty}{\infty}$型: $f(x) \cdot g(x) = \dfrac{g(x)}{\dfrac{1}{f(x)}}$

然後再利用 L'Hospital 規則求極限。

例 1
$$\lim_{x \to 0^+} x \ln x = \lim_{x \to 0^+} \frac{\ln x}{\dfrac{1}{x}} = \lim_{x \to 0^+} \frac{\dfrac{1}{x}}{\dfrac{-1}{x^2}}$$
$$= \lim_{x \to 0^+} (-x) = 0 \quad \blacksquare$$

例 2
$$\lim_{x \to 1^-} [\ln x \cdot \ln(1 - x)]$$
$$= \lim_{x \to 1^-} \frac{\ln(1 - x)}{\dfrac{1}{\ln x}} = \lim_{x \to 1^-} \frac{\dfrac{-1}{1 - x}}{\left(-\dfrac{1}{(\ln x)^2} \right) \cdot \dfrac{1}{x}}$$

$$= \lim_{x \to 1^-} \frac{x(\ln x)^2}{1-x} = \lim_{x \to 1^-} \frac{(\ln x)^2 + 2x \ln x \cdot \frac{1}{x}}{-1}$$

$$= \lim_{x \to 1^-} (\ln x)^2 + 2 \ln x = 0 \quad \blacksquare$$

例 3　　　$\displaystyle \lim_{x \to 0} x^2 e^{1/x^2} = \lim_{x \to 0} \frac{e^{1/x^2}}{\dfrac{1}{x^2}}$

$$= \lim_{x \to 0} \frac{e^{1/x^2} \cdot \left(-\dfrac{2x}{x^4} \right)}{-\dfrac{2x}{x^4}} = \lim_{x \to 0} e^{1/x^2} = \infty \quad \blacksquare$$

乙、0^0 型

例 4　求 $\displaystyle \lim_{x \to 0^+} x^x$ 。

解　　$\because x^x = \exp(x \ln x)$

$$\therefore \lim_{x \to 0^+} x^x = \lim_{x \to 0^+} \exp(x \ln x)$$

$$= \exp(\lim_{x \to 0^+} x \ln x) \quad （由 \exp 的連續性）$$

$$= \exp(0) = 1 \quad （由例 1） \quad \blacksquare$$

例 5　求 $\displaystyle \lim_{x \to 0^+} x^{\frac{1}{1 + \ln x}}$ 。

解　　　$\displaystyle \lim_{x \to 0^+} x^{\frac{1}{1+\ln x}} = \lim_{x \to 0^+} e^{\frac{1}{1+\ln x} \ln x}$

$$= e^{\displaystyle \lim_{x \to 0^+} \frac{\ln x}{1+\ln x}}$$

今因

$$\lim_{x \to 0^+} \frac{\ln x}{1 + \ln x} = \lim_{x \to 0^+} \frac{\dfrac{1}{x}}{\dfrac{1}{x}} = 1$$

所以

$$\lim_{x \to 0^+} x^{\frac{1}{1 + \ln x}} = e^1 = e \quad \blacksquare$$

丙、1^∞ 型

例6 求極限 $\displaystyle\lim_{x \to 1} x^{\frac{1}{1-x}}$。

解　　$\displaystyle\lim_{x \to 1} x^{\frac{1}{1-x}} = \lim_{x \to 1} e^{\frac{1}{1-x} \ln x}$

$$= e^{\lim_{x \to 1} \frac{\ln x}{1-x}}$$

今因

$$\lim_{x \to 1} \frac{\ln x}{1 - x} = -\lim_{x \to 1} \frac{1}{x} = -1$$

所以

$$\lim_{x \to 1} x^{\frac{1}{1-x}} = e^{-1} \quad \blacksquare$$

例7 求極限 $\displaystyle\lim_{x \to 0} (1 - \sin x)^{\cot x}$。

解　　$\displaystyle\lim_{x \to 0} (1 - \sin x)^{\cot x} = \lim_{x \to 0} e^{\cot x \ln(1 - \sin x)}$

$$= e^{\lim_{x \to 0} \cot x \ln(1 - \sin x)}$$

今因

$$\lim_{x \to 0} \cot x \ln(1 - \sin x)$$

$$= \lim_{x \to 0} \frac{\ln(1 - \sin x)}{\tan x} \qquad (\,\frac{0}{0}\,型\,)$$

$$= \lim_{x \to 0} \frac{\dfrac{-\cos x}{1 - \sin x}}{\dfrac{1}{\cos^2 x}} = -\lim_{x \to 0} \frac{\cos x(1 - \sin^2 x)}{1 - \sin x}$$

$$= -\lim_{x \to 0} \cos x(1 + \sin x) = -1$$

所以

$$\lim_{x \to 0}(1 - \sin x)^{\cot x} = e^{-1} \quad \blacksquare$$

丁、∞^0 型

例8　求 $\displaystyle\lim_{x \to \infty} x^{\frac{1}{x}}$ 。

解　令 $f(x) = x^{\frac{1}{x}}$ ，而 $g(x) = \ln f(x) = \dfrac{1}{x} \ln x$ 。
於是

$$\lim_{x \to \infty} g(x) = \lim_{x \to \infty} \frac{\ln x}{x} = \lim_{x \to \infty} \frac{\dfrac{1}{x}}{1} = 0$$

由於 $f(x) = e^{g(x)}$ ，今 $g(x) \to 0$ ，故

$$\lim_{x \to \infty} x^{\frac{1}{x}} = e^0 = 1 \quad \blacksquare$$

例9　求極限 $\displaystyle\lim_{x \to \frac{\pi}{2}^-}(\tan x)^{2x - \pi}$ 。

解　$$\lim_{x \to \frac{\pi}{2}^-}(\tan x)^{2x - \pi} = \lim_{x \to \frac{\pi}{2}^-} e^{(2x - \pi)\ln(\tan x)}$$

$$=e^{\lim\limits_{x\to\frac{\pi}{2}^-}(2x-\pi)\ln(\tan x)}$$

今因

$$\lim_{x\to\frac{\pi}{2}^-}(2x-\pi)\ln(\tan x)$$

$$=\lim_{x\to\frac{\pi}{2}^-}\frac{\ln(\tan x)}{\dfrac{1}{2x-\pi}}\quad(\frac{\infty}{\infty}型)$$

$$=\lim_{x\to\frac{\pi}{2}^-}\frac{\dfrac{1}{\tan x\cos^2 x}}{\dfrac{-2}{(2x-\pi)^2}}=-\lim_{x\to\frac{\pi}{2}^-}\frac{(2x-\pi)^2}{\sin 2x}\quad(\frac{0}{0}型)$$

$$=-\lim_{x\to\frac{\pi}{2}^-}\frac{2(2x-\pi)\cdot 2}{2\cos 2x}=0$$

所以

$$\lim_{x\to\frac{\pi}{2}^-}(\tan x)^{2x-\pi}=e^0=1\quad\blacksquare$$

戊、$\infty-\infty$型

例 10　求極限 $\lim\limits_{x\to\frac{\pi}{2}}(\sec x-\tan x)$。

解　$\lim\limits_{x\to\frac{\pi}{2}}(\sec x-\tan x)=\lim\limits_{x\to\frac{\pi}{2}}\left(\dfrac{1}{\cos x}-\dfrac{\sin x}{\cos x}\right)$

$$=\lim_{x\to\frac{\pi}{2}}\frac{1-\sin x}{\cos x}=\lim_{x\to\frac{\pi}{2}}\frac{-\cos x}{-\sin x}=0$$

$\blacksquare$

習 題 2-2

求下列的極限：

1. $\lim\limits_{x\to\infty} \dfrac{18x^3}{3+2x^2-6x^3}$

2. $\lim\limits_{x\to\infty} \dfrac{\ln(\ln x)}{\ln x}$

3. $\lim\limits_{x\to\frac{\pi}{2}} \dfrac{\tan x}{1+\sec x}$

4. $\lim\limits_{x\to\infty} \dfrac{\ln x^2}{\sqrt{x}}$

5. $\lim\limits_{x\to 0^+} \sin x \ln x$

6. $\lim\limits_{x\to\infty} x^3 e^{-x}$

7. $\lim\limits_{x\to 0^+} x^{\tan x}$

8. $\lim\limits_{x\to 0^+} x^{\ln(1+x)}$

9. $\lim\limits_{x\to 0^+} (\sin x)^{\sin x}$

10. $\lim\limits_{x\to\frac{\pi}{2}} (\sin x)^{\tan x}$

11. $\lim\limits_{x\to 0} (\cos x)^{\frac{1}{x}}$

12. $\lim\limits_{x\to 0} \left(\dfrac{1}{x}-\dfrac{1}{\sin x}\right)$

2-3　瑕積分

到目前為止，當我們寫下積分符號

$$\int_a^b f(x)dx \tag{1}$$

時，我們都假設 a 與 b 都是**有限數**，並且被積分函數 $f(x)$ 在閉區間 $[a,b]$ 上為**連續函數**，特別地，f 在兩個端點 a 與 b 都有定義。

這一節我們要來探討積分領域是無窮區間的情形，例如 $[a,\infty)$，$(-\infty,b]$，$(-\infty,\infty)$；或者函數在有限區間的端點沒有定義並且當 x 趨近於端點時，函數值會趨近於 ∞（或 $-\infty$）。這種積分我們特稱之為**瑕積分**(Improper Integral)，相對地，我們就稱(1)式為**本義積分**(Proper Integral)。

甲、無窮區間上的瑕積分

設 $f(x)$ 在 $[a,\infty)$ 上為一個連續函數，並且 $t > a$ 為有限數，則 $\int_a^t f(x)dx$ 就存在。如果極限 $\lim\limits_{t\to\infty}\int_a^t f(x)dx$ 存在，則稱此極限值為 $f(x)$ 在 $[a,\infty)$ 上的**瑕積分**，記為 $\int_a^\infty f(x)dx$，亦即

$$\int_a^\infty f(x)dx = \lim_{t\to\infty}\int_a^t f(x)dx \tag{2}$$

此時我們也稱瑕積分 $\int_a^\infty f(x)dx$ 是**收斂的**(Convergent)。 如果(2)式之極限不存在，則稱瑕積分 $\int_a^\infty f(x)dx$ 是**發散的**(Divergent)。

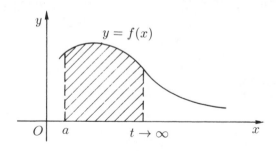

圖 2–2

同理，我們定義

$$\int_{-\infty}^b f(x)dx = \lim_{t\to-\infty}\int_t^b f(x)dx \tag{3}$$

並且

$$\int_{-\infty}^\infty f(x)dx = \int_{-\infty}^c f(x)dx + \int_c^\infty f(x)dx \tag{4}$$

其中 c 為任一實數，如果兩項均收斂，我們就說 $\int_{-\infty}^\infty f(x)dx$ 收

斂, 否則稱為發散。

例 1
$$\int_0^\infty e^{-x}dx = \lim_{t\to\infty}\int_0^t e^{-x}dx = \lim_{t\to\infty}(-e^{-x})\Big|_0^t$$
$$= \lim_{t\to\infty}\left(-\frac{1}{e^t}+1\right) = 1 \quad \blacksquare$$

例 2
$$\int_1^\infty \frac{1}{x}dx = \lim_{t\to\infty}\int_1^t \frac{1}{x}dx = \lim_{t\to\infty}(\ln x)\Big|_1^t$$
$$= \lim_{t\to\infty}\ln t = \infty, \ 發散。\quad \blacksquare$$

例 3
$$\int_0^\infty \cos x\,dx = \lim_{t\to\infty}\int_0^t \cos x\,dx = \lim_{t\to\infty}\sin t$$
極限不存在, 瑕積分發散。 ■

例 4
$$\int_{-\infty}^0 e^x dx = \lim_{t\to-\infty}\int_t^0 e^x dx = \lim_{t\to-\infty}e^x\Big|_t^0$$
$$= \lim_{t\to-\infty}(1-e^t) = 1 \quad \blacksquare$$

例 5　求 $\int_{-\infty}^\infty e^x dx$。

解　因為
$$\int_{-\infty}^\infty e^x dx = \int_{-\infty}^0 e^x dx + \int_0^\infty e^x dx \qquad (5)$$
並且
$$\int_0^\infty e^x dx = \lim_{t\to\infty}\int_0^t e^x dx = \lim_{t\to\infty}e^x\Big|_0^t$$
$$= \lim_{t\to\infty}(e^t-1) = +\infty$$

在(5)式中的兩個瑕積分, 其中之一發散, 則原來的瑕積

分 $\displaystyle\int_{-\infty}^{\infty} e^x dx$ 發散。　∎

例 6　　$\displaystyle\int_{-\infty}^{\infty} \frac{1}{1+x^2} dx = \int_{-\infty}^{0} \frac{1}{1+x^2} dx + \int_{0}^{\infty} \frac{1}{1+x^2} dx$

$$= \lim_{t \to -\infty} \int_{t}^{0} \frac{1}{1+x^2} dx + \lim_{t \to \infty} \int_{0}^{t} \frac{1}{1+x^2} dx$$

$$= \lim_{t \to -\infty} \left(\tan^{-1} x \right) \Big|_{t}^{0} + \lim_{t \to \infty} \left(\tan^{-1} x \right) \Big|_{0}^{t}$$

$$= \lim_{t \to -\infty} \left(-\tan^{-1} t \right) + \lim_{t \to \infty} \tan^{-1} t$$

$$= -\left(-\frac{\pi}{2} \right) + \frac{\pi}{2} = \pi \quad ∎$$

【隨堂練習】　求下列的瑕積分：

(1) $\displaystyle\int_{0}^{\infty} x e^{-x} dx$。

(2)設 $p > 1$，求 $\displaystyle\int_{1}^{\infty} \frac{1}{x^p} dx$。

乙、無界函數的瑕積分

設 $f(x)$ 在 $[a,b)$ 上連續並且當 x 趨近於 b 時，$f(x)$ 趨近於無窮大。令 $a < t < b$，考慮積分 $\displaystyle\int_{a}^{t} f(x)dx$，如果極限 $\displaystyle\lim_{t \to b^-} \int_{a}^{t} f(x)dx$ 存在（有限），則我們定義瑕積分

$$\int_{a}^{b} f(x)dx = \lim_{t \to b^-} \int_{a}^{t} f(x)dx \tag{6}$$

並且稱瑕積分 $\displaystyle\int_{a}^{b} f(x)dx$ 收斂，否則就稱瑕積分 $\displaystyle\int_{a}^{b} f(x)dx$ 發散。

同理，設 $f(x)$ 在 $(a,b]$ 上連續並且當 x 趨近於 a 時，$f(x)$ 趨近於無窮大。我們定義

$$\int_a^b f(x)dx = \lim_{t \to a^+} \int_t^b f(x)dx \tag{7}$$

例7　$\displaystyle \int_0^1 \frac{dx}{\sqrt{1-x}} = \lim_{t \to 1^-} \int_0^t \frac{dx}{\sqrt{1-x}} = \lim_{t \to 1^-} \left(-2\sqrt{1-x}\right)\Big|_0^t$

$$= \lim_{t \to 1^-} \left(-2\sqrt{1-t}+2\right) = 2 \quad \blacksquare$$

例8　$\displaystyle \int_0^1 \frac{1}{x}dx = \lim_{t \to 0^+} \int_t^1 \frac{1}{x}dx = \lim_{t \to 0^+} (\ln x)\Big|_t^1$

$$= \lim_{t \to 0^+} (-\ln t) = \infty, \quad 發散。\quad \blacksquare$$

例9　求 $\displaystyle \int_0^a \frac{dx}{\sqrt{a^2 - x^2}}$。

解　令 $x = a\sin\theta$, 則

$$\int_0^a \frac{dx}{\sqrt{a^2 - x^2}} = \int_0^{\frac{\pi}{2}} \frac{a\cos\theta}{a\cos\theta}d\theta = \int_0^{\frac{\pi}{2}} d\theta = \frac{\pi}{2} \quad \blacksquare$$

習 題 2-3

求下列的瑕積分:

1. $\displaystyle \int_3^\infty e^{-2x}dx$

2. $\displaystyle \int_0^\infty \frac{dx}{(1+x)^3}$

3. $\displaystyle \int_8^\infty \frac{1}{x^{\frac{4}{3}}}dx$

4. $\displaystyle \int_0^\infty \sin x\,dx$

5. $\displaystyle \int_e^\infty \frac{1}{x\ln x}dx$

6. $\displaystyle \int_0^\infty (x-1)e^{-x}dx$

7. $\displaystyle\int_0^2 \frac{\ln x}{\sqrt{x}}\,dx$

8. $\displaystyle\int_0^2 \frac{dx}{4-x^2}$

9. $\displaystyle\int_0^\infty e^{-x}\cos x\,dx$

10. $\displaystyle\int_1^\infty \frac{dx}{x(x+2)}$

11. $\displaystyle\int_3^\infty \frac{dx}{x\sqrt{16+x^2}}$

12. $\displaystyle\int_e^\infty \frac{dx}{x(\ln x)^2}$

13. $\displaystyle\int_{-\infty}^\infty |x|e^{-x^2}\,dx$

14. $\displaystyle\int_{-\infty}^\infty e^{-x}\cos x\,dx$

第三章　定積分的應用

　　單變數函數的定積分在幾何上是可以求面積，但是有些不是求面積的問題，基本上還是可以化為一維的定積分！說得更確切一點，只要一個量可表為和式的極限就是定積分的問題！例如，曲線的弧長，旋轉體的側表面積及體積等等都是定積分。本章我們就要來研究這些問題。我們的辦法是，對一個欲求的量，想法子分割、取樣，作近似和，然後將此近似和化成 $\sum f(\xi_i)\Delta x_i$ 之形式，於是取極限就得到 $\int_a^b f(x)dx$。剩下來就是求定積分的演算，我們又要借重 Newton-Leibniz 公式。只要你掌握住這個思路，本章的公式就不用背了。

3–1　面積的計算

　　積分最早起源於要計算曲線所圍成領域的面積，我們分成直角坐標、參數方程與極坐標三種曲線來討論。

甲、直角坐標方程

　　設 f 在 $[a,b]$ 上連續，並且 $f(x) \geq 0, \forall x \in [a,b]$，則由積分的定義知，$\int_a^b f(x)dx$ 代表下圖陰影領域的面積：

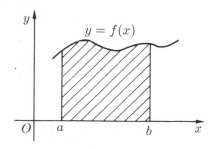

圖 3–1

進一步，如果 $f(x) \geq g(x)$, $\forall x \in [a,b]$, 則 $y = f(x)$, $y = g(x)$ 與 $x = a$, $x = b$ 所圍成的面積為

$$\int_a^b f(x)dx - \int_a^b g(x)dx = \int_a^b \Big(f(x) - g(x) \Big) dx$$

參見圖 3–2。

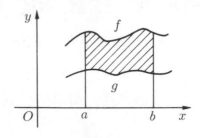

圖 3–2

例1 試求拋物線 $y^2 = 2px$ 與 $x^2 = 2py$ 所圍成的面積，其中 $p > 0$。

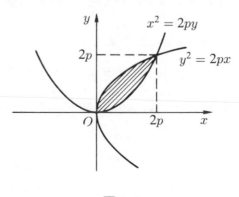

圖 3–3

解 $\displaystyle\int_0^{2p} \left(\sqrt{2px} - \frac{x^2}{2p} \right) dx = \frac{4}{3} p^2$ ∎

今若 f 與 g 互有大小，則 f, g 及 $x = a, x = b$ 所圍成的面

積就應該分段考慮, 如下圖:

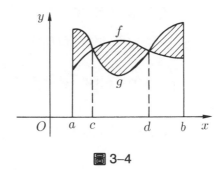

圖 3-4

陰影面積為

$$\int_a^c (g-f)dx + \int_c^d (f-g)dx + \int_d^b (g-f)dx = \int_a^b |f-g|dx$$

例2　求曲線 $y=\cos x$ 與 $y=\sin 2x$ 在 $\left[0, \dfrac{\pi}{2}\right]$ 上所圍成領域之面積, 參見圖 3-5。

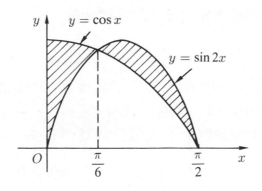

圖 3-5

解　先求兩曲線的交點

$$\cos x = \sin 2x = 2\sin x \cos x$$

$$\sin x = \frac{1}{2}, \cos x = 0$$

$$\Rightarrow x = \frac{\pi}{6}, x = \frac{\pi}{2}$$

於是陰影領域的面積為

$$\int_0^{\frac{\pi}{6}} [\cos x - \sin 2x]dx + \int_{\frac{\pi}{6}}^{\frac{\pi}{2}} [\sin 2x - \cos x]dx$$

$$= \left(\sin x + \frac{1}{2} \cos 2x \right)\Big|_0^{\frac{\pi}{6}} + \left(-\frac{1}{2} \cos 2x - \sin x \right)\Big|_{\frac{\pi}{6}}^{\frac{\pi}{2}}$$

$$= \left(\frac{1}{2} + \frac{1}{4} - 0 - \frac{1}{2} \right) + \left(\frac{1}{2} - 1 + \frac{1}{4} + \frac{1}{2} \right) = \frac{1}{2} \quad \blacksquare$$

【隨堂練習】 求函數 $f(x) = x^3 - 3x^2 + 2x$ 與 $g(x) = -x^3 + 4x^2 - 3x$ 之圖形所圍成領域之面積。

乙、參數方程式

本段討論由參數方程的圖形所圍成的面積。假設某曲線的參數方程式為 t 的連續函數：

$$x = x(t), y = y(t)$$

並設 $x(t)$ 隨 t 的增加而增加且有連續的導函數，且 $x(\alpha) = a$, $x(\beta) = b$。那麼由曲線 $x = x(t), y = y(t), x$ 軸及直線 $x = a, x = b$ 所圍的圖形的面積公式為：

$$A = \int_a^b |y|dx = \int_\alpha^\beta |y(t)||x'(t)|dt$$

如果 $x(t)$ 隨 t 的增加而減少，上式仍成立，但這時應要求 $\alpha > \beta$。

例3 求橢圓 $x = a\cos t$, $y = b\sin t$, $(a > 0, b > 0)$ 的面積。

解 由對稱性，我們只要求四分之一的面積即可。亦即

$$\int_0^a ydx$$

但是 $x(0) = a, x\left(\dfrac{\pi}{2}\right) = 0$，所以

$$\int_0^a ydx = \int_{\frac{\pi}{2}}^0 b\sin t(-a\sin t)dt = ab\int_0^{\frac{\pi}{2}}\sin^2 t \ dt$$

$$= ab\int_0^{\frac{\pi}{2}}\frac{1-\cos 2t}{2}dt$$

$$= \frac{ab}{2}\left(t - \frac{1}{2}\sin 2t\right)\Big|_0^{\frac{\pi}{2}}$$

$$= \frac{1}{4}\pi ab$$

故橢圓的面積為 πab。 ∎

【**隨堂練習**】 求擺線一拱與 x 軸所圍成的面積：

$$x = a(t - \sin t), y = a(1 - \cos t)$$

丙、極坐標方程

如果曲線是由極坐標方程式 $r = f(\theta)$ 所給定，並且假設 $f(\theta)$ 在 $[\alpha, \beta]$ 上連續，$f(\theta) > 0$，我們要來求由兩條向徑 $\theta = \alpha$ 與 $\theta = \beta$ 及曲線 $r = f(\theta)$ 所圍圖形的面積。見下圖：

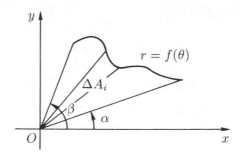

圖 3–6

當然我們可以把極坐標化成平常的直角坐標，但這往往會變得更複雜！因此我們直接由極坐標來做：

我們把 $[\alpha, \beta]$ 分割成

$$\alpha = \theta_0 < \theta_1 < \cdots < \theta_n = \beta$$

$$\Delta\theta_i = \theta_i - \theta_{i-1}, i = 1, 2, \cdots, n$$

作 $n-1$ 條射線$\theta = \theta_1$，$\theta = \theta_2$，$\cdots$，$\theta = \theta_{n-1}$，將圖形分割成 n 個小區域，每一小區域約略為一個扇形。設 ΔA_i 為第 i 小區域的面積，故總面積A 為

$$A = \sum_{i=1}^{n} \Delta A_i$$

但是由扇形面積公式 $\dfrac{1}{2}\theta r^2$ 得

$$\Delta A_i \doteqdot \frac{1}{2}[f(\xi_i)]^2\Delta\theta_i, \text{ 其中} \xi_i \in [\theta_{i-1}, \theta_i]$$

$\therefore A$ 的近似和為 $\sum\limits_{i=1}^{n} \dfrac{1}{2}[f(\xi_i)]^2\Delta\theta_i$

取極限就得到面積公式：

$$A = \frac{1}{2}\int_{\alpha}^{\beta}(f(\theta))^2 d\theta$$

如果要求出由

$$\theta = \alpha, \theta = \beta \quad (\alpha < \beta)$$

及兩條連續曲線 $r = f_1(\theta), r = f_2(\theta), (f_2(\theta) \leq f_1(\theta))$ 所圍成的面積，則公式為（見下圖）：

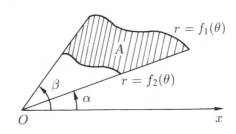

圖 3-7

$$A = \frac{1}{2} \int_{\alpha}^{\beta} [(f_1(\theta))^2 - (f_2(\theta))^2] d\theta$$

例 4 求雙紐線 $r^2 = \cos 2\theta$ 所圍成的面積。

解 首先注意到，當 $\frac{\pi}{4} < |\theta| < \frac{3}{4}\pi$ 時， $\cos 2\theta < 0$，此時 r 為虛值，即無定義。由對稱性知

$$A = 2 \cdot \frac{1}{2} \int_{-\frac{\pi}{4}}^{\frac{\pi}{4}} \cos 2\theta d\theta = 1$$

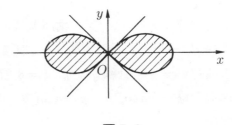

圖 3-8

例 5 求心臟線 $r = a(1 + \cos\theta)$， $a > 0$，所圍成的面積。

解 由對稱性得

$$A = 2 \cdot \frac{1}{2} \int_0^{\pi} r^2 d\theta = \int_0^{\pi} a^2 (1 + \cos\theta)^2 d\theta$$

$$=a^2 \int_0^\pi \left(1 + 2\cos\theta + \frac{1+\cos 2\theta}{2} \right) d\theta$$

$$=a^2 \left. \left(\theta + 2\sin\theta + \frac{\theta}{2} + \frac{\sin 2\theta}{4} \right) \right|_0^\pi$$

$$=\frac{3}{2}\pi a^2$$

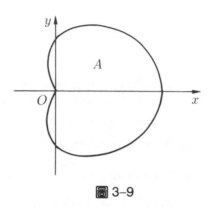

圖 3-9

習 題 3-1

1. 求拋物線 $y = 4x - x^2$ 與 x 軸所圍成的面積。

2. 求曲線 $y = \ln x$, x 軸與直線 $x = e$ 所圍成的面積。

3. 求曲線 $y^3 = x$ 與直線 $y = 1$, $x = 8$ 所圍成面積。

4. 求星形線 $x = a\cos^3\theta$, $y = a\sin^3\theta$, $0 \le \theta \le 2\pi$, 所圍成的領域之面積。

5. 求 $r = 1 - \cos\theta$ 所圍成領域之面積。

3-2　旋轉體的體積

讓我們先考慮旋轉體的體積。假設 $y = f(x) \ge 0$, $\forall x \in [a, b]$,

將函數圖形繞 x 軸旋轉，得到一個以 x 軸為對稱軸的旋轉體，見下圖：

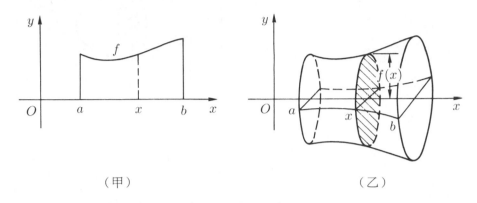

（甲）　　　　　　　　　　　（乙）

圖 3–10

如何求這個體積呢？將這塊立體切成一小塊一小塊的圓形薄片（用垂直 x 軸的平面當切刀），於是第 i 小薄片的體積約為 $\pi[f(\xi_i)]^2\Delta x_i$（底面積乘厚度）。作近似和 $\sum \pi[f(\xi_i)]^2\Delta x_i$，取極限（讓分割加細）就得到旋轉體的體積公式：

$$V = \int_a^b \pi y^2 dx = \int_a^b \pi[f(x)]^2 dx \qquad (1)$$

一般而言，若有一塊立體被夾在 $x = a$ 與 $x = b$ 兩平面之間，並且過 x 點而垂直 x 軸的截面截得該立體的面積為 $A(x)$，那麼立體的體積就是

$$V = \int_a^b A(x)dx \qquad (2)$$

見下圖：

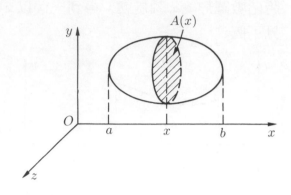

圖 3–11

換言之，對橫截面積的積分就是體積！

例1　求底半徑為 r，高度為 h 之圓錐體的體積。

解　我們可以將此圓錐體安排如圖，而考慮成

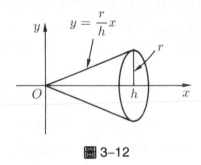

圖 3–12

$$y = f(x) = \frac{r}{h}x, 0 \le x \le h$$

對 x 旋轉所圍成的體積。於是體積為

$$V = \pi \int_0^h \frac{r^2}{h^2} x^2 dx = \frac{1}{3}\pi r^2 h$$

$$= \frac{1}{3}\text{底面積} \times \text{高} \quad \blacksquare$$

例2 求 $x^2 + y^2 = a^2$ 與 $x^2 + z^2 = a^2$ 兩柱面所圍成的體積（見下圖）：

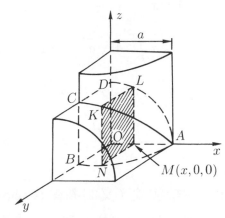

圖 3-13

解 上圖體積為所欲求體積之 $\dfrac{1}{8}$。今過點 $(x, 0, 0)$ 作垂直 x 軸的截面，得一正方形，其邊長為 $\sqrt{a^2 - x^2}$，故截面積 $A(x) = (\sqrt{a^2 - x^2})^2 = a^2 - x^2$。因此所欲求的體積為

$$V = 8 \int_0^a A(x)dx = 8 \int_0^a (a^2 - x^2)dx = \frac{16}{3}a^3 \quad \blacksquare$$

例3 求 $x^2 + (y - b)^2 = a^2, \quad (0 < a \le b)$ 繞 x 軸旋轉的體積。

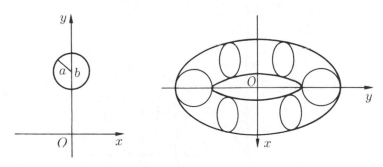

圖 3-14

解 此旋轉體就是一個輪胎，見上圖。其體積

$$V = \pi \int_{-a}^{a} \left(b + \sqrt{a^2 - x^2}\right)^2 dx - \pi \int_{-a}^{a} \left(b - \sqrt{a^2 - x^2}\right)^2 dx$$

$$= \pi \int_{-a}^{a} 4b\sqrt{a^2 - x^2}dx = 4\pi b \int_{-a}^{a} \sqrt{a^2 - x^2}dx$$

但 $\int_{-a}^{a} \sqrt{a^2 - x^2}dx$ 表半徑為 a 之半圓的面積，故

$$V = 4\pi b \cdot \frac{\pi a^2}{2} = 2\pi^2 a^2 b \quad \blacksquare$$

例 4 求輪迴線（又叫擺線 (Cycloid)），$x = a(t - \sin t)$，
$y = a(1 - \cos t)$ 一拱繞 x 軸旋轉的體積。

解
$$V = \pi \int_{0}^{2\pi a} y^2 dx = \pi \int_{0}^{2\pi} a^2(1 - \cos t)^2 a(1 - \cos t)dt$$

$$= \pi a^3 \int_{0}^{2\pi} (1 - 3\cos t + 3\cos^2 t - \cos^3 t)dt$$

$$= \pi a^3 \int_{0}^{2\pi} \left(1 - 3\cos t + 3 \cdot \frac{1 + \cos 2t}{2} - \frac{\cos 3t + 3\cos t}{4}\right) dt$$

$$= \pi a^3 \left(t - 3\sin t + \frac{3t}{2} + \frac{3}{4}\sin 2t - \frac{\sin 3t}{12} - \frac{3}{4}\sin t\right)\Big|_{0}^{2\pi}$$

$$= 5\pi^2 a^3$$

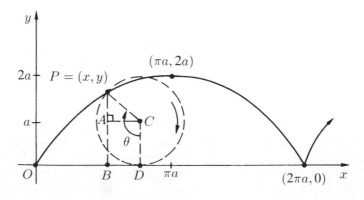

圖 3-15

$\blacksquare$

【**隨堂練習**】　求橢圓 $\dfrac{x^2}{a^2} + \dfrac{y^2}{b^2} = 1$ 繞 x 軸旋轉的體積。

例5　求線段 $y^2 = x$，$0 \le x \le 4$，繞 x 軸旋轉，其旋轉體的體積，見下圖 3–16。

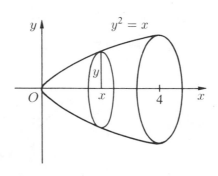

圖 3–16

解　對任何 $x \in [0,4]$，截面積

$$A(x) = \pi y^2 = \pi x$$

$$\therefore 體積 = \int_0^4 \pi x\, dx = 8\pi \quad \blacksquare$$

有時候，旋轉體是由兩條連續曲線 $y_1 = f(x), y_2 = g(x), (0 \le g \le f)$，以及兩條直線 $x = a, x = b, (a < b)$ 所圍成的區域（見下圖），繞 x 軸旋轉所產生的立體，其體積為

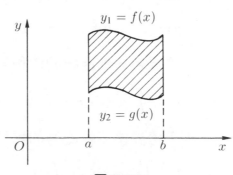

圖 3–17

$$V = \int_a^b \pi [f(x)]^2 dx - \int_a^b \pi [g(x)]^2 dx$$

$$= \pi \int_a^b ([f(x)]^2 - [g(x)]^2) dx \tag{3}$$

例6 設 Ω 為 $\sqrt{x} + \sqrt{y} = 1$ 與 $x + y = 1$ 所圍成的領域，求 Ω 繞 x 軸旋轉所成的體積。

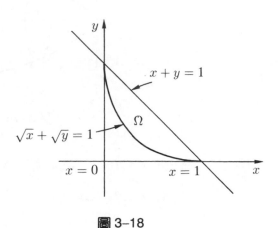

圖 3–18

解 Ω 的上邊界為

$$y = 1 - x, 0 \le x \le 1$$

下邊界為

$$y = (1 - \sqrt{x})^2, 0 \le x \le 1$$

上邊界繞 x 軸旋轉的體積為

$$V_1 = \int_0^1 \pi y^2 dx = \pi \int_0^1 (1-x)^2 dx = \frac{1}{3}\pi$$

而下邊界繞 x 軸旋轉的體積為

$$V_2 = \int_0^1 \pi y^2 dx = \pi \int_0^1 (1-\sqrt{x})^4 dx$$

$$=\pi \int_0^1 (1 - 4x^{\frac{1}{2}} + 6x - 4x^{\frac{3}{2}} + x^2)dx = \frac{1}{15}\pi$$

因此 Ω 繞 x 軸旋轉的體積為

$$V = V_1 - V_2 = \frac{1}{3}\pi - \frac{1}{15}\pi = \frac{4}{15}\pi \quad \blacksquare$$

習 題 3-2

1.求曲線 $y = x^2$ 從 $x = 0$ 到 $x = 2$ 繞 x 軸旋轉所成的體積。

2.求曲線 $y = \sin x$ 從 $x = 0$ 到 $x = \pi$ 繞 x 軸旋轉所成的體積。

3.求下列曲線繞 x 軸旋轉所成的體積。

(1) $y = e^x, x = 0$ 到 $x = 1$。

(2) $y = x^3, x = 1$ 到 $x = 2$。

(3) $y = \ln x, x = 1$ 到 $x = e$。

(4) $y = \dfrac{1}{x}, x = 1$ 到 $x = 2$。

4.求半徑為 r 的球之體積。

5.兩曲線 $y = 2x$ 與 $y = x^2$ 所圍成的領域，繞 x 軸旋轉，求旋轉體的體積。若繞 y 軸旋轉，又如何？

3–3　曲線的長度

我們在第三冊第八章的 8–2 節已講過曲線長度的公式，現在再簡要複習一下。

考慮一段曲線 Γ，假設它是由參數方程式來描寫：

$$\Gamma : \begin{cases} x = x(t) \\ y = y(t) \end{cases}, \quad t \in [a, b]$$

我們欲求曲線 Γ 的長度。

微積分的基本想法是: 用折線取代原曲線! 在圖3-19中, 將曲線 Γ 從 P_1 到 P_{n+1} 分割成 n 段, $n+1$ 個分點為 $P_1, P_2, P_3, \cdots, P_{n+1}$, 然後用割線連接相鄰的分點, 得到一條折線, 其長度能夠算出來, 於是我們定義: 當分點無限增加, 同時每一段弦的長度均趨近於 0 時, 這折線的長度如果趨近於某一極限, 那麼此極限值就是曲線的長度。此時也稱曲線為可求長的 (Rectifiable)。

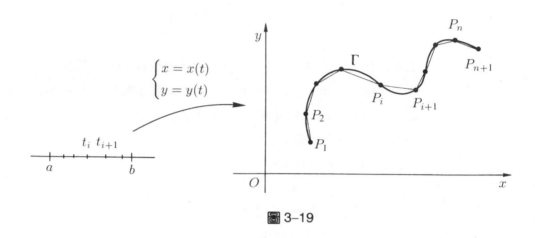

圖 3-19

（註: 我們在初等幾何學中早已遇到這種方法了, 例如求圓周的長度時, 我們用圓內接（或外切）正多邊形的周長來迫近圓周的長。）

有了想法, 現在我們來推導曲線弧長的公式。令分點的坐標為

$$P_i = (x(t_i), y(t_i)), i = 1, 2, \cdots, n + 1$$

於是由畢氏定理知, 線段 $\overline{P_i P_{i+1}}$ 的長度為

$$\sqrt{[x(t_{i+1}) - x(t_i)]^2 + [y(t_{i+1}) - y(t_i)]^2}$$

$$= \sqrt{\left[\frac{x(t_{i+1}) - x(t_i)}{t_{i+1} - t_i}\right]^2 + \left[\frac{y(t_{i+1}) - y(t_i)}{t_{i+1} - t_i}\right]^2} (t_{i+1} - t_i)$$

$$= \sqrt{\left[\frac{\Delta x(t_i)}{\Delta t_i}\right]^2 + \left[\frac{\Delta y(t_i)}{\Delta t_i}\right]^2} \, \Delta t_i$$

因此，折線之長度為

$$\sum_{i=1}^{n} \sqrt{\left[\frac{\Delta x(t_i)}{\Delta t_i}\right]^2 + \left[\frac{\Delta y(t_i)}{\Delta t_i}\right]^2} \, \Delta t_i$$

令每段 Δt_i 皆趨近於 0，就得到**曲線的長度公式**為

$$s = \lim \sum_{i=1}^{n} \sqrt{\left[\frac{\Delta x(t_i)}{\Delta t_i}\right]^2 + \left[\frac{\Delta y(t_i)}{\Delta t_i}\right]^2} \, \Delta t_i$$

$$= \int_a^b \sqrt{\left(\frac{dx}{dt}\right)^2 + \left(\frac{dy}{dt}\right)^2} \, dt \tag{1}$$

例 1　半徑為 a 的圓之參數方程式為

$$x = a\cos t, y = a\sin t, t \in [0, 2\pi]$$

求圓周的長度。

解　因為

$$\frac{dx}{dt} = -a\sin t, \frac{dy}{dt} = a\cos t$$

所以圓周的長度為

$$s = \int_0^{2\pi} \sqrt{a^2 \sin^2 t + a^2 \cos^2 t} \, dt$$

$$= \int_0^{2\pi} a \, dt = 2\pi a \quad \blacksquare$$

注意: 如果圓周的參數方程式給的是

$$x = a\cos 2t, y = a\sin 2t, t \in [0, 2\pi] \tag{2}$$

則

$$\frac{dx}{dt} = -2a\sin 2t, \frac{dy}{dt} = 2a\cos 2t$$

$$\int_0^{2\pi} \sqrt{4a^2\sin^2 2t + 4a^2\cos^2 2t}\, dt$$

$$= \int_0^{2\pi} 2a\, dt = 4\pi a$$

答案並不是圓周的長度，理由是：我們所給的參數方程式(2)繞圓周兩圈！

【隨堂練習】 求曲線：$x = a\cos^3 t$, $y = a\sin^3 t$, $t \in \left[0, \dfrac{\pi}{2}\right]$ 的長度。

如果曲線是由直角坐標的函數

$$y = f(x), x \in [a,b]$$

所給定，那麼我們可將它先改為參數方程式

$$\begin{cases} x = t \\ y = f(t) \end{cases}, \ t \in [a,b]$$

因為 $\dfrac{dx}{dt} = 1$ 且 $\dfrac{dy}{dt} = f'(t)$，代入(1)式，所以我們就得到**曲線的長度公式**

$$s = \int_a^b \sqrt{1 + [f'(x)]^2}\, dx \tag{3}$$

例2 求曲線 $y = \dfrac{1}{6}x^3 + \dfrac{1}{2x}$, $x \in [1,3]$，的長度。

解 $\because f'(x) = \dfrac{1}{2}x^2 - \dfrac{1}{2}x^{-2}$

$\therefore$ 曲線的長度為

$$s = \int_1^3 \sqrt{1 + [f'(x)]^2}\, dx = \int_1^3 \left(\frac{1}{2}x^2 + \frac{1}{2}x^{-2}\right) dx$$

$$= \left[\frac{1}{6}x^3 - \frac{1}{2}x^{-1} \right]\Big|_1^3 = \frac{14}{3} \quad \blacksquare$$

【隨堂練習】 求曲線的長度:

$$f(x) = x^2, x \in [0,1]$$

如果曲線是由極坐標方程式

$$r = f(\theta), \theta \in [\alpha, \beta]$$

所給定,我們也可以將它改為參數方程式

$$\begin{cases} x = f(\theta)\cos\theta \\ y = f(\theta)\sin\theta \end{cases}, \quad \theta \in [\alpha, \beta]$$

因為

$$\frac{dx}{d\theta} = f'(\theta)\cos\theta - f(\theta)\sin\theta$$

$$\frac{dy}{d\theta} = f'(\theta)\sin\theta + f(\theta)\cos\theta$$

所以

$$\left(\frac{dx}{d\theta} \right)^2 + \left(\frac{dy}{d\theta} \right)^2 = (f(\theta))^2 + (f'(\theta))^2 = r^2 + \left(\frac{dr}{d\theta} \right)^2$$

再由(1)式得知**曲線的長度公式**為

$$s = \int_\alpha^\beta \sqrt{r^2 + \left(\frac{dr}{d\theta} \right)^2} \, d\theta \tag{4}$$

例3 半徑為 ρ 之圓,其極坐標方程式為

$$r = \rho$$

此時因為 ρ 為常數,故其微分為 0,因此圓周長為

$$\int_0^{2\pi} \sqrt{\rho^2}\, d\theta = \int_0^{2\pi} \rho\, d\theta = 2\pi\rho \quad \blacksquare$$

例 4　求曲線 $r = a(1 - \cos\theta)$ 的長度。

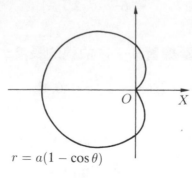

$r = a(1 - \cos\theta)$

圖 3–20

解　因為 $f(\theta) = a(1 - \cos\theta)$，故

$$[f(\theta)]^2 + [f'(\theta)]^2 = a^2[1 - 2\cos\theta + \cos^2\theta + \sin^2\theta]$$

$$= 2a^2(1 - \cos\theta)$$

利用三角恆等式

$$\frac{1}{2}(1 - \cos\theta) = \sin^2\frac{1}{2}\theta$$

我們得到

$$[f(\theta)]^2 + [f'(\theta)]^2 = 4a^2\sin^2\frac{1}{2}\theta$$

因此曲線的長度為

$$\int_0^{2\pi}\sqrt{[f(\theta)]^2 + [f'(\theta)]^2}\,d\theta = \int_0^{2\pi} 2a\sin\frac{1}{2}\theta\,d\theta$$

$$= 4a\int_0^{2\pi}\frac{1}{2}\sin\frac{1}{2}\theta\,d\theta$$

$$= 4a\left(-\cos\frac{1}{2}\theta\right)\Big|_0^{2\pi} = 8a \quad\blacksquare$$

$$習\ 題\ 3\text{-}3$$

1.求擺線 $x = (t - \sin t), y = 1 - \cos t$ 一拱的長度。

2.求下列曲線的長度：

(1) $\begin{cases} x = t^2 \\ y = 2t \end{cases}, \ t \in [0, \sqrt{3}]$

(2) $\begin{cases} x = e^t \sin t \\ y = e^t \cos t \end{cases}, \ t \in [0, \pi]$

(3) $\begin{cases} x = \theta \cos \theta \\ y = \theta \sin \theta \end{cases}, \theta \in [0, 2\pi]$
（阿基米得螺線）

(4) $\begin{cases} x = \cos t + t \sin t \\ y = \sin t - t \cos t \end{cases}, t \in [0, \pi]$

(5) $r = e^\theta, \theta \in [0, 4\pi]$
（對數螺線）

(6) $f(x) = \ln(\sin x), x \in \left[\dfrac{\pi}{6}, \dfrac{\pi}{2}\right]$

3-4 旋轉體的側表面積

設曲線 $y = f(x) \geq 0, x \in [a, b]$，繞 x 軸旋轉，得到一個旋轉體，我們要來求它的側表面積，參見下圖：

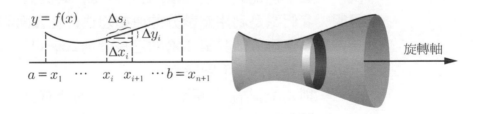

圖 3-21

整個微分學的想法就是在很小的範圍內，用**切線**或**割線**來取代原曲線差不到那裡去！因此，讓我們先來計算圖 3-22 的錐臺之側表面積。

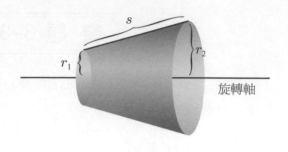

圖 3–22

進一步這只要計算圓錐的側表面積就好了，因為錐臺是兩個圓錐的相減。（參見圖 3–23）

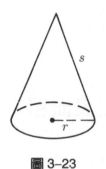

圖 3–23

例 1 底半徑為 r，斜高為 s 之正圓錐，其側表面積為 $\pi r s$。

證明 我們還是利用定積分的原始想法：將底面的圓，內接 n 多邊形，則其第 i 邊的邊長設為 Δr_i，且此邊至頂點的高為 s_i，如下圖所示。

則 $\triangle A x_i x_{i+1}$ 之面積為 $\dfrac{1}{2} s_i \Delta r_i$，而所有側面三角形的面積和為

$$\sum \frac{1}{2} s_i \Delta r_i$$

當多邊形的邊數越來越多時，即 n 趨近無限大時，則

$\lim\limits_{n \to \infty} s_i = s$ 且 $\lim\limits_{n \to \infty} \sum \Delta r_i = 2\pi r$（底圓的圓周長）所以

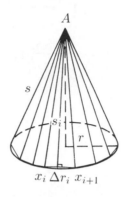

A

s

s_i

r

$x_i\, \Delta r_i\ x_{i+1}$

圖 3–24

$$\lim_{n\to\infty} \sum \frac{1}{2} s_i \Delta r_i = \left(\frac{1}{2}\right)\cdot(s)\cdot(2\pi r) = \pi rs$$

因此，正圓錐之側表面積為 πrs。 ∎

例 2 上面圖 3–22 錐臺的側表面積 A 為

$$A = \pi(r_1 + r_2)s = 2\pi rs$$

其中 $r = \dfrac{1}{2}(r_1 + r_2)$

證明 由例 1 知，錐臺的側表面積 A 為

$$A = \pi r_2 s_2 - \pi r_1 s_1$$

但由相似形比例定理知

$$\frac{r_2}{r_1} = \frac{s_2}{s_1}$$

$$\Rightarrow r_2 = \frac{s_2}{s_1} r_1$$

$$\therefore A = \pi(r_2 s_2 - r_1 s_1)$$

$$=\pi r_1\left(\frac{s_2^2-s_1^2}{s_1}\right)=\pi\frac{(s_2-s_1)(s_2+s_1)}{s_1}r_1$$

$$=\pi s\cdot\frac{s_1+s_2}{s_1}r_1=\pi s(r_1+r_2)$$

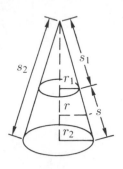

圖 3–25

■

今考慮曲線 $y=f(x)\geq 0$，$x\in[a,b]$，繞 x 軸旋轉的側表面積。在下圖中，我們用割線取代曲線。

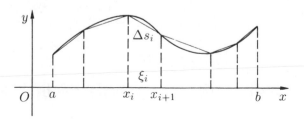

圖 3–26

根據例 2，由 Δs_i 繞 x 軸旋轉所成小錐臺的側表面積為

$$2\pi f(\xi_i)\Delta s_i,\ \ \text{其中}\xi_i=\frac{x_{i-1}+x_i}{2}$$

故所有小錐臺側表面積之和為

$$2\pi\sum_{i=1}^{n}f(\xi_i)\Delta s_i$$

讓分割加細，取極限得旋轉體側表面積 A 為

$$A = \int_a^b 2\pi f(x)ds$$

但是 $ds = \sqrt{1 + \left(\dfrac{dy}{dx}\right)^2}dx$，故

$$A = \int_a^b 2\pi y ds = \int_a^b 2\pi y \sqrt{1 + \left(\frac{dy}{dx}\right)^2}dx \tag{1}$$

同理，曲線 $x = g(y)$，$y \in [a,b]$，繞 y 軸旋轉的側表面積，把 x, y 互換就得了：

$$A = \int_c^d 2\pi x \sqrt{1 + \left(\frac{dx}{dy}\right)^2}dy \tag{2}$$

這裏只敘述旋轉的側表面積，至於一般曲面的面積，我們不討論。(1)，(2)兩式就是旋轉體側表面積公式。

例 3　求半徑為 r 的球面之面積。

解　這是由曲線 $y = \sqrt{r^2 - x^2}$，$x \in [-r,r]$，繞 x 軸旋轉所得的表面積，代上述公式即得

$$A = 2\pi \int_{-r}^r \sqrt{r^2 - x^2} \cdot \frac{r}{\sqrt{r^2 - x^2}}dx$$

$$= 2\pi \int_{-r}^r r dx = 4\pi r^2 \quad \blacksquare$$

例 4　試求圓 $x^2 + (y - R)^2 = r^2$，$0 < r < R$，繞 x 軸旋轉所得旋轉體之表面積。

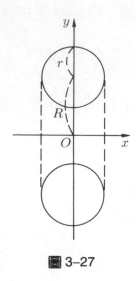

圖 3-27

解　此圓之上半部為 $y_1 = R + \sqrt{r^2 - x^2}$，下半部為
$y_2 = R - \sqrt{r^2 - x^2}$。今設所求的表面積為 A，則

$$A = 2\pi \int_{-r}^{r} y_1 ds_1 + 2\pi \int_{-r}^{r} y_2 ds_2$$

其中

$$ds_1 = \sqrt{1 + y_1'^2}\,dx = \frac{r}{\sqrt{r^2 - x^2}}\,dx$$

$$ds_2 = \sqrt{1 + y_2'^2}\,dx = \frac{r}{\sqrt{r^2 - x^2}}\,dx$$

$$\therefore A = 2\pi \int_{-r}^{r} (y_1 + y_2) \frac{r}{\sqrt{r^2 - x^2}}\,dx$$

$$= 4\pi Rr \int_{-r}^{r} \frac{dx}{\sqrt{r^2 - x^2}} = 4\pi^2 Rr$$

（變數代換，令 $x = r\sin\theta$）　∎

【隨堂練習】　試求下列旋轉體之表面積：

(1)橢圓 $\dfrac{x^2}{a^2} + \dfrac{y^2}{b^2} = 1$，繞 x 軸旋轉。

(2) $f(x) = x^3, x \in [0, 1]$，繞 x 軸旋轉。

如果所給的曲線是參數方程式

$$\Gamma: x = x(t), y = y(t), t \in [a, b]$$

我們再假設曲線 Γ 在 x 軸上方，並且是單純曲線 (Simple Curve)，即不會有不同的 t 對應到曲線上相同的點（不打結也）。那麼 Γ 繞 x 軸旋轉所得旋轉體的側表面積 A 為

$$A = \int_a^b 2\pi y ds$$

但已知曲線的弧元

$$ds = \sqrt{(x'(t))^2 + (y'(t))^2} dt$$

$$\therefore A = \int_a^b 2\pi y(t) \sqrt{(x'(t))^2 + (y'(t))^2} dt \tag{3}$$

例 5　求半徑為 r 的球之表面積。

解　此球是由參數方程式

$$x(t) = r\cos t, y(t) = r\sin t, t \in [0, \pi]$$

繞 x 軸旋轉得到的。微分得到

$$x'(t) = -r\sin t, y'(t) = r\cos t$$

由(3)式得知球的表面積為

$$A = 2\pi \int_0^\pi r\sin t \sqrt{r^2(\sin^2 t + \cos^2 t)} dt$$

$$= 2\pi r^2 \int_0^\pi \sin t dt = 2\pi r^2 (-\cos t)\Big|_0^\pi$$

$$= 4\pi r^2 \quad \blacksquare$$

【隨堂練習】　擺線一拱繞 x 軸旋轉，求旋轉體的側表面積：

$$x = a(t - \sin t), \quad y = a(1 - \cos t), a > 0$$

若所給的曲線是極坐標方程

$$r = f(\theta), \ \alpha \le \theta \le \beta$$

則其繞 x 軸的旋轉體之側表面積 A 為

$$A = \int_\alpha^\beta 2\pi y ds$$

但已知 $ds = \sqrt{r^2 + \left(\dfrac{dr}{d\theta}\right)^2} d\theta$。

$$\therefore \int_\alpha^\beta 2\pi r \sin\theta \sqrt{r^2 + \left(\frac{dr}{d\theta}\right)^2} d\theta$$

例6　求心臟線 $r = (1 + \cos\theta)$，繞極軸旋轉所得旋轉體之表面積。

解　$\because \dfrac{dr}{d\theta} = -\sin\theta, \ \therefore \left(\dfrac{dr}{d\theta}\right)^2 = \sin^2\theta$

$$r^2 = (1 + \cos\theta)^2 = 1 + 2\cos\theta + \cos^2\theta$$

$$\therefore ds = \sqrt{r^2 + \left(\frac{dr}{d\theta}\right)^2} d\theta = \sqrt{(2 + 2\cos\theta)} d\theta$$

$$= 2\cos\frac{\theta}{2} d\theta$$

因此側表面積為

$$\int_0^\pi 2\pi(1 + \cos\theta)\sin\theta\, 2\cos\frac{\theta}{2} d\theta$$

$$= 2\pi \int_0^\pi 2\sin\theta\cos\frac{\theta}{2} d\theta + 2\pi \int_0^\pi \sin 2\theta \cos\frac{\theta}{2} d\theta$$

$$=2\pi \int_0^\pi \left(\sin \frac{3\theta}{2} + \sin \frac{\theta}{2} \right) d\theta + \pi \int_0^\pi \left(\sin \frac{5\theta}{2} + \sin \frac{3\theta}{2} \right) d\theta$$

$$=-2\pi \left(\frac{2}{3} \cos \frac{3\theta}{2} + 2 \cos \frac{\theta}{2} \right) \Big|_0^\pi - \pi \left(\frac{2}{5} \cos \frac{5\theta}{2} + \frac{2}{3} \cos \frac{3\theta}{2} \right) \Big|_0^\pi$$

$$=\frac{32\pi}{5} \quad \blacksquare$$

【**隨堂練習**】　求 $r = a, 0 \le \theta \le \dfrac{\pi}{4}$，繞 x 軸旋轉所得旋轉體之側表面積。

習　題 3-4

求下列各曲線繞 x 軸旋轉所成立體的側表面積:

1. $y = \sin x, x = 0$ 到 $x = \dfrac{1}{2}\pi$。

2. $y = \cos x, x = -\dfrac{\pi}{2}$ 到 $x = \dfrac{1}{2}\pi$。

3. $y^2 = 9x, x = 0$ 到 $x = 4$。

4. $y = x^3, x = 0$ 到 $x = 2$。

5. $x^2 + y^2 = r^2, x = -\dfrac{1}{2}r$ 到 $x = \dfrac{1}{2}r$。

6. $y = \dfrac{1}{2}(e^x + e^{-x}), x = 0$ 到 $x = 1$。

7. $r = e^\theta, 0 \le \theta \le \pi$。

8. $r = 2a \cos \theta, 0 \le \theta \le \dfrac{\pi}{2}$。

9. $x = 3t^2, y = 2t^3, 0 \le t \le 1$。

10. $x = 2t + 1, y = t^2 + 3, 0 \le t \le 3$。

3–5　質心與形心

　　考慮這樣的問題：假設有一平面領域 Ω，質量連續分佈（不必均勻），如何求**質量中心**（Center of Mass，簡稱為**質心**）的坐標？（參見圖 3–28）如果質量分佈是均勻的，那麼質心就變成**形心**(Centroid)。

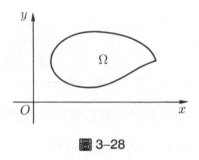

圖 3–28

甲、一維質量分佈的情形

　　按思考、解題的常理，我們從最簡單的情形做起，考慮如下圖之蹺蹺板，大家都知道支點應該靠近較重的那一端才會平衡，亦即平衡的條件為

$$m_1 x_1 = m_2 x_2$$

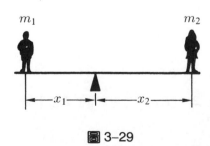

圖 3–29

今假設直線上置有兩個質點，質量分別為 m_1, m_2，而距離原點 O 分別為 x_1, x_2，見下圖：

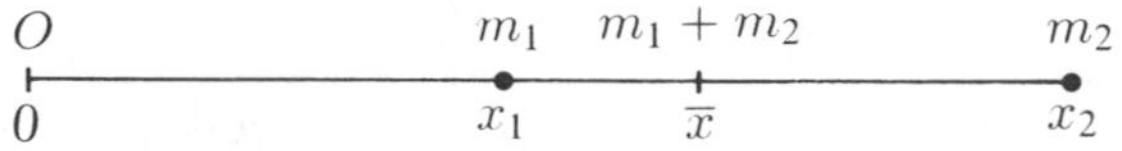

圖 3–30

我們要問：平衡點（即質心）的坐標 $\bar{x}$ 等於多少？答案是

$$\bar{x} = \frac{m_1 x_1 + m_2 x_2}{m_1 + m_2} \tag{1}$$

我們稱 $m_1 x_1$ 為質點 m_1 相對於 O 點的**力矩**(Moment)。因此，質心坐標為 $\bar{x}$ 的意思是指：把質量 m_1 與 m_2 想像成集中在 $\bar{x}$ 點，如此的 $m_1 + m_2$ 對 O 點產生的力矩，就等於 m_1 與 m_2 分別對 O 點所產生的力矩和。

同理，如果直線上有 n 個質點，質量為 $m_1, m_2, \cdots, m_n$，坐標分別為 $x_1, x_2, \cdots, x_n$，那麼此系統的質心坐標為

$$\bar{x} = \frac{m_1 x_1 + m_2 x_2 + \cdots + m_n x_n}{m_1 + m_2 + \cdots + m_n}$$

$$= \frac{\sum\limits_{k=1}^{n} m_k x_k}{\sum\limits_{k=1}^{n} m_k} \tag{2}$$

這是**離散**質點系的情形。以下我們一直要用此公式及分割的辦法來求**連續**質量分佈的質心坐標，此時只要把求和改成求積分就好了。注意：積分是求和的極限！

譬如，考慮某一線段（如鐵條），兩端點的坐標為 $a, b (a < b)$。設其在 x 點處的密度為 $\rho(x)$，我們要來求其質心坐標。

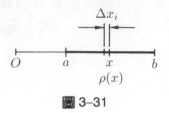

圖 3-31

利用定積分的想法，將此線段分割成一小段一小段，其中第 i 小段的質量 m_i 約為 $\rho(x_i)\Delta x_i$，故總近似和為

$$\sum m_i = \sum \rho(x_i)\Delta x_i$$

讓分割加細，取極限得

$$\sum \rho(x_i)\Delta x_i \longrightarrow \int_a^b \rho(x)dx$$

並且 $\qquad \sum m_i x_i = \sum \rho(x_i)x_i\Delta x_i \longrightarrow \int_a^b x\rho(x)dx$

因此質心坐標為

$$\bar{x} = \frac{\displaystyle\int_a^b x\rho(x)dx}{\displaystyle\int_a^b \rho(x)dx} \tag{3}$$

如果密度是均勻的，即 $\rho(x)$ 為常函數，此時質心當然是中點 $\frac{1}{2}(a+b)$，由(3)式也易算得此結果。這時的質心又叫做**形心**，故形心的坐標為 $\frac{1}{2}(a+b)$。

例1 有一長為 L 之棒子，置於 x 軸上，從 $x=0$ 到 $x=L$。假設棒子的密度函數 $\rho(x)=kx$，試求此棒子的質心。

解 棒子的質量為

$$M = \int_0^L kx\,dx = \left(\frac{1}{2}kx^2\right)\Big|_0^L = \frac{1}{2}kL^2$$

棒子對原點 O 的力矩為

$$\int_0^L x \cdot (kx)\,dx = \int_0^L kx^2\,dx = \left(\frac{1}{3}kx^3\right)\Big|_0^L = \frac{1}{3}kL^3$$

於是棒子的質心為

$$\overline{x} = \frac{\dfrac{1}{3}kL^3}{\dfrac{1}{2}kL^2} = \frac{2}{3}L$$

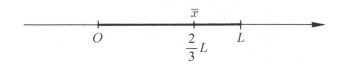

圖 3–32 ■

乙、二維質量分佈的情形

接著，我們考慮平面的情形。平面上有 n 個質點，其位置為 (x_i, y_i)，質量為 $m_i, i = 1, 2, \cdots, n$，則這 n 個質點系的**質心坐標** $(\overline{x}, \overline{y})$ 為

$$\overline{x} = \frac{\sum\limits_{i=1}^n m_i x_i}{\sum\limits_{i=1}^n m_i}, \quad \overline{y} = \frac{\sum\limits_{i=1}^n m_i y_i}{\sum\limits_{i=1}^n m_i} \tag{4}$$

例2　在平面上三點 $(-2, 1), (3, -2)$ 與 $(4, 3)$ 各放一個質點，其質量分別為 4，6 與 9 公斤，試求此系統之質心坐標。

解
$$\overline{x} = \frac{4 \times (-2) + 6 \times 3 + 9 \times 4}{4 + 6 + 9} = \frac{46}{19}$$

$$\overline{y} = \frac{4 \times 1 + 6 \times (-2) + 9 \times 3}{4 + 6 + 9} = \frac{19}{19} = 1 \quad \blacksquare$$

對於質量是連續分佈於平面領域的情形，欲求質心，基本上會涉及兩重積分（還未講述）。因此，我們只考慮一種特殊情形：如圖 3–33，平面領域 Ω 由連續函數 $y = f(x)$，x 軸與直線 $x = a, x = b$ 所圍成。假設面密度（單位面積所含的質量）只跟 x 坐標有關，記為 $\rho(x)$。欲求 Ω 的質心坐標。

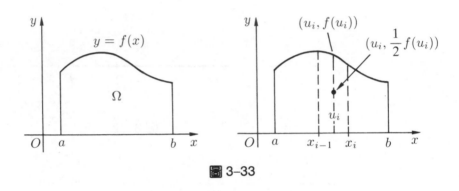

圖 3–33

將區間 $[a, b]$ 分割成 n 小段：

$$a = x_0 < x_1 < x_2 < \cdots < x_n = b$$

過每一分點作直線，平行於 y 軸，將 Ω 分割成 n 塊 $\Delta A_i, i = 1, 2, \cdots, n$，則第 i 小塊 ΔA_i 的質量為

$$\Delta m_i \doteqdot \rho(x)f(u_i)\Delta x_i$$

因此總質量為

$$\sum_{i=1}^{n} \Delta m_i \doteqdot \sum_{i=1}^{n} \rho(x)f(u_i)\Delta x_i \longrightarrow \int_a^b f(x)\rho(x)dx$$

另一方面，ΔA_i 對 y 軸的力矩為

$$\rho(u_i)f(u_i)\Delta x_i u_i$$

總力矩為

$$\sum_{i=1}^{n} \rho(u_i)f(u_i)\Delta x_i u_i \longrightarrow \int_a^b f(x)\rho(x)x\,dx$$

而 ΔA_i 對 x 軸的力矩為

$$\rho(u_i)\cdot f(u_i)\Delta x_i \cdot \frac{1}{2}f(u_i) = \rho(u_i)\cdot\frac{1}{2}[f(u_i)]^2\Delta x_i$$

總力矩為

$$\sum_{i=1}^{n} \rho(u_i)\frac{1}{2}[f(u_i)]^2\Delta x_i \longrightarrow \int_a^b \frac{1}{2}[f(x)]^2\rho(x)\,dx$$

從而 Ω 的**質心坐標** $(\overline{x},\overline{y})$ 為

$$\begin{cases} \overline{x} = \dfrac{\displaystyle\int_a^b xf(x)\rho(x)\,dx}{\displaystyle\int_a^b f(x)\rho(x)\,dx} \\[4mm] \overline{y} = \dfrac{\dfrac{1}{2}\displaystyle\int_a^b (f(x))^2\rho(x)\,dx}{\displaystyle\int_a^b f(x)\rho(x)\,dx} \end{cases} \tag{5}$$

特別地，當 $\rho(x)$ 為常函數時，質心就變成形心，故**形心坐標公式**為

$$\begin{cases} \overline{x} = \dfrac{\displaystyle\int_a^b xf(x)\,dx}{\displaystyle\int_u^b f(x)\,dx} \\[4mm] \overline{y} = \dfrac{\dfrac{1}{2}\displaystyle\int_a^b (f(x))^2\,dx}{\displaystyle\int_a^b f(x)\,dx} \end{cases} \tag{6}$$

例3　求由 $y = 4 - x^2, x = -1$ 及 $y = 0$ 所圍成平面區域的形心坐標。

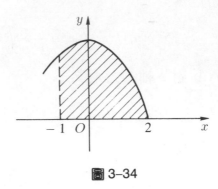

圖 3–34

解　由形心公式

$$\overline{x} = \frac{\displaystyle\int_{-1}^{2} x(4-x^2)dx}{\displaystyle\int_{-1}^{2}(4-x^2)dx} = \frac{\dfrac{9}{4}}{9} = 0.25$$

$$\overline{y} = \frac{\dfrac{1}{2}\displaystyle\int_{-1}^{2}(4-x^2)^2 dx}{\displaystyle\int_{-1}^{2}(4-x^2)dx} = \frac{\dfrac{153}{10}}{9} = 1.7$$

因此形心坐標為 (0.25, 1.7)。　　■

【**隨堂練習**】　試求密度均勻的四分之一圓盤之形心坐標：

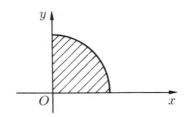

習 題 3-5

1.平面上有四個質點，質量為 $m_1 = 6, m_2 = 3, m_3 = 2, m_4 = 9$，所在位置的坐標分別為 $(3, -2), (0, 0), (-5, 3), (4, 2)$。試求此質點系的質心。

2.求由 $x^2 + y^2 = 1$ 所圍成的上半圓盤之形心坐標。

3.求由 $y = 4 - x^2$ 與 x 軸所圍成領域之形心坐標。

4.求由 $y = \dfrac{b}{a}\sqrt{a^2 - x^2}$ 與 x 軸所圍成的上半橢圓之形心坐標。

第四章　三維空間的向量幾何

　　對於三維空間的歐氏幾何，引進坐標及向量演算，透過計算來掌握幾何，這在數學發展史上是一項重大的突破，導致解析幾何與向量幾何的誕生。另外，要談論兩變數函數與三變數函數的微積分，三維空間的解析幾何更是不可或缺的場地與工具。

4–1　直角坐標、內積與外積

　　空間是我們生活的所在，也是討論幾何、物理……等問題的場地。為了有效運用數學的計算手法來處理問題，最方便的辦法是引入向量及其運算體系。這些我們在第二冊裏已談過了。此地我們簡要複習一下。

甲、直角坐標系

　　讓我們先來談空間的坐標結構。從坐標幾何看來，要描述日常生活所在的空間，各點的位置，其辦法就是引入坐標系：

　　所謂在空間中取定一個坐標系就是說，取定一點 O 做**原點**，及過 O 點作三個互相垂直的直線做 x, y, z **三軸**，再取定一個**單位尺度**，並規定三軸的正負向。我們恒取**右手坐標系**，使得右手大拇指、食指、中指分別指 x, y, z 三軸的正向！那麼相對於這個坐標系，空間中的點就跟 (x, y, z) 成功對射（或叫一一對應）。因此空間中的點 P，可用跟它相對應的 (x, y, z) 來代表，而把點與 (x, y, z) 看成二而一：

$$P = (x, y, z)（對坐標系而言）$$

我們稱 (x, y, z) 為點 P 相對於此坐標系的**坐標**，並用記號 $\mathbb{R}^3$ 表示所有點 (x, y, z) 的集合，亦即

$$\mathbb{R}^3 = \{(x, y, z) | x, y, z \in \mathbb{R}\}$$

因此，每當我們取定一個坐標系後，我們所生存的空間就可以看成是集合 $\mathbb{R}^3$。從而空間中的幾何對象（如線、平面），都可以轉化成代數對象（如方程式），反之亦然。這是坐標幾何的內容。

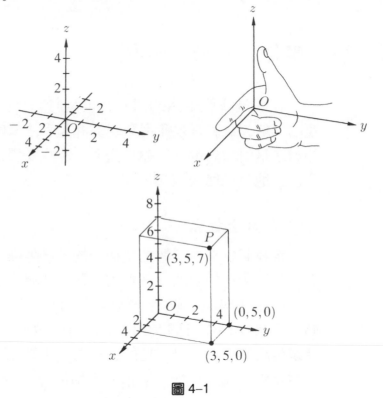

圖 4–1

乙、兩點的距離公式

空間中兩點

$$P_1 = (x_1, y_1, z_1), \ P_2 = (x_2, y_2, z_2)$$

參見圖 4–2，問 P_1 與 P_2 之間的距離為何？

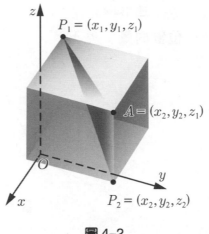

圖 4-2

由畢氏定理可知距離公式為

$$\overline{P_1P_2} = \sqrt{(x_2 - x_1)^2 + (y_2 - y_1)^2 + (z_2 - z_1)^2} \tag{1}$$

從而，以 (x_0, y_0, z_0) 為圓心，半徑為 r 的球面方程式為

$$(x - x_0)^2 + (y - y_0)^2 + (z - z_0)^2 = r^2 \tag{2}$$

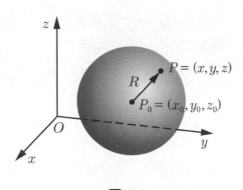

圖 4-3

丙、向量與內積

在空間中取定一個右手系直角坐標系後，則空間的任一點

P 可以看作其坐標 (x, y, z)，也可以看作是**有向線段** $\overrightarrow{OP}$，又叫**向徑**或**位置向量**，見下圖：

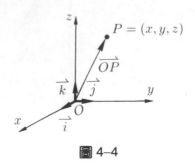

圖 4–4

如果 P 點的坐標為 (x, y, z)，則向量 $\overrightarrow{OP}$ 可以表成

$$\overrightarrow{OP} = x\,\vec{i} + y\,\vec{j} + z\,\vec{k}，也記成 \overrightarrow{OP} = [x, y, z]$$

其中 $\vec{i} = [1, 0, 0]$, $\vec{j} = [0, 1, 0]$, $\vec{k} = [0, 0, 1]$ 分別表示 x 軸上，y 軸上與 z 軸上的**單位向量**。

向量 $\overrightarrow{OP}$ 的**長度**為

$$\|\overrightarrow{OP}\| = \sqrt{x^2 + y^2 + z^2}$$

有關向量的運算我們已經介紹過三個，那就是向量的加法，係數乘法，以及內積：

設 $\vec{u} = x_1\,\vec{i} + y_1\,\vec{j} + z_1\,\vec{k}$, $\vec{v} = x_2\,\vec{i} + y_2\,\vec{j} + z_2\,\vec{k}$ 為兩向量，α 為一實數。

加法：
$$\begin{aligned}\vec{u} + \vec{v} &= (x_1\,\vec{i} + y_1\,\vec{j} + z_1\,\vec{k}) + (x_2\,\vec{i} + y_2\,\vec{j} + z_2\,\vec{k}) \\ &= (x_1 + x_2)\,\vec{i} + (y_1 + y_2)\,\vec{j} + (z_1 + z_2)\,\vec{k}\end{aligned}$$

係數乘法：$\alpha\,\vec{u} = \alpha \cdot [x_1, y_1, z_1] = [\alpha x_1, \alpha y_1, \alpha z_1]$

內積：$\vec{u} \cdot \vec{v} = x_1 x_2 + y_1 y_2 + z_1 z_2 = \|\vec{u}\| \cdot \|\vec{v}\| \cos\theta$

其中 θ 為兩向量 $\vec{u}, \vec{v}$ 的夾角，$0 \le \theta \le \pi$。這是由幾何上的**投影**與物理上的**功**(Work)這兩個概念而產生的。

向量的概念再加上這三個運算，構成了向量幾何的基礎，

使我們可以利用向量的演算來求出幾何問題與物理問題的答案。讀者可參考本書的第二冊。

我們複習幾個常用的基本事實：

(1)若 $P = (x_1, y_1, z_1)$, $Q = (x_2, y_2, z_2)$, 則向量

$$\overrightarrow{PQ} = (x_2 - x_1)\vec{i} + (y_2 - y_1)\vec{j} + (z_2 - z_1)\vec{k}$$

$$= [x_2 - x_1, y_2 - y_1, z_2 - z_1]$$

(2)線段 $\overline{PQ}$ 中點的坐標為 $\left(\dfrac{x_1 + x_2}{2}, \dfrac{y_1 + y_2}{2}, \dfrac{z_1 + z_2}{2} \right)$。

(3)兩點距離公式

$$\overline{PQ} = \sqrt{(x_2 - x_1)^2 + (y_2 - y_1)^2 + (z_2 - z_1)^2}$$

(4)以 (a, b, c) 為中心，r 為半徑之球面，其方程式為

$$(x - a)^2 + (y - b)^2 + (z - c)^2 = r^2$$

(5) $\vec{u} \perp \vec{v}$（唸作 $\vec{u}$ 垂直 $\vec{v}$）$\Longleftrightarrow \vec{u} \cdot \vec{v} = 0$。

丁、兩向量的外積

設 $\vec{u}$, $\vec{v}$ 為兩向量，我們定義 $\vec{u}, \vec{v}$ 的**向量積**（或**外積**）為一向量 $\vec{w}$，而記為 $\vec{w} = \vec{u} \times \vec{v}$。$\vec{w}$ 的決定如下：

(1) $\vec{w}$ 與 $\vec{u}, \vec{v}$ 均垂直，即 $\vec{w}$ 與 $\vec{u}, \vec{v}$ 所定的平面垂直（向量可平行移動）。

(2) $\vec{u}, \vec{v}, \vec{w}$ 在此順序下成右手系。

(3) $\vec{w}$ 的長的度數，等於 $\vec{u}, \vec{v}$ 所圍成的平行四邊形面積，即 $\|\vec{w}\| = \|\vec{u}\| \cdot \|\vec{v}\| \sin\theta$, θ 為 $\vec{u}$, $\vec{v}$ 的夾角，$0 \le \theta \le \pi$。

換言之，對於三維空間中的任意兩向量 $\vec{u}$ 與 $\vec{v}$：

$$\vec{u} = x_1\vec{i} + y_1\vec{j} + z_1\vec{k}, \quad \vec{v} = x_2\vec{i} + y_2\vec{j} + z_2\vec{k}$$

我們定義它們的向量積 $\vec{u} \times \vec{v}$ 如下：

$$\vec{u} \times \vec{v} = \|\vec{u}\| \cdot \|\vec{v}\| \sin\theta \, \vec{n}$$

其中單位向量 $\vec{n}$ 使 $\vec{u}, \vec{v}, \vec{n}$ 成為右手系，θ 為 $\vec{u}, \vec{v}$ 的夾角。換句話說，$\vec{u} \times \vec{v}$ 為一向量，其方向為 $\vec{n}$，而其大小等於 $\|\vec{u}\| \cdot \|\vec{v}\| \sin\theta$（即 $\vec{u}, \vec{v}$ 所決定的平行四邊形的面積）。

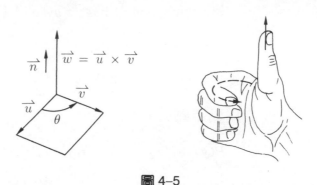

圖 4-5

現在談外積的計算。由外積的定義

$$\vec{u} \times \vec{v} = \|\vec{u}\| \cdot \|\vec{v}\| \sin\theta \cdot \vec{n}$$

立即看出 $\vec{u} \times \vec{v} = -\vec{v} \times \vec{u}$（交代性）

因此外積運算，交換律不成立，這告訴我們對順序要小心！

其次分配律成立：

$$\vec{u} \times (\vec{v} + \vec{w}) = \vec{u} \times \vec{v} + \vec{u} \times \vec{w}$$

另外，很顯然我們有

$$\vec{i} \times \vec{j} = \vec{k} = -(\vec{j} \times \vec{i}), \quad \vec{j} \times \vec{k} = \vec{i} = -(\vec{k} \times \vec{j})$$

$$\vec{k} \times \vec{i} = \vec{j} = -(\vec{i} \times \vec{k})$$

$$\vec{i} \times \vec{i} = 0 = \vec{k} \times \vec{k} = \vec{j} \times \vec{j}$$

$$(\alpha\vec{u}) \times \vec{v} = \alpha(\vec{u} \times \vec{v})$$

由分配律及以上各式，立即得到：

定 理

設 $\vec{u} = x_1 \vec{i} + y_1 \vec{j} + z_1 \vec{k}$, $\vec{v} = x_2 \vec{i} + y_2 \vec{j} + z_2 \vec{k}$, 則

$$\vec{u} \times \vec{v} = (y_1 z_2 - z_1 y_2) \vec{i} + (x_2 z_1 - x_1 z_2) \vec{j} + (x_1 y_2 - x_2 y_1) \vec{k}$$

利用行列式的記號來表示就是

$$\vec{u} \times \vec{v} = \begin{vmatrix} \vec{i} & \vec{j} & \vec{k} \\ x_1 & y_1 & z_1 \\ x_2 & y_2 & z_2 \end{vmatrix}$$

這是計算外積常用的公式。

注意到: $\vec{u} \times \vec{v} \neq \vec{v} \times \vec{u}$, 故外積運算, 交換律不成立。

例 1　設 $\vec{u} = 2\vec{i} - 3\vec{j} - \vec{k}$, $\vec{v} = \vec{i} + 4\vec{j} - 2\vec{k}$, 試求

(1) $\vec{u} \times \vec{v}$　　(2) $\vec{v} \times \vec{u}$　　(3) $(\vec{u} + \vec{v}) \times (\vec{u} - \vec{v})$

解　(1) $\vec{u} \times \vec{v} = \begin{vmatrix} \vec{i} & \vec{j} & \vec{k} \\ 2 & -3 & -1 \\ 1 & 4 & -2 \end{vmatrix} = \vec{i} \begin{vmatrix} -3 & -1 \\ 4 & -2 \end{vmatrix} - \vec{j} \begin{vmatrix} 2 & -1 \\ 1 & -2 \end{vmatrix} + \vec{k} \begin{vmatrix} 2 & -3 \\ 1 & 4 \end{vmatrix}$

$$= 10\vec{i} + 3\vec{j} + 11\vec{k}$$

(2) $\vec{v} \times \vec{u} = \begin{vmatrix} \vec{i} & \vec{j} & \vec{k} \\ 1 & 4 & -2 \\ 2 & -3 & -1 \end{vmatrix} = \vec{i} \begin{vmatrix} 4 & -2 \\ -3 & -1 \end{vmatrix} - \vec{j} \begin{vmatrix} 1 & -2 \\ 2 & -1 \end{vmatrix} + \vec{k} \begin{vmatrix} 1 & 4 \\ 2 & -3 \end{vmatrix}$

$$= -10\vec{i} - 3\vec{j} - 11\vec{k}$$

(3) $\vec{u} + \vec{v} = (2\vec{i} - 3\vec{j} - \vec{k}) + (\vec{i} + 4\vec{j} - 2\vec{k})$

$$= 3\vec{i} + \vec{j} - 3\vec{k}$$

$$\vec{u} - \vec{v} = (2\vec{i} - 3\vec{j} - \vec{k}) - (\vec{i} + 4\vec{j} - 2\vec{k})$$

$$= \vec{i} - 7\vec{j} + \vec{k}$$

$$\therefore (\vec{u} + \vec{v}) \times (\vec{u} - \vec{v}) = \begin{vmatrix} \vec{i} & \vec{j} & \vec{k} \\ 3 & 1 & -3 \\ 1 & -7 & 1 \end{vmatrix}$$

$$= -20\vec{i} - 6\vec{j} - 22\vec{k} \quad \blacksquare$$

【隨堂練習】　設 $\vec{u} = 3\vec{i} - \vec{j} + 2\vec{k}$, $\vec{v} = 2\vec{i} + \vec{j} - \vec{k}$, $\vec{w} = \vec{i} - 2\vec{j} + 2\vec{k}$, 試求

　　(1) $(\vec{u} \times \vec{v}) \cdot \vec{w}$　　　　　　(2) $\vec{u} \times (\vec{v} \times \vec{w})$

例2　求兩個單位向量, 同時垂直於 $\vec{u} = 2\vec{i} + 2\vec{j} - 3\vec{k}$ 與 $\vec{v} = \vec{i} + 3\vec{j} + \vec{k}$。

解　我們知道 $\vec{u} \times \vec{v}$ 垂直於 $\vec{u}$ 與 $\vec{v}$, 今計算 $\vec{u} \times \vec{v}$ 如下:

$$\vec{u} \times \vec{v} = \begin{vmatrix} \vec{i} & \vec{j} & \vec{k} \\ 2 & 2 & -3 \\ 1 & 3 & 1 \end{vmatrix} = 11\vec{i} - 5\vec{j} + 4\vec{k}$$

此向量的長度為

$$\|\vec{u} \times \vec{v}\| = \sqrt{11^2 + (-5)^2 + 4^2} = 9\sqrt{2}$$

因此所欲求的單位向量為

$$\vec{n} = \frac{\vec{u} \times \vec{v}}{\|\vec{u} \times \vec{v}\|}$$

$$= \frac{11}{9\sqrt{2}}\vec{i} - \frac{5}{9\sqrt{2}}\vec{j} + \frac{4}{9\sqrt{2}}\vec{k}$$

如果我們當初改用 $\vec{v} \times \vec{u}$ 來計算, 則得 $-\vec{n}$。因此所求的兩個單位向量為

$$\pm \left(\frac{11\sqrt{2}}{18} \vec{i} - \frac{5\sqrt{2}}{18} \vec{j} + \frac{2\sqrt{2}}{9} \vec{k} \right) \quad \blacksquare$$

例 3　求由 $\vec{u} = i + j - 3k$ 與 $\vec{v} = -6j + 5k$ 所決定的平行四邊形的面積。

解
$$\vec{u} \times \vec{v} = \begin{vmatrix} i & j & k \\ 1 & 1 & -3 \\ 0 & -6 & 5 \end{vmatrix} = -13i - 5j - 6k$$

$\|\vec{u} \times \vec{v}\| = \sqrt{13^2 + 5^2 + 6^2} = \sqrt{230}$ 是為所求之面積。

　　　　　　　　　　　　　　　　　　　　　　　　　　　　 $\blacksquare$

習 題 4-1

1. 求兩點的距離：

(1) $(1, 3, 0)$ 與 $(4, 1, 2)$　　　　(2) $(-2, 1, 3)$ 與 $(4, 0, -3)$

(3) $(-1, 2, -3)$ 與 $(4, -2, 1)$　　(4) $(2, -3, -3)$ 與 $(4, 1, -1)$

2. 求球面的方程式：

(1) 球心為 $(-1, 2, 0)$，半徑為 2

(2) 直徑的兩個端點為 $(-2, 0, 4)$ 與 $(2, 6, 8)$

(3) 球心為 $(-3, 2, 1)$，並且通過點 $(4, -1, 3)$

3. 設 $\vec{u} = \vec{i} - 2\vec{j} + 3\vec{k}$，$\vec{v} = 3\vec{i} + \vec{j} - \vec{k}$，$\vec{w} = 6\vec{i} + \vec{j} + \vec{k}$，求下列各式：

(1) $2\vec{u} - 3\vec{v} + 4\vec{w}$　　　　　(2) $\dfrac{\vec{u} + \vec{v}}{\|\vec{w}\|}$

(3) $\|5\vec{u} - \vec{v} + \vec{w}\|$　　　　(4) $\|\vec{u}\| + \|\vec{v}\| + \|\vec{w}\|$

(5) $\vec{u} \cdot \vec{v}$　　　　　　　　　(6) $(5\vec{v} + \vec{w}) \cdot \vec{u}$

4.計算下列各式:

(1)$(\vec{i} + \vec{j} + \vec{k}) \times (2\vec{i} + \vec{k})$

(2)$(2\vec{i} - \vec{k}) \times (\vec{i} - 2\vec{j} + 2\vec{k})$

(3)$[2\vec{i} + \vec{j}] \cdot [(\vec{i} - 3\vec{j} + \vec{k}) \times (4\vec{i} + \vec{k})]$

(4)$[(-2\vec{i} + \vec{j} - 3\vec{k}) \times \vec{i}] \times [\vec{i} + \vec{j}]$

(5)$[(\vec{i} - \vec{j}) \times (\vec{j} - \vec{k})] \times [\vec{i} + 5\vec{k}]$

(6)$[\vec{i} - \vec{j}] \times [(\vec{j} - \vec{k}) \times (\vec{j} + 5\vec{k})]$

5.證明: $\|\vec{a} \times \vec{b}\|^2 = \|\vec{a}\|^2 \|\vec{b}\|^2 - (\vec{a} \cdot \vec{b})^2$。

6.求 $\triangle PQR$ 的面積:

(1)$P = (0, 1, 0),\ Q = (-1, 1, 2),\ R = (2, 1, -1)$

(2)$P = (1, 2, 3),\ Q = (-1, 3, 2),\ R = (3, -1, 2)$

4-2　空間的直線與曲線方程式

甲、直線之方程式

給定空間中相異兩點 A, B 就決定一直線 l, 假設我們對於空間已取好直角坐標系, 我們要來探求 l 的方程式。見下圖:

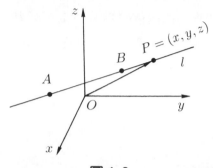

圖 4-6

　　由於 l 上的動點 P, 可以用位置向量 $\overrightarrow{OP}$ 或 P 的坐標 (x,y,z) 來描述, 這就對應有直線 l 的**向量表式**及**直角坐標方程式**。我們分述於下:

　　如下圖, 取向量

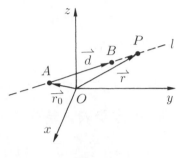

圖 4–7

$$\overrightarrow{r_0} = \overrightarrow{OA}, \ \vec{d} = \overrightarrow{AB}, \ \vec{r} = \overrightarrow{OP}$$

今 P 在 l 上變動, 故 $\vec{r} - \overrightarrow{r_0}$ 與 $\vec{d}$ 平行, 於是存在某一實數 t 使得

$$\vec{r} - \overrightarrow{r_0} = t \cdot \vec{d}$$

或者

$$\vec{r} = \overrightarrow{r_0} + t \cdot \vec{d}$$

我們稱

$$\vec{r}(t) = \overrightarrow{r_0} + t \cdot \vec{d}, \ t \in \mathbb{R} \tag{1}$$

為直線 l 的**向量表式**, 當 t 在 $\mathbb{R}$ 中變動時, $\vec{r}(t)$ 也跟著變動, 但是向量 $\vec{r}(t)$ 的終點恒在 l 上變動。當 t 變動過整個 $\mathbb{R}$ 時, $\vec{r}(t)$ 的終點變動過整條直線 l。

　　在(1)式中, $\overrightarrow{r_0}$ 與 $\vec{d}$ 所扮演的角色值得注意。今若 $\overrightarrow{r_0} =$

$x_0 \overrightarrow{i} + y_0 \overrightarrow{j} + z_0 \overrightarrow{k}$，即 $A = (x_0, y_0, z_0)$，則直線 l 通過 (x_0, y_0, z_0) 點，且以 $\overrightarrow{d}$ 為**方向**，若 $\overrightarrow{d} = d_1 \overrightarrow{i} + d_2 \overrightarrow{j} + d_3 \overrightarrow{k}$，我們稱 d_1, d_2, d_3 為直線 l 的**方向數**。

例1　設直線 l 通過點 $A = (1, -1, 2)$ 且平行於向量 $2\overrightarrow{i} - 3\overrightarrow{j} + \overrightarrow{k}$，試求 l 的向量表式。

解　此地我們取

$$\overrightarrow{r_0} = \overrightarrow{i} - \overrightarrow{j} + 2\overrightarrow{k} \quad 且 \quad \overrightarrow{d} = 2\overrightarrow{i} - 3\overrightarrow{j} + \overrightarrow{k}$$

則 l 的向量表式為

$$\overrightarrow{r}(t) = (\overrightarrow{i} - \overrightarrow{j} + 2\overrightarrow{k}) + t(2\overrightarrow{i} - 3\overrightarrow{j} + \overrightarrow{k})$$

也可以寫成

$$\overrightarrow{r}(t) = (1 + 2t)\overrightarrow{i} - (1 + 3t)\overrightarrow{j} + (2 + t)\overrightarrow{k} \quad ■$$

例2　如果直線 $\overrightarrow{r}(t) = \overrightarrow{r_0} + t\overrightarrow{d}$ 通過原點，問 $\overrightarrow{r_0}$ 與 $\overrightarrow{d}$ 有何關係?

解　由假設條件知，存在某 t_0 使得

$$\overrightarrow{r_0} + t_0 \overrightarrow{d} = 0$$

亦即

$$\overrightarrow{r_0} = -t_0 \overrightarrow{d}$$

換言之，$\overrightarrow{r_0}$ 為 $\overrightarrow{d}$ 的某常數倍。　　■

今設 $\overrightarrow{r_0} = x_0 \overrightarrow{i} + y_0 \overrightarrow{j} + z_0 \overrightarrow{k}$ 且 $\overrightarrow{d} = d_1 \overrightarrow{i} + d_2 \overrightarrow{j} + d_3 \overrightarrow{k}$，則 (1)式可以表成

$$\overrightarrow{r}(t) = [x(t), y(t), z(t)] = [x_0 + d_1 t, y_0 + d_2 t, z_0 + d_3 t]$$

或者用向量的成分寫成

$$\begin{cases} x(t) = x_0 + d_1 t \\ y(t) = y_0 + d_2 t \\ z(t) = z_0 + d_3 t \end{cases} \tag{2}$$

我們稱(2)式為直線 l 的**參數表式**。換言之，通過點 (x_0, y_0, z_0) 且以 d_1, d_2, d_3 為方向數的直線 l，可用(2)式來描寫。

例3　求通過點 $(-1, 4, 2)$ 且以 1,2,3 為方向數之直線參數式。

解　$x(t) = -1 + t, \ y(t) = 4 + 2t, \ z(t) = 2 + 3t$　∎

例4　求直線 $x(t) = 3 - t, \ y(t) = 2 + 4t, \ z(t) = 1 - 5t$ 之方向數。再求其他方向數，仍表出同一直線。

解　方向數為 $-1, 4, -5$，再乘以任何不為 0 的 k：

$$-k, \ 4k, \ -5k$$

都可以當作直線的方向數，因為 k 可以被吸收到 t 之中。

∎

(註：因此直線的方向由方向數的比(簡稱為**方向比**)$d_1 : d_2 : d_3$ 所決定。)

在(2)式中，如果方向數 d_1, d_2, d_3 皆不為 0，則可以解出 t：

$$t = \frac{x - x_0}{d_1} = \frac{y - y_0}{d_2} = \frac{z - z_0}{d_3}$$

略去 t 得到

$$\frac{x - x_0}{d_1} = \frac{y - y_0}{d_2} = \frac{z - z_0}{d_3} \tag{3}$$

我們稱(3)式為直線 l 的**直角坐標方程式**。

例 5　設 $A = (x_0, y_0, z_0)$，$B = (x_1, y_1, z_1)$ 為相異兩點，求通過 A, B 的直線之參數方程式。又問在什麼條件下，可以表成直角坐標方程式？

解　此直線的方向數可取為

$$x_1 - x_0,\ y_1 - y_0,\ z_1 - z_0$$

故其參數方程式為

$$\begin{cases} x = x_0 + t(x_1 - x_0) \\ y = y_0 + t(y_1 - y_0) \\ z = z_0 + t(z_1 - z_0) \end{cases}$$

在 $x_1 \neq x_0,\ y_1 \neq y_0,\ z_1 \neq z_0$（光 A, B 兩點相異不夠）的條件下，其直角坐標方程式為

$$\frac{x - x_0}{x_1 - x_0} = \frac{y - y_0}{y_1 - y_0} = \frac{z - z_0}{z_1 - z_0} \quad\blacksquare$$

（註：若 $x_1 = x_0,\ y_1 \neq y_0,\ z_1 \neq z_0$，則直角坐標方程式可表為 $x = x_0$，$\dfrac{y - y_0}{y_1 - y_0} = \dfrac{z - z_0}{z_1 - z_0}$。）

乙、曲線方程式

考慮一個質點在空間中運動，我們可以用如下的參數方程式來描述其軌跡：

$$\begin{cases} x = f(t) \\ y = g(t) \\ z = h(t) \end{cases},\ t \in I,\ 區間 \tag{4}$$

$(f(t), g(t), h(t))$ 表示 t 時刻質點所在的位置。

也可以寫成向量形式：設 $\vec{r}(t)$ 表示 t 時刻質點位置的**位置向量**，於是⑷式可以表成

$$\overrightarrow{r}(t) = f(t)\overrightarrow{i} + g(t)\overrightarrow{j} + h(t)\overrightarrow{k}, \ t \in I \qquad (5)$$

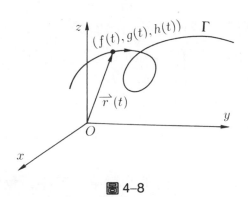

圖 4-8

例6　描繪曲線 Γ： $x = 2\sin t,\ y = 3\cos t,\ z = t$ 之圖形。

解　對前兩個式子消去參數：

$$\frac{x}{2} = \sin t, \ \frac{y}{3} = \cos t$$

平方相加，再利用 $\sin^2 t + \cos^2 t = 1$，得到

$$\frac{x^2}{4} + \frac{y^2}{9} = 1$$

故曲線 Γ 完全落在橢圓柱面上，其圖形如下：

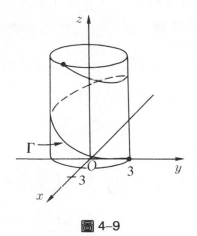

圖 4-9

t	x	y	z
0	0	3	0
$\dfrac{\pi}{2}$	2	0	$\dfrac{\pi}{2}$
π	0	-3	π
$\dfrac{3\pi}{2}$	-2	0	$\dfrac{3\pi}{2}$
2π	0	3	2π
3π	0	-3	3π

Γ 稱為螺旋線。　■

例7　我們在前面已看過

$$\begin{cases} x = x_0 + d_1 t \\ y = y_0 + d_2 t \\ z = z_0 + d_3 t \end{cases}$$

為通過點 (x_0, y_0, z_0) 且以 $d_1 : d_2 : d_3$ 為方向比之直線。■

在第三冊第八章第二節中，我們已介紹過平面曲線

$$x = x(t),\ y = y(t),\ a \le t \le b$$

的弧元公式

$$ds = \sqrt{(dx)^2 + (dy)^2}$$
$$= \sqrt{\left(\frac{dx}{dt}\right)^2 + \left(\frac{dy}{dt}\right)^2}\, dt$$

以及其長度公式

$$s = \int_a^b \sqrt{\left(\frac{dx}{dt}\right)^2 + \left(\frac{dy}{dt}\right)^2}\, dt$$

對於三維空間的曲線

$$x = x(t),\ y = y(t),\ z = z(t),\ a \le t \le b$$

完全有平行的類推：弧元公式為

$$ds = \sqrt{(dx)^2 + (dy)^2 + (dz)^2}$$
$$= \sqrt{\left(\frac{dx}{dt}\right)^2 + \left(\frac{dy}{dt}\right)^2 + \left(\frac{dz}{dt}\right)^2}\, dt \tag{6}$$

而長度公式為

$$s = \int_a^b \sqrt{\left(\frac{dx}{dt}\right)^2 + \left(\frac{dy}{dt}\right)^2 + \left(\frac{dz}{dt}\right)^2}\, dt \qquad (7)$$

其中(6)式是三維空間的畢氏定理之無窮小表現，而(7)式表示曲線是由無窮多個的無窮小線段之積分。

例 8 求螺旋線 (Helix) $x = a\cos t,\ y = a\sin t,\ z = bt,\ (a > 0,\ b > 0)$ 由 $t = 0$ 至 $t = c$ 之長度。

解 $\because ds = \sqrt{(dx)^2 + (dy)^2 + (dz)^2}$ （畢氏定理！）

$$\therefore s = \int_0^c ds = \int_0^c \sqrt{\left(\frac{dx}{dt}\right)^2 + \left(\frac{dy}{dt}\right)^2 + \left(\frac{dz}{dt}\right)^2}\, dt$$

$$= \int_0^c \sqrt{a^2 + b^2}\, dt = \sqrt{a^2 + b^2} \cdot c \quad \blacksquare$$

例 9 求曲線 $x = 2\cos t,\ y = 2\sin t,\ z = t^2$，由 $t = 0$ 至 $t = 1$ 之長度。

解

$$s = \int_0^1 \sqrt{\left(\frac{dx}{dt}\right)^2 + \left(\frac{dy}{dt}\right)^2 + \left(\frac{dz}{dt}\right)^2}\, dt$$

$$= \int_0^1 2\sqrt{\sin^2 t + \cos^2 t + t^2}\, dt$$

$$= \int_0^1 2\sqrt{1 + t^2}\, dt = \left[t\sqrt{1 + t^2} + \ln(t + \sqrt{1 + t^2}) \right]\Big|_0^1$$

$$= \sqrt{2} + \ln(1 + \sqrt{2}) \quad \blacksquare$$

習 題 4-2

1. 在下列各題中，求直線的方程式，用參數表式及直角坐標表式寫出來，再求方向比。

(1)直線通過點 $(1,3,2)$ 與 $(0,0,0)$。

(2)直線通過點 $(0,0,0)$ 與 $\left(-2,\dfrac{5}{2},1\right)$。

(3)直線通過點 $(-2,0,3)$ 與 $(0,4,1)$。

(4)直線通過點 $(5,-3,-2)$ 與 $(4,3,3)$。

(5)直線通過點 $(1,0,1)$ 且平行於向量 $3\vec{i}-2\vec{j}+\vec{k}$。

(6)直線通過點 $(-3,5,4)$ 且平行於直線

$$\frac{x-1}{3}=\frac{y+1}{-2}=\frac{z-3}{1}$$

(7)直線通過點 $(2,3,4)$ 且垂直於平面 $3x+2y-z=6$。

2.有一直線 l 通過點 $(-2,3,1)$ 並且平行於向量 $\vec{v}=4\vec{i}-\vec{k}$。問下列何點落在 l 上：

$(2,3,0),\ (10,3,-2),\ (-6,3,2),\ (6,3,-2),\ (2,1,0),\ (2,2,3),$

$(3,-1,-2)$。

3.求下列曲線的長度：

(1) $x=t,\ y=\dfrac{2}{3}\sqrt{2}t^{\frac{3}{2}}, z=\dfrac{1}{2}t^2,\ t\in[0,2]$。

(2) $x=t,\ y=\ln(\sec t),\ z=3,\ t\in\left[0,\dfrac{1}{4}\pi\right]$。

(3) $x=t^3,\ y=t^2,\ t\in[0,1]$。

(4) $x=t,\ y=1, z=\dfrac{1}{6}t^3+\dfrac{1}{2t},\ t\in[1,3]$。

(5) $x=3t\cos t,\ y=3t\sin t,\ z=4t,\ t\in[0,4]$。

(6) $x=2t,\ y=t^2-2,\ z=1-t^2,\ t\in[0,2]$。

4–3 空間的平面與曲面方程式

甲、平面之方程式

空間中的一條直線可以由直線上一點及一個方向（**平行於**

直線的一個非零向量，表成方向比 $d_1 : d_2 : d_3$）所決定。

　　如何決定空間中的一個平面呢？這可以由平面上的一點及**垂直於**平面的一個向量（稱為**法向量**）所決定。參見下圖，P 為平面上一點，$\overrightarrow{N}$ 為平面 π 的一個法向量。

　　現在我們考慮：假設 $P = (x_0, y_0, z_0)$ 及

$$\overrightarrow{N} = a\overrightarrow{i} + b\overrightarrow{i} + c\overrightarrow{k}$$

都給定了，我們要來探求通過 P 點且以 $\overrightarrow{N}$ 為法向量的平面 π 之方程式。

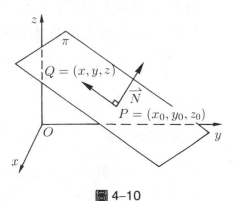

圖 4–10

　　為了方便起見，我們不妨設 $\overrightarrow{N}$ 的始點為 P（∵向量可平移）。今設 $Q = (x, y, z)$ 為 π 上任一點，則

$$\overrightarrow{PQ} = (x - x_0)\overrightarrow{i} + (y - y_0)\overrightarrow{j} + (z - z_0)\overrightarrow{k}$$

今因 Q 在 π 上，故 $\overrightarrow{PQ} \perp \overrightarrow{N}$，亦即內積

$$\overrightarrow{N} \cdot \overrightarrow{PQ} = 0 \tag{1}$$

或用向量成分來表示內積就是

$$a(x - x_0) + b(y - y_0) + c(z - z_0) = 0 \tag{2}$$

上述(1), (2)兩式就是平面的方程式，一個是用向量來表示，一個是用坐標來表示。

我們稱 $a:b:c$ 是與 π 垂直的直線（叫**法線**）之**方向比**。故平面是由一點及其法線的方向比所決定。

不平行的兩平面（當然不重合），相交於一直線，故將此兩平面的方程式聯立，即為其交線的方程式。因此，包含一直線的任意兩相異平面的方程式，聯立起來，即為此直線的方程式。

例1 試求通過一點 $P = (1,5,3)$ 並且跟 $\vec{N} = 2\vec{i} + 3\vec{j} + 6\vec{k}$ 垂直的平面之方程式。

解 設 $Q = (x,y,z)$ 為平面上任意點, 則

$$\vec{PQ} = (x-1)\vec{i} + (y-5)\vec{j} + (z-3)\vec{k}$$

於是平面的方程式為

$$\vec{N} \cdot \vec{PQ} = 0$$

即 $2(x-1) + 3(y-5) + 6(z-3) = 0$。
化簡得

$$2x + 3y + 6z = 35 \quad \blacksquare$$

【隨堂練習】 求平面方程式: 通過一點 $(1,0,2)$ 且以 $\vec{N} = 3\vec{i} - 2\vec{j} + \vec{k}$ 為法向量。

例2 求平面方程式: 通過一點 $P = (1,3,-2)$ 且垂直於向量 $\vec{i} - \vec{j}$。

解 取 $\vec{i} - \vec{j}$ 為法向量:

$$\vec{N} = \vec{i} - \vec{j}$$

因此平面方程式為

$$1 \cdot (x - 1) + (-1)(y - 3) + 0 \cdot (z + 2) = 0$$

或是化簡得

$$x - y + 2 = 0$$

這個方程很像平面上的直線方程式。但是現在我們是在三維空間討論問題，上式代表平面

$$\pi = \{(x, y, z) : x - y + 2 = 0\} \quad \blacksquare$$

我們也可以將(2)式展開，再集項得

$$ax + by + cz = d \tag{3}$$

其中 $d = ax_0 + by_0 + cz_0$，並且 $a : b : c$ 是法線之方向比。我們注意到，(3)式跟平面上的直線方程式是平行類推。

例3　求通過三點 $(2, 1, 1)$, $(0, 4, 1)$ 與 $(-2, 1, 4)$ 之平面方程式。

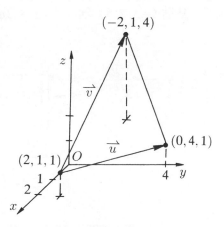

圖 4-11

解　我們只要求平面的一個法向量就好了。令 $\vec{u}$ 為從點

$(2,1,1)$ 到 $(0,4,1)$ 之向量，$\overrightarrow{v}$ 為從點 $(2,1,1)$ 到 $(-2,1,4)$ 之向量，由向量積之定義，$\overrightarrow{u} \times \overrightarrow{v}$ 就是平面的一個法向量。今因

$$\overrightarrow{u} = (0-2)\overrightarrow{i} + (4-1)\overrightarrow{j} + (1-1)\overrightarrow{k} = -2\overrightarrow{i} + 3\overrightarrow{j}$$

$$\overrightarrow{v} = (-2-2)\overrightarrow{i} + (1-1)\overrightarrow{j} + (4-1)\overrightarrow{k} = -4\overrightarrow{i} + 3\overrightarrow{k}$$

於是

$$\overrightarrow{N} = \overrightarrow{u} \times \overrightarrow{v} = \begin{vmatrix} \overrightarrow{i} & \overrightarrow{j} & \overrightarrow{k} \\ -2 & 3 & 0 \\ -4 & 0 & 3 \end{vmatrix} = 9\overrightarrow{i} + 6\overrightarrow{j} + 12\overrightarrow{k}$$

為法向量。平面通過 $(2,1,1)$ 且以 $\overrightarrow{N}$ 為法向量，故其方程式為

$$9(x-2) + 6(y-1) + 12(z-1) = 0$$

化簡得

$$3x + 2y + 4z = 12 \quad \blacksquare$$

例4　求點 $(-3,2,5)$ 到平面 $x - 2y + 3z = 6$ 之距離。

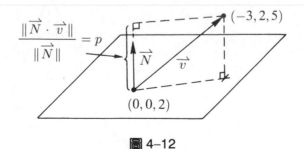

圖 4–12

解　首先我們在平面上任取一點，例如平面截 z 軸的點 $(0,0,2)$，取 $\overrightarrow{v}$ 為從 $(0,0,2)$ 到 $(-3,2,5)$ 的向量，亦即

$$\overrightarrow{v} = (-3-0)\overrightarrow{i} + (2-0)\overrightarrow{j} + (5-2)\overrightarrow{k}$$

$$= -3\vec{i} + 2\vec{j} + 3\vec{k}$$

今已知平面的法向量為

$$\vec{N} = \vec{i} - 2\vec{j} + 3\vec{k}$$

由上圖我們看出 $\vec{v}$ 在 $\vec{N}$ 上的投影就是所要求的距離

$$p \equiv \frac{|\vec{N} \cdot \vec{v}|}{\|\vec{N}\|} = \frac{|-3-4+9|}{\sqrt{1+4+9}} = \frac{2}{\sqrt{14}} \quad \blacksquare$$

一般而言，我們可以把上例一般化，而得到：從點 (x_0, y_0, z_0) 到平面 $ax + by + cz + d = 0$ 的距離為

$$\frac{|ax_0 + by_0 + cz_0 + d|}{\sqrt{a^2 + b^2 + c^2}}$$

例 5　點 $(-3, 5, 7)$ 到平面 $3x + 2y - z = 7$ 的距離為

$$\frac{|3 \times (-3) + 2 \times 5 - 7 - 7|}{\sqrt{9+4+1}} = \frac{13}{\sqrt{14}}$$

乙、柱面

定理 1

設 $\Gamma : f(x, y) = 0$ 為 xy 平面上一條曲線，則 $C_\Gamma : f(x, y) = 0$ 在三維空間中表示一個柱面，此柱面與 xy 平面的截線恰是 Γ。

（註：C_Γ 應該寫成 C_{Γ_z}，但我們單寫做 C_Γ，這叫做由 Γ 所生的柱面，這是廣義的柱面，參見下圖 4-13。如果我們考慮 $\Gamma : x^2 + y^2 = a^2$，則 C_Γ 就是道道地地的柱面，參見下圖 4-14。）

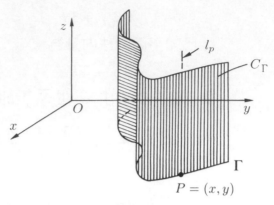

圖 4–13

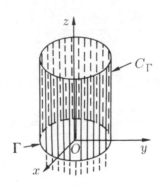

圖 4–14

證明　$C_\Gamma : f(x, y) = 0$ 正確的涵義是

$$C_\Gamma = \{(x, y, z) : f(x, y) = 0\}。$$

亦即 C_Γ 為「z 坐標任意，只要 x, y 坐標滿足了 $f(x, y) = 0$ 的那些點全體」。所以，過 xy 平面上曲線 $\Gamma : f(x, y) = 0$ 的一點 $P = (x, y)$，做平行於 z 軸之直線 l_p，則 l_p 上的點為 (x, y, z)，而 z 任意，但 $f(x, y) = 0$，故此點 $(x, y, z) \in C_\Gamma$。反之，C_Γ 上的點 (x, y, z) 在 xy 平面上的投影為 $(x, y) = P$，而且 $f(x, y) = 0$，故 P 在 Γ 上。　∎

（註：我們也可以考慮 yz 平面上的曲線 $\Gamma_1 : f(y,z) = 0$ 或 xz 平面上的曲線 $\Gamma_2 : g(x,z) = 0$，然後作跟上述相同的討論。）

例6　描繪曲面 $z = y^2$。

解　這是由 yz 平面上的拋物線 $z = y^2$ 所產生出來的柱面，其圖形如下：

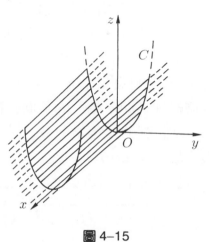

圖 4–15

例7　描繪曲面 $z = \sin x,\ 0 \le x \le 2\pi$。

解　這個曲面是由 xz 平面中的正弦曲線 $z = \sin x$ 所產生出來的柱面，其圖形如下：

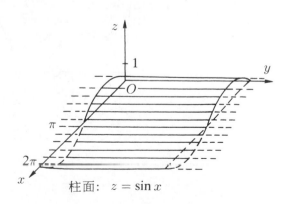

柱面：$z = \sin x$

圖 4–16

丙、迴轉面

其次我們討論更有趣的一種產生曲面的方法，即由一條曲線繞某一軸旋轉所得到的**迴轉面**。

事實上，我們在第三章第二節已講過曲線 $y = f(x)$, $a \le x \le b$，繞 x 軸旋轉所得旋轉體（或迴轉體）的體積之計算方法。現在我們要來討論，如何求迴轉面的方程式。

設 $\Gamma : f(x, y) = 0$ 為 xy 平面上的一條曲線，繞 y 軸旋轉後得到一個迴轉曲面 R_Γ。首先我們注意到，過 $(0, y, 0)$ 點而垂直於旋轉軸（即 y 軸）的平面，截此迴轉曲面恒為一圓（見下圖）。設此圓的半徑為 $r(y)$，則 $f(\pm r(y), y) = 0$（因為 $r(y)$ 恒為正數，故 $x = \pm r(y)$）。

今設 $P = (x, y, z)$ 為曲面上任一點，則由兩點距離公式知

$$\sqrt{(x - 0)^2 + (y - y)^2 + (z - 0)^2} = r(y)$$

亦即

$$\sqrt{x^2 + z^2} = r(y)$$

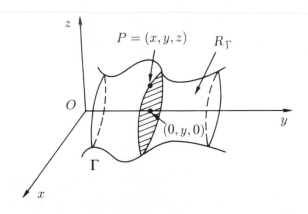

圖 4–17

換句話說，P 點的坐標(x,y,z) 滿足

$$f\left(\pm\sqrt{x^2+z^2},y\right)=0 \tag{4}$$

這就是**迴轉面**（旋轉軸為 y 軸）R_Γ **的方程式**。

同理，若旋轉軸為 x 軸的話，則迴轉面的方程式為

$$f\left(x,\pm\sqrt{y^2+z^2}\right)=0 \tag{5}$$

如果當初所給的曲線是 $\Gamma:f(y,z)=0$，則繞 y 軸旋轉的迴轉面之方程式為

$$f\left(y,\pm\sqrt{x^2+z^2}\right)=0 \tag{6}$$

繞 z 軸旋轉的迴轉面之方程式為

$$f\left(\pm\sqrt{x^2+y^2},z\right)=0 \tag{7}$$

其他情形依此類推，等等。

我們把上述歸結成如下的

定 理 2

曲線 $\Gamma:f(x,y)=0$ 繞 x 軸旋轉，迴轉面之方程式為 $f\left(x,\pm\sqrt{y^2+z^2}\right)=0$，等等。

例8　$\Gamma:x^2+y^2=r^2$ 是圓的標準形，不論是繞 x 軸或 y 軸旋轉，迴轉面的方程式均為

$$x^2+y^2+z^2=r^2$$

這是球面的標準方程式。　∎

例9　求曲線 $\Gamma:z^2=4x$ 繞 x 軸旋轉所得迴轉面之方程式，並且作圖。

解　　迴轉面之方程式為

$$y^2 + z^2 = 4x$$

其圖形如下:

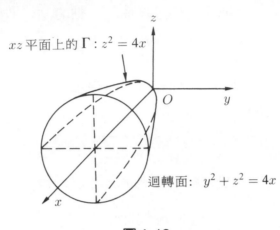

xz 平面上的 $\Gamma : z^2 = 4x$

O

y

迴轉面: $y^2 + z^2 = 4x$

x

圖 4–18　　　　　　■

下面我們列出一些常見的曲面及其方程式:

(1)橢球面: $\dfrac{x^2}{a^2} + \dfrac{y^2}{b^2} + \dfrac{z^2}{c^2} = 1$。

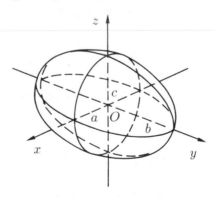

圖 4–19

(2)單葉雙曲面: $\dfrac{x^2}{a^2} + \dfrac{y^2}{b^2} - \dfrac{z^2}{c^2} = 1$。

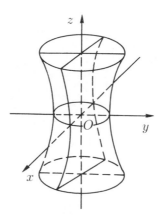

圖 4–20

(3)雙葉雙曲面：$\dfrac{x^2}{a^2} + \dfrac{y^2}{b^2} - \dfrac{z^2}{c^2} = -1$。

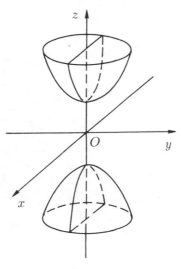

圖 4–21

(4)圓錐曲面：$\dfrac{x^2}{a^2} + \dfrac{y^2}{b^2} = z^2$。

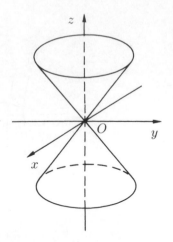

圖 4-22

(5)橢拋物面： $\dfrac{x^2}{a^2} + \dfrac{y^2}{b^2} = cz$。

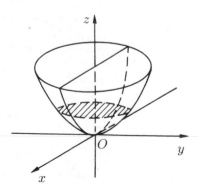

圖 4-23

(6)雙曲拋物面： $\dfrac{x^2}{a^2} - \dfrac{y^2}{b^2} = cz$。

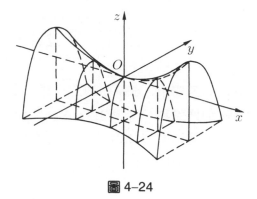

圖 4-24

(7)拋物柱面：$y^2 = cx$。

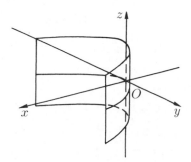

圖 4-25

(8)橢圓柱面：$\dfrac{x^2}{a^2} + \dfrac{y^2}{b^2} = 1$。

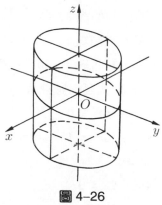

圖 4-26

習 題 4-3

1.在下列各題中，求平面的方程式:

(1)平面通過點 $(3,2,2)$ 且以 $\vec{N} = 2\vec{i} + 3\vec{j} - \vec{k}$ 為法向量。

(2)平面通過點 $(3,2,2)$ 且垂直於直線

$$\frac{x-1}{4} = \frac{y+2}{1} = \frac{z+3}{-3}$$

(3)平面通過 $(0,0,0),(1,2,3)$ 與 $(-2,3,3)$ 三點。

(4)平面通過 $(1,2,-3),(2,3,1)$ 與 $(-1,-2,2)$ 三點。

(5)平面通過 $(1,2,3)$ 且與 yz 坐標平面平行。

(6)平面由點 $(2,2,1)$ 與直線

$$\frac{x}{2} = \frac{y-4}{-1} = \frac{z}{1}$$

所決定。

(7)平面通過點 $(3,2,1)$ 與 $(3,1,-5)$ 並且平行於 x 軸。

2.求點 $(1,2,3)$ 與平面 $2x - y + z = 4$ 之距離。

3.求原點到平面 $3y + z = 12$ 之距離。

4.求迴轉面之方程式:

(1) yz 平面上的曲線 $z^2 = 4y$，繞 y 軸旋轉。

(2) yz 平面上的曲線 $z = 2y$，繞 y 軸旋轉。

(3) yz 平面上的曲線 $z = y^2$，繞 z 軸旋轉。

(4) xz 平面上的曲線 $2z = \sqrt{4 - x^2}$，繞 x 軸旋轉。

(5) xy 平面上的曲線 $xy = 2$，繞 x 軸旋轉。

(6) yz 平面上的曲線 $z = \ln y$，繞 z 軸旋轉。

5.判斷下列方程式是何種曲面?

(1) $x^2 + 4y^2 - 16z^2 = 0$

(2) $x^2 + 4y^2 + 16z^2 = 12$

(3) $x - 4y^2 = 0$

(4) $x^2 - 4y^2 - 2z = 0$

(5) $5x^2 + 2y^2 - 6z^2 + 10 = 0$

(6) $2x^2 + 4y^2 - 1 = 0$

(7) $x - y^2 + 2z^2 = 0$

(8) $x - y^2 - 6z^2 = 0$

4-4 柱坐標與球坐標

我們已經學過了平面直角坐標系、平面極坐標系，以及空間直角坐標系。坐標系起源於人們要用一些數來描述平面上或空間中一點的位置而產生的，從而溝通了代數與幾何。這就好像你用地址來描述你家的位置一樣。

本節我們要把二維空間（即平面）中的極坐標系推廣到三維空間中，而得到兩種有用的坐標系，即柱坐標系與球坐標系。這兩種坐標系對於某些三重積分的計算很有用（參見第六章）。

甲、極坐標

我們複習一下極坐標。在平面上取一直角坐標系及極坐標系，如下圖，則平面上一點 P，用直角坐標來描寫就是 (x, y)，

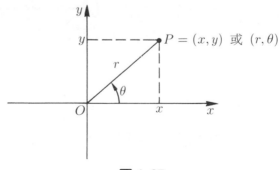

圖 4-27

用極坐標來描寫就是 (r, θ)，它們之間的關係為：

$$x = r\cos\theta, y = r\sin\theta$$

$$r = \sqrt{x^2 + y^2}$$

　　我們注意到，給一點 P，若 P 的極坐標為 (r, θ)，要把它換成直角坐標 (x, y)，這是顯然的：$x = r\cos\theta, y = r\sin\theta$。若已知 P 的直角坐標為 (x, y)，要把它換成極坐標 (r, θ)，此時只有 r 唯一決定：$r = \sqrt{x^2 + y^2}$，而 θ 可差個 2π 的整數倍。通常限制 (r, θ) 在 $-\pi < \theta \le \pi, 0 \le r < \infty$ 的範圍，這樣 (r, θ) 就唯一決定了。以下我們就採取這個規約。

乙、柱坐標

　　現在我們把極坐標推廣到三維空間來。首先介紹柱坐標系。對於空間中一點 P，我們用 (r, θ, z) 來當作它的坐標，其中 (r, θ) 為點 P 投影到 xy 平面時之極坐標，z 為 P 點到 xy 平面的距離，見下圖：

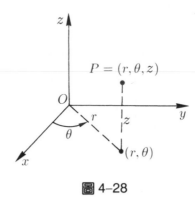

圖 4-28

再把直角坐標系套上去，得到下圖：

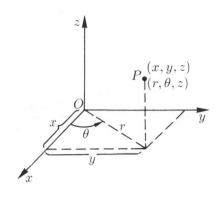

圖 4-29

現在對於同一點 P 有兩種坐標 (r, θ, z) 與 (x, y, z)。顯而易見，它們之間有如下的關係:

$$x = r \cos \theta, y = r \sin \theta, z = z$$

（註: $0 \leq r < \infty, -\pi < \theta \leq \pi$）

　　我們注意到，在平面的極坐標系

　　　Γ: $r = c$（常數）

代表平面上一個圓。但是在三維空間的圓柱坐標系中

　　　$r = c$（常數）

卻代表了一個曲面，即由上述圓 Γ 所產生的柱面

　　　C_Γ: $r = c$（常數）

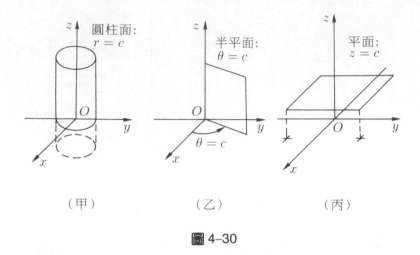

圖 4-30

這是個**圓柱面**，以 z 軸為對稱軸（見上圖甲）。這是柱坐標系的名稱之由來。

例1 在柱坐標系中，$\theta = c$（常數）代表自 z 軸射出的半平面（見上圖乙），$z = c$ 代表平行 xy 平面的一個平面（見上圖丙）。 ■

丙、球坐標

現在再來介紹更有用、常見（稍難些）的第二種推廣辦法：**球坐標法**，簡稱為**經緯法**。

如下圖，對於空間的一點 P，我們用 (ρ, θ, ϕ) 來描述它：其中 ρ 表示 P 點到原點 O 的距離，θ 跟柱坐標一樣，ϕ 表示 $\overline{OP}$ 與正 z 軸的夾角。

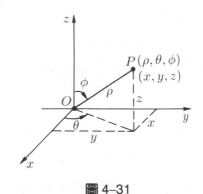

圖 4–31

如果 P 點的直角坐標為 (x, y, z)，則由上圖可看出

$$\begin{cases} x = \rho \sin\phi \cos\theta \\ y = \rho \sin\phi \sin\theta \\ z = \rho \cos\phi \end{cases}$$

這就是直角坐標與球坐標的關係式。

（註：我們限制 $0 \le \rho < \infty, -\pi < \theta \le \pi, 0 \le \phi \le \pi$，作為規約。）

例 2 設 $c > 0$。在球坐標系中，$\rho = c$ 代表半徑為 c 之球面；$\theta = c$ 代表自 z 軸射出的半平面；$\phi = c$ 代表頂點在原點之圓錐面，參見下圖：

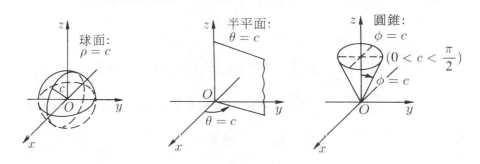

圖 4–32

例3 在直角坐標系中有一點 $P = (1, 1, 1)$，試求其柱坐標與球坐標。

解
$$r = \sqrt{1^2 + 1^2} = \sqrt{2}$$
$$\theta = \tan^{-1} \frac{1}{1} = \tan^{-1} 1 = 45°$$
$$z = 1$$
$$\rho = \sqrt{1^2 + 1^2 + 1^2} = \sqrt{3}$$
$$\phi = \tan^{-1} \frac{1}{1} = \tan^{-1} 1 = 45°$$

因此，P 點的柱坐標為 $(\sqrt{2}, 45°, 1)$
球坐標為 $(\sqrt{3}, 45°, 45°)$。 ∎

例4 將直角坐標方程式

$$x^2 + y^2 + z^2 = 25$$

分別改為柱坐標方程式與球坐標方程式。

解 將柱坐標與直角坐標的關係式

$$x = r \cos \theta, \; y = r \sin \theta, \; z = z$$

代入原式，得到

$$(r \cos \theta)^2 + (r \sin \theta)^2 + z^2 = 25$$

利用 $\cos^2 \theta + \sin^2 \theta = 1$ 化簡上式就得到柱坐標方程式

$$r^2 + z^2 = 25$$

其次，將球坐標與直角坐標的關係式

$$x = \rho \sin \phi \cos \theta, \; y = \rho \sin \phi \sin \theta, \; z = \rho \cos \phi$$

代入原式，得到

$$(\rho \sin \phi \cos \theta)^2 + (\rho \sin \phi \sin \theta)^2 + (\rho \cos \phi)^2 = 25$$

化簡得到

$$\rho^2 = 25$$

因為 $\rho \geq 0$，故 $\rho = 5$ 就是球坐標方程式。　■

習 題 4–4

1.用極坐標 (r, θ) 描寫平面上的圓盤：以原點為圓心，半徑為 a。又設 $0 < a < b$，如何描寫 $\Omega = \{(x, y) : a^2 \leq x^2 + y^2 \leq b^2\}$？

2.寫出下列兩點的柱坐標及球坐標：

　(1) $(4, 2, -4)$　　　　　　　　(2) $(1, -\sqrt{3}, 4)$

3.將下列方程式改成柱坐標方程式：

　(1) $(x + y)^2 = z - 5$　　　　　(2) $\dfrac{x^2}{a^2} + \dfrac{y^2}{b^2} = 1$

4.將下列方程式改成球坐標方程式：

　(1) $x^2 + y^2 = 2z$　　　　　　(2) $xy = z$

4–5　向量函數的微積分

到目前為止，我們所討論的函數都是從實數對應到實數的映射，叫做**實函數** (Real Function)。本節我們要介紹另一類函數，從實數對應到平面向量或空間向量之函數，叫做**向量值函數**(Vector-valued Function)，簡稱為**向量函數**(Vector Function)：

$$\vec{r} = \vec{r}(t), t \in [a, b] \tag{1}$$

其中

$$\vec{r}(t) = x(t)\,\vec{i} + y(t)\,\vec{j} \quad （平面向量）$$

或

$$\vec{r}(t) = x(t)\,\vec{i} + y(t)\,\vec{j} + z(t)\,\vec{k} \qquad （空間向量）$$

我們稱 $\vec{r}$ 為**位置向量**(Position Vector)。

在幾何學或物理學中，(1)式常用來描述一條**曲線**或一個質點的**運動路徑**。此時，t 解釋成**時刻**，$\vec{r}(t)$ 解釋成質點在 t 時刻的**位置**（向量 $\vec{r}(t)$ 的終點），參見下圖：

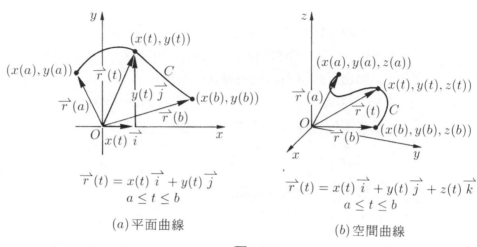

(a)平面曲線　　　　　(b)空間曲線

圖 4–33

例 1　向量函數

$$\vec{r}(t) = \cos t\,\vec{i} + \sin t\,\vec{j}, 0 \le t \le 2\pi$$

表示質點由 $\vec{r}(0) = \vec{i}$ 出發，沿單位圓的圓周，以逆時針方向，走一圈。參見圖 4–34。

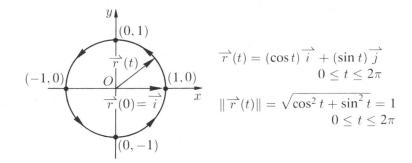

圖 4–34　　　　　　　　　　　　　　　　　　　　　■

不論是要研究幾何曲線或物理質點的運動，都必須運用向量函數的微分與積分工具。

甲、向量函數的微分

設 $\vec{r} = \vec{r}(t)$ 為一個向量函數，則其**導函數**定義為

$$\vec{r}\,'(t) = \lim_{\Delta t \to 0} \frac{\vec{r}(t + \Delta t) - \vec{r}(t)}{\Delta t} \tag{2}$$

當然假設極限存在。

下面的定理非常有用，它告訴我們，向量函數的微分只不過是逐分量作微分而已。

定理 1

設 $\vec{r}(t) = x(t)\,\vec{i} + y(t)\,\vec{j}$。如果 $x = x(t)$ 與 $y = y(t)$ 皆可微分，則

$$\vec{r}\,'(t) = x'(t)\,\vec{i} + y'(t)\,\vec{j} \tag{3}$$

設 $\vec{r}(t) = x(t)\,\vec{i} + y(t)\,\vec{j} + z(t)\,\vec{k}$。如果 $x = x(t)$, $y = y(t)$ 與 $z = z(t)$ 皆可微分，則

$$\vec{r}\,'(t) = x'(t)\,\vec{i} + y'(t)\,\vec{j} + z'(t)\,\vec{k} \tag{4}$$

證明 我們只證(3)式, 因為(4)式同理可證。

$$\overrightarrow{r}'(t) = \lim_{\Delta t \to 0} \frac{\overrightarrow{r}(t + \Delta t) - \overrightarrow{r}(t)}{\Delta t}$$

$$= \lim_{\Delta t \to 0} \frac{[x(t + \Delta t) - x(t)]\,\overrightarrow{i} + [y(t + \Delta t) - y(t)]\,\overrightarrow{j}}{\Delta t}$$

$$= \lim_{\Delta t \to 0} \left[\frac{x(t + \Delta t) - x(t)}{\Delta t}\right]\overrightarrow{i} + \lim_{\Delta t \to 0} \left[\frac{y(t + \Delta t) - y(t)}{\Delta t}\right]\overrightarrow{j}$$

$$= x'(t)\,\overrightarrow{i} + y'(t)\,\overrightarrow{j} \quad \blacksquare$$

利用 Leibniz 的記號, (3)與(4)兩式可以寫成:

$$\frac{d\overrightarrow{r}}{dt} = \frac{dx}{dt}\,\overrightarrow{i} + \frac{dy}{dt}\,\overrightarrow{j} \qquad\qquad (3')$$

$$\frac{d\overrightarrow{r}}{dt} = \frac{dx}{dt}\,\overrightarrow{i} + \frac{dy}{dt}\,\overrightarrow{j} + \frac{dz}{dt}\,\overrightarrow{k} \qquad\qquad (4')$$

例2 求向量函數的導函數 $\overrightarrow{r}'(t)$:
  (1) $\overrightarrow{r}(t) = 2\sin t\,\overrightarrow{i} + 3\cos t\,\overrightarrow{j}$
  (2) $\overrightarrow{r}(t) = t^2\,\overrightarrow{i} + (1 + t)\,\overrightarrow{j} + \sin t\,\overrightarrow{k}$

解 (1) $\dfrac{d\overrightarrow{r}}{dt} = \overrightarrow{r}'(t) = 2\cos t\,\overrightarrow{i} - 3\sin t\,\overrightarrow{j}$

  (2) $\dfrac{d\overrightarrow{r}}{dt} = \overrightarrow{r}'(t) = 2t\,\overrightarrow{i} + \overrightarrow{j} + \cos t\,\overrightarrow{k}$ $\blacksquare$

如果 $\overrightarrow{r}'(t)$ 可以再微分, 那麼再微分一次就得到二階導函數

$$\overrightarrow{r}''(t) = x''(t)\,\overrightarrow{i} + y''(t)\,\overrightarrow{j} + z''(t)\,\overrightarrow{k} \qquad\qquad (5)$$

如果可以繼續做下去, 就得到三階、四階……導函數 $\overrightarrow{r}^{(3)}(t)$, $\overrightarrow{r}^{(4)}(t),$……等等。

例3　設 $\vec{r}(t) = e^t\,\vec{i} + \ln t\,\vec{j} - \cos t\,\vec{k}$，求 $\vec{r}\,'(t), \vec{r}\,''(t)$ 及 $\vec{r}^{(3)}(t)$。

解　　$\vec{r}\,'(t) = e^t\,\vec{i} + \dfrac{1}{t}\,\vec{j} + \sin t\,\vec{k}$

$\vec{r}\,''(t) = e^t\,\vec{i} - \dfrac{1}{t^2}\,\vec{j} + \cos t\,\vec{k}$

$\vec{r}^{(3)}(t) = e^t\,\vec{i} + \dfrac{2}{t^3}\,\vec{j} - \sin t\,\vec{k}$　■

　　向量函數與實函數的微分，定義完全相像。因此，微分公式也完全類似。

定理 2

設 $u(t)$ 為可微分實函數，$\vec{r_1}(t)$ 與 $\vec{r_2}(t)$ 為可微分的向量函數，則我們有下列的微分公式：

(1) $(\vec{r_1}(t) + \vec{r_2}(t))' = \vec{r_1}\,'(t) + \vec{r_2}\,'(t)$

(2) $(u(t)\vec{r_1}(t))' = u'(t)\vec{r_1}(t) + u(t)\vec{r_1}\,'(t)$

(3) $(\vec{r_1}(t) \cdot \vec{r_2}(t))' = \vec{r_1}\,'(t) \cdot \vec{r_2}(t) + \vec{r_1}(t) \cdot \vec{r_2}\,'(t)$

(4) $(\vec{r_1}(t) \times \vec{r_2}(t))' = \vec{r_1}\,'(t) \times \vec{r_2}(t) + \vec{r_1}(t) \times \vec{r_2}\,'(t)$

證明　我們只證(2)，其餘留作習題。

令 $\vec{r_1}(t) = x(t)\,\vec{i} + y(t)\,\vec{j} + z(t)\,\vec{k}$，則

$u(t)\vec{r_1}(t) = u(t)x(t)\,\vec{i} + u(t)y(t)\,\vec{j} + u(t)z(t)\,\vec{k}$

由實函數的 Leibniz 微分公式與定理 1 可得

$(u(t)\vec{r_1}(t))' = (u(t)x(t))'\,\vec{i} + (u(t)y(t))'\,\vec{j} + (u(t)z(t))'\,\vec{k}$

$= (u'(t)x(t) + u(t)x'(t))\,\vec{i} + (u'(t)y(t) + u(t)y'(t))\,\vec{j}$
$+ (u'(t)z(t) + u(t)z'(t))\,\vec{k}$

$= u'(t)[x(t)\,\vec{i} + y(t)\,\vec{j} + z(t)\,\vec{k}] + u(t)[x'(t)\,\vec{i} + y'(t)\,\vec{j} + z'(t)\,\vec{k}]$

$$=u'(t)\overrightarrow{r_1}(t) + u(t)\overrightarrow{r_1}'(t) \quad \blacksquare$$

【隨堂練習】 試完成定理2的證明。

例4 設 $\overrightarrow{r_1}(t) = \cos t\,\overrightarrow{i} + \sin t\,\overrightarrow{j} + t\,\overrightarrow{k}$, $\overrightarrow{r_2}(t) = t\,\overrightarrow{i} + \ln t\,\overrightarrow{j} + \overrightarrow{k}$
試求 $(\overrightarrow{r_1}(t) \times \overrightarrow{r_2}(t))'$。

解 $\overrightarrow{r_1}'(t) = -\sin t\,\overrightarrow{i} + \cos t\,\overrightarrow{j} + \overrightarrow{k}$
$\overrightarrow{r_2}'(t) = \overrightarrow{i} + \dfrac{1}{t}\,\overrightarrow{j} + 0\,\overrightarrow{k}$

$(\overrightarrow{r_1}(t) \times \overrightarrow{r_2}(t))'$

$= \overrightarrow{r_1}'(t) \times \overrightarrow{r_2}(t) + \overrightarrow{r_1}(t) \times \overrightarrow{r_2}'(t)$

$= (-\sin t\,\overrightarrow{i} + \cos t\,\overrightarrow{j} + \overrightarrow{k}) \times (t\,\overrightarrow{i} + \ln t\,\overrightarrow{j} + \overrightarrow{k})$

$\quad + (\cos t\,\overrightarrow{i} + \sin t\,\overrightarrow{j} + t\,\overrightarrow{k}) \times \left(\overrightarrow{i} \times \dfrac{1}{t}\,\overrightarrow{j}\right)$

$= \begin{vmatrix} \overrightarrow{i} & \overrightarrow{j} & \overrightarrow{k} \\ -\sin t & \cos t & 1 \\ t & \ln t & 1 \end{vmatrix} + \begin{vmatrix} \overrightarrow{i} & \overrightarrow{j} & \overrightarrow{k} \\ \cos t & \sin t & t \\ 1 & \dfrac{1}{t} & 0 \end{vmatrix}$

$= (\cos t - \ln t)\,\overrightarrow{i} - (-\sin t - t)\,\overrightarrow{j} + [(-\sin t)(\ln t) - t\cos t]\,\overrightarrow{k}$

$\quad + (-1)\,\overrightarrow{i} - (-t)\,\overrightarrow{j} + \left(\dfrac{1}{t}\cos t - \sin t\right)\overrightarrow{k}$

$= (\cos t - \ln t - 1)\,\overrightarrow{i} + (\sin t + 2t)\,\overrightarrow{j}$

$\quad + \left[\dfrac{1}{t}\cos t - \sin t - (\sin t)(\ln t) - t\cos t\right]\overrightarrow{k} \quad \blacksquare$

如果 $\overrightarrow{r}(t)$ 為一個向量函數, 參數 t 又是 s 的函數 $t = t(s)$, 則合成函數 $\overrightarrow{r}(t(s))$ 為 s 的一個向量函數, 我們可以談論它對 s 的微分, 這就是連鎖規則。

定 理 3

（連鎖規則，Chain Rule）

假設 $\vec{r} = \vec{r}(t)$ 為一個可微分向量函數，並且 $t = t(s)$ 為一個可微分實函數，則

$$\vec{r} = \vec{r}(t(s))$$

為 s 的一個可微分向量函數，並且

$$\frac{d\vec{r}}{ds} = \frac{d\vec{r}}{dt}\frac{dt}{ds} \tag{6}$$

【隨堂練習】　證明定理 3。

乙、向量函數的微分之幾何與物理解釋

考慮向量函數 $\vec{r} = \vec{r}(t)$，對於給定時刻 t_0，令 $\vec{r}(t_0)$ 表示曲線上點 P_0 的位置向量，再讓時間變動 Δt，則 $\vec{r}(t_0 + \Delta t)$ 也是曲線上一點 P 的位置向量，參見圖 4–35。向量

$$\frac{\vec{r}(t_0 + \Delta t) - \vec{r}(t_0)}{\Delta t} = \frac{1}{\Delta t}[\vec{r}(t_0 + \Delta t) - \vec{r}(t_0)]$$

與 $\vec{r}(t_0 + \Delta t) - \vec{r}(t_0)$ 同向。當 Δt 趨近於 0 時，此向量就趨近於過 P_0 點的切向量 (Tangent Vector)。換言之，

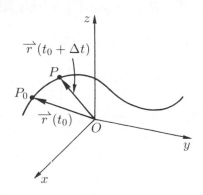

圖 4–35

$$\overrightarrow{r}\,'(t_0) = \lim_{\Delta t \to 0} \frac{\overrightarrow{r}\,(t_0 + \Delta t) - \overrightarrow{r}\,(t_0)}{\Delta t}$$

代表過 P_0 點的切向量，參見圖 4–36。

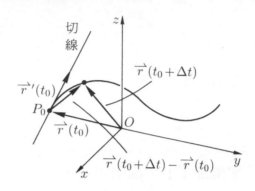

圖 4–36

定 義

設 $\overrightarrow{r} = \overrightarrow{r}(t)$ 為一個可微分向量函數，定義在 $[a, b]$ 上，令 P_0 為 $\overrightarrow{r} = \overrightarrow{r}(t)$ 的圖形上之點，相應於 $t = t_0$ 時刻。若 $\overrightarrow{r}\,'(t_0) \neq 0$，則 $\overrightarrow{r}\,'(t_0)$ 就是過 P_0 點的**切向量**。如果將切向量 $\overrightarrow{r}\,'(t_0)$ 的始點置於 P_0，則過 P_0 點且以 $\overrightarrow{r}\,'(t_0)$ 為方向的直線就叫做過 P_0 點的**切線**（參見圖 4–36）。

根據切線方程式的定義，假設 $\overrightarrow{R}$ 為切線上任意點的位置向量，則 $\overrightarrow{R} - \overrightarrow{r}(t_0)$ 與 $\overrightarrow{r}\,'(t_0)$ 同向，亦即存在 $t \in \mathbb{R}$ 使得

$$\overrightarrow{R} - \overrightarrow{r}(t_0) = t\,\overrightarrow{r}\,'(t_0)$$

或　　　　$$\overrightarrow{R} = \overrightarrow{R}(t) = \overrightarrow{r}(t_0) + t\,\overrightarrow{r}\,'(t_0) \tag{7}$$

(7)式就是過 P_0 的切線方程式。參見圖 4–37。

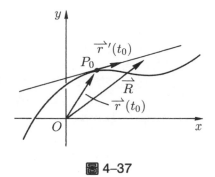

圖 4–37

例 5　求螺旋線 (Helix) $\vec{r}(t) = \cos t\,\vec{i} + \sin t\,\vec{j} + t\,\vec{k}$ 在 $t = \pi$ 點的切向量及切線方程式，參見圖 4–38。

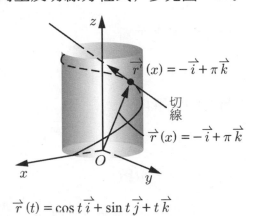

$\vec{r'}(x) = -\vec{i} + \pi\vec{k}$

切線

$\vec{r}(x) = -\vec{i} + \pi\vec{k}$

$\vec{r}(t) = \cos t\,\vec{i} + \sin t\,\vec{j} + t\,\vec{k}$

圖 4–38

解　因為

$$\vec{r'}(t) = -\sin t\,\vec{i} + \cos t\,\vec{j} + \vec{k}$$

所以在 $t = \pi$ 點的切向量為

$$\vec{r'}(\pi) = -\sin \pi\,\vec{i} + \cos \pi\,\vec{j} + \vec{k}$$

$$= -\vec{j} + \vec{k}$$

又

$$\vec{r}(\pi) = \cos \pi \, \vec{i} + \sin \pi \, \vec{j} + \pi \, \vec{k}$$

$$= -\vec{i} + \pi \, \vec{k}$$

故切線方程式為

$$\vec{R}(t) = \vec{r}(\pi) + t \, \vec{r}\,'(\pi)$$

$$= (-\vec{i} + \pi \, \vec{k}) + t(-\vec{j} + \vec{k})$$

$$= -\vec{i} - t \, \vec{j} + (\pi + t) \, \vec{k} \quad \blacksquare$$

從物理學的眼光來看,

$$\vec{r}(t) = x(t) \, \vec{i} + y(t) \, \vec{j} + z(t) \, \vec{k}$$

代表質點的**位置向量**;

$$\vec{v}(t) = \vec{r}\,'(t) = \frac{dx}{dt} \, \vec{i} + \frac{dy}{dt} \, \vec{j} + \frac{dz}{dt} \, \vec{k}$$

表示質點的**速度函數**;

$$\vec{a}(t) = \vec{r}\,''(t) = \frac{d^2x}{dt^2} \, \vec{i} + \frac{d^2y}{dt^2} \, \vec{j} + \frac{d^2z}{dt^2} \, \vec{k}$$

表示質點的**加速度函數**;

$$v(t) = \|\vec{v}(t)\| = \|\vec{r}\,'(t)\| = \sqrt{\left(\frac{dx}{dt}\right)^2 + \left(\frac{dy}{dt}\right)^2 + \left(\frac{dz}{dt}\right)^2}$$

表示質點的**速率函數**。

丙、向量函數的積分

　　對於一個向量函數 $\vec{r} = \vec{r}(t)$ 的積分, 我們採用逐分量作積分的操作。換言之, 若 $\vec{r}(t) = x(t) \, \vec{i} + y(t) \, \vec{j} + z(t) \, \vec{k}$, 則

$$\int \vec{r}(t)dt = \left(\int x(t)dt\right)\vec{i} + \left(\int y(t)dt\right)\vec{j} + \left(\int z(t)dt\right)\vec{k}$$

在實際作積分時，不要忘記要加上不定積分常數，例如

$$\int (\sin t\,\vec{i} + \cos t\,\vec{j} + 2\vec{k})dt$$

$$= \left(\int \sin t\,dt\right)\vec{i} + \left(\int \cos t\,dt\right)\vec{j} + \left(\int 2dt\right)\vec{k}$$

$$= (-\cos t + c_1)\vec{i} + (\sin t + c_2)\vec{j} + (2t + c_3)\vec{k}$$

例6　若 $\vec{r}'(t) = 2t\,\vec{i} + e^t\,\vec{j} + e^{-t}\,\vec{k}$ 且 $\vec{r}(0) = \vec{i} - \vec{j} + \vec{k}$ 試求 $\vec{r}(t)$。

解　　$$\vec{r}(t) = \int \vec{r}'(t)dt = \int (2t\,\vec{i} + e^t\,\vec{j} + e^{-t}\,\vec{k})dt$$

$$= \left(\int 2t\,dt\right)\vec{i} + \left(\int e^t\,dt\right)\vec{j} + \left(\int e^{-t}\,dt\right)\vec{k}$$

$$= (t^2 + c_1)\vec{i} + (e^t + c_2)\vec{j} + (c_3 - e^{-t})\vec{k}$$

利用初期條件 $\vec{r}(0) = \vec{i} - \vec{j} + \vec{k}$，得到

$$\vec{i} - \vec{j} + \vec{k} = c_1\vec{i} + (1 + c_2)\vec{j} + (c_3 - 1)\vec{k}$$

所以

$$1 = c_1,\ -1 = 1 + c_2,\ 1 = c_3 - 1$$

$$c_1 = 1,\ c_2 = -2,\ c_3 = 2$$

從而

$$\vec{r}(t) = (t^2 + 1)\vec{i} + (e^t - 2)\vec{j} + (2 - e^{-t})\vec{k}\quad\blacksquare$$

根據牛頓第二運動定律

$$\vec{F}(t) = m\,\vec{a}(t)$$

我們只要知道質點的作用力 $\vec{F}(t)$，就知道了加速度之向量函數 $\vec{a}(t)$，作一次積分就得到速度之向量函數

$$\vec{v}(t) = \int \vec{a}(t)dt$$

及速率函數 $\|\vec{v}(t)\|$。再作一次積分就得到位置之向量函數

$$\vec{r}(t) = \int \vec{v}(t)dt$$

從而知道質點之運動軌道。

舉例來說明，考慮一個石頭以初速率 v_0，仰角 θ，向空中拋擲出去。我們要探求石頭的運動軌道。參見圖 4–39。

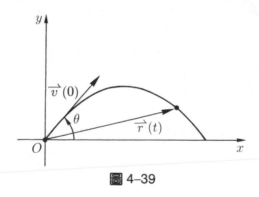

圖 4–39

為了方便起見，我們選取坐標原點為石頭的拋擲點。當 $t = 0$ 時，石頭由原點擲出，令 $\vec{r}(t)$ 表示 t 時刻石頭的位置向量，$\vec{v}(t)$ 為速度向量，$\vec{a}(t)$ 為加速度向量，則

$$\vec{r}(0) = 0, \vec{v}(0) = v_0\cos\theta\,\vec{i} + v_0\sin\theta\,\vec{j} \tag{8}$$

$$m\vec{a}(t) = -mg\,\vec{j} \quad 或 \quad \vec{r}''(t) = -g\,\vec{j} \tag{9}$$

其中 m 表示石頭的質量，g 表示重力加速度。對(9)式作積分得

$$\vec{v}(t) = -gt\,\vec{j} + \vec{c}$$

其中 $\vec{c}$ 為常向量。由 $\vec{v}(0) = \vec{c}$ 及(8)式知

$$\vec{c} = v_0 \cos\theta\,\vec{i} + v_0 \sin\theta\,\vec{j}$$

$$\therefore \vec{v}(t) = v_0 \cos\theta\,\vec{i} + v_0 \sin\theta\,\vec{j} - gt\,\vec{j}$$

$$= v_0 \cos\theta\,\vec{i} + (v_0 \sin\theta - gt)\,\vec{j}$$

對 t 再作一次積分，得到

$$\vec{r}(t) = (v_0 \cos\theta)t\,\vec{i} + \left[(v_0 \sin\theta)t - \frac{1}{2}gt^2\right]\vec{j} + \vec{d}$$

其中 $\vec{d}$ 為常向量，再由 $\vec{r}(0) = 0$ 得到 $\vec{d} = 0$。所以，位置向量為

$$\vec{r}(t) = (v_0 \cos\theta)t\,\vec{i} + \left[(v_0 \sin\theta)t - \frac{1}{2}gt^2\right]\vec{j} \tag{10}$$

改用參數方程式表示就是

$$\begin{cases} x(t) = (v_0 \cos\theta)t \\ y(t) = (v_0 \sin\theta)t - \dfrac{1}{2}gt^2 \end{cases} \tag{11}$$

消去 t，得到

$$y = \frac{-g}{2v_0^2 \cos^2\theta}x^2 + x\tan\theta \tag{12}$$

這是一個拋物線方程式，故石頭的運動路徑為**拋物線**。

令 $y = 0$，解(12)式，得到

$$x = 0 \quad \text{或} \quad x = \frac{v_0^2 \sin 2\theta}{g} \tag{13}$$

這表示運動軌道的 x 截距，其中

$$x = \frac{v_0^2 \sin 2\theta}{g} \tag{14}$$

表示石頭的**射程**(Range)。由(14)式也可知，當 $\theta = 45°$ 時，石頭

的射程最大，其值為 $\dfrac{v_0^2}{g}$。

當 $y = 0$ 且 $t > 0$ 時，石頭著地。解

$$0 = (v_0 \sin \theta)t - \frac{1}{2}gt^2$$

得到

$$t = \frac{2v_0 \sin \theta}{g} \tag{15}$$

因此，石頭拋擲出去後，在空中停留 $\dfrac{2v_0 \sin \theta}{g}$ 秒。

當 $\dfrac{dy}{dt} = 0$ 時，石頭到達最高點。今因

$$\frac{dy}{dt} = v_0 \sin \theta - gt = 0$$

$$\Rightarrow t = \frac{v_0 \sin \theta}{g}$$

故石頭的最大高度為

$$y = (v_0 \sin \theta) \cdot \frac{v_0 \sin \theta}{g} - \frac{1}{2}g\left(\frac{v_0 \sin \theta}{g}\right)^2$$

$$= \frac{v_0^2 \sin^2 \theta}{2g} \tag{16}$$

　　總之，利用向量函數的微分與積分，我們可以完全掌握一個質點的運動現象。古希臘哲學家亞里斯多德 (Aristotle) 說：「對運動現象的無知就是對大自然的無知。」但是，要掌握運動現象，他也無能為力。只有微積分才能掌握一切變化、運動現象。

$$\boxed{習\ 題\ 4\text{--}5}$$

1.求 $\vec{r}\,'(t)$ 與 $\vec{r}\,''(t)$:

(1) $\vec{r}(t) = 4t^2\,\vec{i} - 2t^3\,\vec{j}$　　　　　(2) $\vec{r}(t) = \sin 2t\,\vec{i} - \cos 2t\,\vec{j}$

(3) $\vec{r}(t) = \sin^2 t\,\vec{i} - \cos^2 t\,\vec{j}$　　　(4) $\vec{r}(t) = e^t \cos t\,\vec{i} + e^t \sin t\,\vec{j} + t\,\vec{k}$

(5) $\vec{r}(t) = e^{-t} \cos t\,\vec{i} + e^{-t} \sin t\,\vec{j} - t\,\vec{k}$

(6) $\vec{r}(t) = (t^2 - t)\,\vec{i} + (t^2 + t)\,\vec{j} + t\,\vec{k}$

2.求 $(\vec{r_1}(t) \cdot \vec{r_2}(t))'$:

(1) $\vec{r_1}(t) = t^2\,\vec{i} - t\,\vec{j}$, $\vec{r_2}(t) = t\,\vec{i} + t^2\,\vec{j}$

(2) $\vec{r_1}(t) = e^t\,\vec{i} + e^{-t}\,\vec{j}$, $\vec{r_2}(t) = t\,\vec{i} - t^2\,\vec{j}$

(3) $\vec{r_1}(t) = \sin^2 t\,\vec{i} - \cos^2 t\,\vec{j}$, $\vec{r_2}(t) = \vec{i} - \vec{j}$

3.求 $(\vec{r_1}(t) \times \vec{r_2}(t))'$:

(1) $\vec{r_1}(t) = 2t\,\vec{i} + t^2\,\vec{j} - 5\,\vec{k}$, $\vec{r_2}(t) = t^2\,\vec{i} + 2t\,\vec{j} + \vec{k}$

(2) $\vec{r_1}(t) = \tan t\,\vec{i} + t\,\vec{j} + \vec{k}$, $\vec{r_2}(t) = \sec t\,\vec{i} + 3t\,\vec{j} - \vec{k}$

4.求下列的積分:

(1) $\displaystyle\int (\sin t\,\vec{i} - \cos t\,\vec{j} + t\,\vec{k}\,)dt$

(2) $\displaystyle\int (t^2\,\vec{i} - t\,\vec{j} + e^t\,\vec{k}\,)dt$

(3) $\displaystyle\int (\cos t\,\vec{i} + \sin t\,\vec{j} - \vec{k}\,)dt$

(4) $\displaystyle\int (e^t\,\vec{i} - \sqrt{t}\,\vec{j} - t^2\,\vec{k}\,)dt$

5.求速度函數、速率函數及位置函數:

(1) $\vec{a}(t) = -32\vec{k}$, $\vec{v}(0) = 0$, $\vec{r}(0) = 0$

(2) $\vec{a}(t) = -32\vec{k}$, $\vec{v}(0) = \vec{i} + \vec{j}$, $\vec{r}(0) = 0$

(3) $\vec{a}(t) = \cos t\,\vec{i} + \sin t\,\vec{j}$, $\vec{v}(0) = \vec{i}$, $\vec{r}(0) = \vec{j}$

(4) $\vec{a}(t) = \cos t\,\vec{i} + \sin t\,\vec{j}$, $\vec{v}(0) = \vec{j}$, $\vec{r}(0) = \vec{i}$

6.若 $\vec{r}\,'(t) = e^t\,\vec{i} - \ln t\,\vec{j} + 2t\,\vec{k}$ 且 $\vec{r}(1) = \vec{j} + \vec{k}$，求 $\vec{r}(t)$。

7.若 $\vec{r}\,'(t) = t\,\vec{i} + e^{-t}\,\vec{j} - \left(\dfrac{1}{t}\right)\vec{k}$ 且 $\vec{r}(1) = \vec{i} - \vec{j} + 2\vec{k}$，求 $\vec{r}(t)$。

第五章　多變函數的微分學

　　我們知道，微分與積分是兩個互逆的操作，亦即同一件事情的兩面，而微積分學的要點是利用微分來掌握積分！到目前為止，單變數函數 $y = f(x)$ 的微分與積分概念及其種種應用，都介紹過了。本章我們就來研究多變函數，主要是探討**多變數函數的微分學、極值問題**。

　　面對多變數函數，最基本的原則就是固定一些變數，只讓其中一個變數變動，就得到一個單變數函數，於是先前所學的單變數函數之微積分皆可派上用場。我們稱之為**單變數化原則**。

5-1　多變函數與偏函數

甲、多變數函數的概念與例子

　　函數是用來描述自然或人文現象的工具。一般而言，我們所遇到的各種現象大概都很複雜，都要用多變數函數來描述，單變數函數反而是少數的特殊情形！譬如：某工廠的利潤 w，可能是廣告費 x，研究費 y，生產量 z，價格 u 及銷售量 v 等的函數，即 $w = f(x, y, z, u, v)$；醫生看病，用藥量 w，可能是病人的溫度 x，年紀 y，體重 z 等的函數，即 $w = f(x, y, z)$；又稻米的產量 w，可能是施肥量 x，氣溫 y，土壤 z，雨量 u 等因素的函數，即 $w = f(x, y, z, u)$。這些都是多變數函數的例子，你能再舉更多的實例嗎？

　　許多現象的變化，常常是由某些「因」$x, y, z, \cdots$ 產生某個「果」w，這樣的因果關係，我們就說 w 是 $x, y, z, \cdots$ 的函數，記為 $w = f(x, y, z, \cdots)$。仕數學中，我們有興趣的通常是當 $w, x, y, z, \cdots$ 為實數的情形。

例1　由波義耳、查理、給呂薩克定律知，一定質量的理想氣體，其體積 V（公升），壓力 P（大氣壓），溫度 T（攝氏溫度）之間有如下的關係式：

$$PV = k(T + 273)$$

其中 k 為一常數。如果我們把 P，T 看作是自變數，把 V 看作是因變數，則有

$$V = \frac{k(T + 273)}{P}$$

這樣我們就說 V 是 T 與 P 兩變數的函數。　■

例2　根據牛頓萬有引力定律知，兩物體之間都有吸引力存在，引力的大小與兩物體質量乘積成正比，而與兩物體距離的平方成反比。用公式寫出來就是：

$$F = G \cdot \frac{M \cdot m}{r^2} \tag{1}$$

其中 F 表引力，M, m 分別表該兩物體的質量，r 表它們之間的距離，G 表引力常數。由此看出 F 是 M, m, r 三變數的函數。事實上，許多科學定律都是表述着一個現象中各種變量之間的函數關係。　■

例3　（**秤地術**）英國物理學家 Cavendish (1731～1810) 利用實驗方法測量出

$$G = 6.67 \times 10^{-11} \qquad （\text{M.K.S. 制}）$$

有了 G 的值就可以秤出地球或其他行星的質量了。例如設 M 為地球質量，m 為地球表面一物體的質量，則 m 所受的力量為 mg。於是代入萬有引力公式得

$$mg = G \cdot \frac{M \cdot m}{r^2} \quad 或 \quad M = \frac{gr^2}{G}$$

其中 g 為重力加速度，r 為地球半徑。結果算得 M 大約是 6×10^{24} 公斤。　■

（註：Archimedes 曾經說過：「給我一個支點及一根『如意金箍棒』（能任意延長），我就可以撐起地球！」這就是槓桿原理的應用。而萬有引力定律卻使我們可以秤量地球，這更加神奇！）

這種多變數函數比單變數函數更重要，因為它更實在。可是它的研究卻麻煩多了，其中一個理由是：要討論函數的圖形變得更困難，因為最少要在三維空間才能討論。

例如函數 $z = f(x,y)$，自變數有兩個 x, y，因變數一個 z，其函數圖形

$$\Gamma = \{(x, y, z): \ z = f(x, y)\}$$

一般而言是三維空間中的一個曲面。因此，當自變數在三個以上時，用幾何方法來討論就比較困難了。

乙、多變數函數的幾何表現：圖形與等高線

如何作出函數 $z = f(x, y)$ 的圖形？在三維空間中取定了一個直角坐標系，將集合 Γ 中的點 (x, y, z) 作出來，得到如下圖的一個曲面，這就是 $z = f(x, y)$ 的函數圖形。

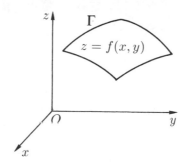

圖 5–1

　　原則上如上述，實際上當然做不到。我們只能作出一些點，意思意思而已，然後再連接成曲面。

　　另外我們還有一種幾何表現函數 $z = f(x, y)$ 的方法，我們想像 $f(x, y)$ 表示在地平面上點 (x, y) 處的高度或溫度。我們對於各實數 c 作出曲線 $f(x, y) = c$，叫做 f 的**等高線**或**等溫線**（或等值線）。在這個曲線上的點，函數 f 都取相同的值。我們只要看等高線（或等溫線或等值線）圖，對函數 $z = f(x, y)$ 就有所了解，這在地圖上是常見的表示法，參見下圖：

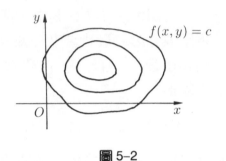

圖 5–2

　　如果我們想像 $f(x, y)$ 表平面點 (x, y) 的溫度，今有一隻螞蟻在地上爬行，牠不願往高溫或低溫的地方走，那麼牠只好在等溫線上爬。

例 4　　求作 $z = f(x, y) = x^2 + y^2$ 的圖形。

解　　這個函數定義在整個 xy 平面上，其圖形為拋物面，見下圖：

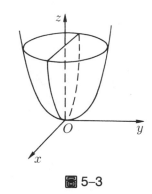

圖 5-3　　　　　　　　　　　　　　　　　　■

例 5　　求作函數 $z = f(x, y) = xy$ 的圖形。

解　　　這個函數雖然很簡單，其圖形卻不易作，它是個「馬鞍曲面」見下圖：

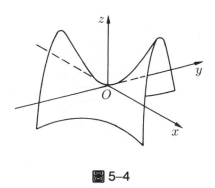

圖 5-4　　　　　　　　　　　　　　　　　　■

例 6　　對上述兩例作出等高線圖。

解

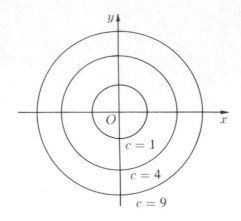

圖 5–5　$z = x^2 + y^2$ 的等高線圖，$x^2 + y^2 = c$

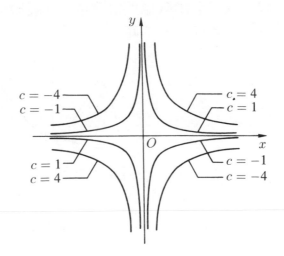

圖 5–6　$z = xy$ 的等高線圖，$xy = c$　　　■

【隨堂練習】　試求下列各函數的等高線：

(1) $f(x, y) = 2x + 3y$，通過 $(1, 0)$ 點的等高線；

(2) $f(x, y) = xy$，作出三個等高線；

(3) $f(x, y) = x^2 - y^2$，作出三個等高線；

(4) $f(x, y) = 2x^2 + y^2$，作出兩個等高線。

對於三變數函數 $w = f(x, y, z)$，它的**圖形**

$$\Gamma = \{(x, y, z, w) | w = f(x, y, z), \ (x, y, z) \text{在} f \text{ 的定義域}\}$$

是四維空間的「曲面」，實際上作不出來。但是，我們基本上可以在三維空間中，作出等值曲面（等位曲面、等溫曲面）：$f(x, y, z) = c$，c 為常數，雖然許多時候作等值曲面並不容易。

例 7　作函數 $w = f(x, y, z) = x^2 + y^2 + z^2$ 的等值曲面。

解　因為 $w \geq 0$，故等值曲面為

$$x^2 + y^2 + z^2 = c, \quad c \geq 0$$

這是一族以原點為球心的同球心之球面。參見圖 5–7。

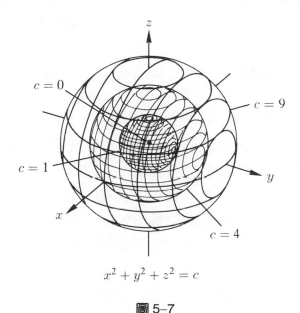

$$x^2 + y^2 + z^2 = c$$

圖 5–7

例 8　作函數 $w = f(x, y, z) = 2x + 3y + z$ 之等值曲面。

解　等值曲面為

$$2x + 3y + z = c, \quad c \in \mathbb{R}$$

這是一族平行的平面，以 $\overrightarrow{N} = 2\overrightarrow{i} + 3\overrightarrow{j} + \overrightarrow{k}$ 為**法向量**。參見圖 5-8。

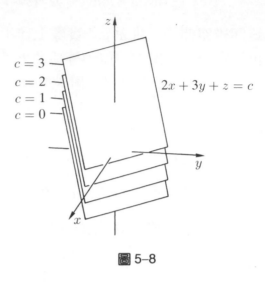

圖 5-8　　　　　　　　■

【隨堂練習】　試描述 $w = f(x,y,z) = x^2 + y^2$ 的等值曲面。

丙、偏函數及其圖解

　　我們說過，本章的主旨是簡介多變數函數的微積分學。在學習多變數微積分學時，我們一方面要隨時注意「以簡御繁」的精神，我們要問：何時可以利用單變數函數的微積分來研究多變數函數的情形？另一方面，我們也要注意它們之間的異同：何時必須引入新觀點、新方法？

　　我們先強調如何利用單變數的方法來研究多變數函數，這個關鍵就在於考慮「**偏函數**」。

　　假設 $z = f(x,y)$，則 z 是 x 與 y 兩變數的函數。可是若固定 $x = x_0$，則由 y 對應到 $f(x_0,y)$ 的函數就成了個單變數函數，記做 $f(x_0,\cdot)$。同樣地，若固定了 $y = y_0$，而只變動 x，則由 x 對應到 $f(x,y_0)$ 的函數也是個單變數函數 $f(\cdot,y_0)$。這兩個單變數

函數都稱為函數 f 的**偏函數**。

　　對於許多問題的討論，我們常常只需要利用到偏函數 $f(\,\cdot\,,y_0)$ 與 $f(x_0,\,\cdot\,)$ 就夠了。至少，它們是重要的工具。

　　現在我們從幾何觀點來看偏函數的意義。首先我們考慮偏函數 $g(x) \equiv f(x,y_0)$，其圖解為平面 π_1：$y = y_0$ 與曲面 Γ：$z = f(x,y)$ 之交界，即曲線 C_1，見下圖：

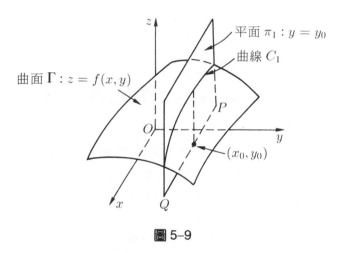

圖 5–9

同樣地，考慮偏函數 $h(y) \equiv f(x_0,y)$，它的圖解為平面 π_2：$x = x_0$ 與曲面 Γ：$z = f(x,y)$ 之交界，即下圖之曲線 C_2：

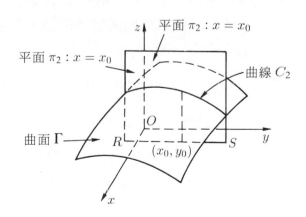

圖 5–10

丁、極限與連續性

大家現在都很清楚，極限與連續性的概念在微積分中佔有非常重要的地位。這一段我們就來談這兩個重要的論題。

今用 (x,y) 表示一個動點，而讓它趨近於定點 (a,b)，這就是說，讓

$$\sqrt{(x-a)^2+(y-b)^2} \text{ 趨近於 } 0$$

此時我們要問：

$f(x,y)$ 是否會趨近於一個數 α?

亦即

$|f(x,y)-\alpha|$ 會不會終究很小很小？

如果答案是肯定的話，我們就說：當 (x,y) 趨近於 (a,b) 時，$f(x,y)$ 的極限為 α。這件事記作

$$\lim_{(x,y)\to(a,b)} f(x,y) = \alpha$$

或

當 $(x,y)\to(a,b)$ 時，$f(x,y)\to\alpha$

並且我們就說 f 在 (a,b) 點的**極限存在**，α 為其**極限值**。

這個定義跟單變數函數時的情形完全一樣，所以極限操作的規則也完全一樣：

規則：若 $\lim_{(x,y)\to(a,b)} f(x,y) = \alpha$ 且 $\lim_{(x,y)\to(a,b)} g(x,y) = \beta$，則

$$\lim_{(x,y)\to(a,b)} f(x,y)*g(x,y) = \alpha*\beta$$

其中 $*$ 表示加、減、乘、除四則運算之一，但是對於除法的情形，必須要求 $\beta\neq0$。

例9　設 $f(x,y) = \dfrac{xy}{|x|+|y|}$，求 $\displaystyle\lim_{(x,y)\to(0,0)} f(x,y) = ?$

解　我們不妨先猜猜答案，先試幾個 (x,y)，作計算：

$$f(10^{-3}, 10^{-4}) = \frac{10^{-7}}{10^{-3}+10^{-4}} \doteqdot 10^{-4}$$

$$f(-10^{-8}, -10^{-6}) = \frac{10^{-14}}{10^{-8}+10^{-6}} \doteqdot 10^{-8}$$

$$\vdots$$

因此我們猜：$\displaystyle\lim_{(x,y)\to(0,0)} f(x,y) = 0$

底下我們來檢驗看看這個猜測對不對：

$$|f(x,y) - 0| = |f(x,y)| = \frac{|xy|}{|x|+|y|}$$

$$\leq \frac{|x| \cdot |y|}{|x| \text{與} |y| \text{之較大者}}$$

$$= |x| \text{ 與 } |y| \text{ 之較小者 } \to 0$$

因此我們的猜測是對的。　■

（註：「是人創造符號並且使用符號，而不是符號用人！」因此完整的記號 $\displaystyle\lim_{(x,y)\to(a,b)} f(x,y) = \alpha$ 可以代以簡化的記號，如

$$\lim f(x,y) = \alpha \quad \text{或} \quad f(x,y) \to \alpha$$

只要省略掉的東西，從上、下文可以看得出來，不會引起誤解就好了。）

【隨堂練習】　求 $\displaystyle\lim_{(x,y)\to(0,0)} \dfrac{xy}{\sin xy} = ?$

當然啦，並不是極限都可以求得到，下面就是一個極限不存在的例子：

例 10　設 $f(x,y) = \dfrac{xy}{x^2+y^2}$，求 $\lim\limits_{(x,y)\to(0,0)} f(x,y) = ?$

解　如果動點 (x,y) 沿 x 軸或 y 軸趨近到 $(0,0)$，我們發現 $f(x,y)$ 的值都等於 0，因此我們猜測 $\lim\limits_{(x,y)\to(a,b)} f(x,y) = 0$，這對不對呢？考慮動點 (x,y) 沿直線 $y=x$ 趨近到 $(0,0)$，例如 $(x,y) = (a,a), a \neq 0$，　則 $f(a,a) = \dfrac{a^2}{2a^2} = \dfrac{1}{2}$，在這種情形下，　$f(x,y)$ 不趨近於 0，因此極限

$\quad \lim\limits_{(x,y)\to(0,0)} f(x,y)$ 不存在！　∎

　　有極限時，我們就要求它。沒有時，就要證明極限不存在，這通常可以利用「**偏極限**」來檢驗。

　　什麼是偏極限？如果固定 $x=a$，計算偏函數 $f(a,\cdot)$ 之極限

$$\lim_{y\to b} f(a,y) = \beta$$

這叫做偏極限。同理，可計算另一個偏極限。

$$\lim_{x\to a} f(x,b) = \alpha$$

定 理

如果極限 $\lim\limits_{(x,y)\to(a,b)} f(x,y) = \alpha$ 存在，那麼兩個偏極限都必存在，而且都等於 α。

反過來說，偏極限都存在且相等，並不保證原來的極限存在，例 10 就是一個反例。

　　因此上述定理的作用顯得有些消極，不過也有消極之中的用途，它可以告訴我們：兩個偏極限若不相等，即若 $\lim\limits_{x\to a} f(x,b) \neq \lim\limits_{y\to b} f(a,y)$，則極限 $\lim\limits_{(x,y)\to(a,b)} f(x,y)$ 必不存在。

例 11　設 $f(x,y)$ 定義如下：

$$f(x,y) = \frac{x^2 - y^2 - 6x - 4y + 5}{x^2 + y^2 - 6x + 4y + 13}$$

問 $\lim\limits_{(x,y)\to(3,-2)} f(x,y)$ 是否存在？

解　事實上 $f(x,y)$ 可變形成

$$f(x,y) = \frac{(x-3)^2 - (y+2)^2}{(x-3)^2 + (y+2)^2}$$

計算偏極限：

$$\lim\limits_{x\to 3} f(x,-2) = \lim\limits_{x\to 3} \frac{(x-3)^2}{(x-3)^2} = 1$$

$$\lim\limits_{y\to -2} f(3,y) = \lim\limits_{y\to -2} \frac{-(y+2)^2}{(y+2)^2} = -1 \neq 1$$

故極限 $\lim\limits_{(x,y)\to(3,-2)} f(x,y)$ 不存在。　∎

講過極限就可以談連續性了：

定　義

若 $\lim\limits_{(x,y)\to(a,b)} f(x,y) = \alpha$ 且 $\alpha = f(a,b)$，則我們就說 f 在點 (a,b) 處**連續**。如果 f 在某集合中的每一點都連續，我們就說 f 在此集合上**連續**。

　　從幾何圖形來看，一個函數連續是指函數圖形之曲面沒有破洞。幸虧我們所遇到的函數大多是連續的。例 4 及例 5 都是連續函數。

　　在例 11 中，$f(3,-2)$ 沒有意義，而且不論我們令 $f(3,-2)$ 的值為何，f 在 $(3,-2)$ 這一點鐵定不連續，除此之外，f 到處都連續。

習題 5-1

求偏函數及其圖解（1～3）：

1. $f(x,y) = \dfrac{x^2 - y^2 - 6x - 4y + 5}{x^2 + y^2 - 6x + 4y + 13}$

    (1)$x \equiv 1$　　　　　　　　　(2)$y \equiv 2$

    (3)$x \equiv 0$　　　　　　　　　(4)$y \equiv -1$

2. $f(x,y) = -4x^2 + y^2 - 3xy$

    (1)$x = 3$　　　　　　　　　(2)$y = -2$

    (3)$x = 1$　　　　　　　　　(4)$y = 2$

3. $f(x,y) = 5xy + 6x - 8y$

    (1)$x = 2$　　　　　　　　　(2)$y = -2$

    (3)$x = 4$　　　　　　　　　(4)$y = 5$

4. 令函數

$$f(x,y) = \begin{cases} xy, & \text{當 } x \text{ 與 } y \text{ 同號時,} \\ 0, & \text{否則的話。} \end{cases}$$

  問 f 是否為連續函數？

5. 作出下列函數的等值曲線：

    (1) $z = f(x,y) = x^2 - y^2$;　$c = 0, 1, 4, 9$

    (2) $z = f(x,y) = 2x^2 + y^2$;　$c = 0, 1, 4, 9$

    (3) $z = f(x,y) = y^2 - x$;　$c = 0, 1, 4$

    (4) $z = f(x,y) = x^2 - 2y$;　$c = 0, 1, 4, 9$

6. 描述下列函數的等值曲面：

    (1) $w = f(x,y,z) = x + y - z$

    (2) $w = f(x,y,z) = 4 - x^2 - y^2$

5-2　偏微分與連鎖規則

甲、偏導數與偏導函數

上一節我們已說過，對於兩自變數函數 $f(x,y)$ 有兩個偏函數：

$$g(x) \equiv f(x, b)$$

$$h(y) \equiv f(a, y)$$

它們都是單變數函數，其圖解分別是 f 的圖解與適當的平面之交界曲線（參見圖 5-9與圖5-10）。

我們對這兩個單變數函數可以進行微分（這是我們已經很熟悉的），這個操作過程就叫做**偏微分**。換言之，我們有如下的定義：

定　義　1

g 在 $x = a$ 點的導數 $\dfrac{dg}{dx}\Big|_{x=a}$ 就叫做 f 在點(a,b) 對 x 的**偏導數**，記成 $\dfrac{\partial f}{\partial x}\Big|_{(a,b)}$，亦即

$$\frac{\partial f}{\partial x}\bigg|_{(a,b)} \equiv \frac{dg}{dx}\bigg|_{x=a}$$

同理，f 在點 (a,b) 對 y 的偏導數 $\dfrac{\partial f}{\partial y}\Big|_{(a,b)}$ 就是 h 在 $y = b$ 點的導數，亦即

$$\frac{\partial f}{\partial y}\bigg|_{(a,b)} \equiv \frac{dh}{dy}\bigg|_{y=b}$$

根據導數是切線斜率的解釋以及偏函數的圖解，立知偏導數 $\dfrac{\partial f}{\partial x}\bigg|_{(a,b)}$ 與 $\dfrac{\partial f}{\partial y}\bigg|_{(a,b)}$ 分別表示函數 $z = f(x,y)$ 在點 (a,b) 處的 x,y 方向的變化率，幾何說來就是 x 方向與 y 方向的切線斜率，見下圖：

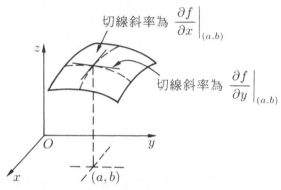

切線斜率為 $\dfrac{\partial f}{\partial x}\bigg|_{(a.b)}$

切線斜率為 $\dfrac{\partial f}{\partial y}\bigg|_{(a.b)}$

圖 5–11

例 1　設 $f(x,y)=6x^2+3y^2-x+3y+4$，試求 $\dfrac{\partial f}{\partial x}\bigg|_{(1,2)}$ 與 $\dfrac{\partial f}{\partial y}\bigg|_{(1,2)}$。

解　偏函數

$$g(x)=f(x,2) = 6x^2 + 12 - x + 6 + 4$$

$$h(y)=f(1,y) = 6 + 3y^2 - 1 + 3y + 4$$

所以偏導數

$$\frac{\partial f}{\partial x}\bigg|_{(1,2)} = \frac{dg}{dx}\bigg|_{x=1} = (12x - 1)\bigg|_{x=1} = 11$$

$$\frac{\partial f}{\partial y}\bigg|_{(1,2)} = \frac{dh}{dy}\bigg|_{y=2} = (6y + 3)\bigg|_{y=2} = 15 \quad \blacksquare$$

【**隨堂練習**】　求下列各函數在點 $(1,-1)$ 處的偏導數：

(1) $f(x,y) = 2x + \sin y$

(2) $f(x,y) = xy$

(3) $f(x,y) = x^2 - y^2$

(4) $f(x,y) = y \ln x + \cos^{-1} y$

對於一般點 (x,y) 仿上述的辦法考慮偏微分，我們就得到**偏導函數**。

定 義 2

$$\frac{\partial f}{\partial x}(x,y) \equiv \frac{\partial f}{\partial x}\bigg|_{(x,y)}$$

$$\frac{\partial f}{\partial y}(x,y) \equiv \frac{\partial f}{\partial y}\bigg|_{(x,y)}$$

分別稱為 f 對 x 及 f 對 y 的**偏導函數**。

根據單變數函數微分的定義，我們又可寫成

$$\frac{\partial f}{\partial x}(x,y) = \lim_{\Delta x \to 0} \frac{f(x + \Delta x, y) - f(x,y)}{\Delta x}, \quad 等等。$$

換句話說，我們要計算 $\dfrac{\partial f}{\partial x}(x,y)$ 時，是把 y 看作固定常數，然後對 x 作微分，等等。

例2
$$\frac{\partial}{\partial x}(x^2 \sin y) = 2x \sin y$$

$$\frac{\partial}{\partial y}(x^2 \sin y) = x^2 \cos y \quad \blacksquare$$

例3
$$\frac{\partial}{\partial x}(x^2 + 3y^2 - 8xy + 4x + y - 2) = 2x - 8y + 4$$

$$\frac{\partial}{\partial y}(x^2 + 3y^2 - 8xy + 4x + y - 2) = 6y - 8x + 1 \quad \blacksquare$$

【隨堂練習】　求下列各函數的偏導函數：

(1) $\sin xy$

(2) $x \ln y$

(3) $\sin^{-1} \left(\dfrac{y^2}{x^3} \right)$

現在我們已經很清楚知道：偏微分就是單變數函數之微分，只是把其他的變數都固定為常數而已！

因此偏微分並不是新問題。這裏我們要做個註解，每當我們遇到一個新問題時，我們常要問：用已學過的東西是否可以對付新問題？即舊瓶是否足以裝新酒？當然有時候可以，有時候不可以！

我們常說「溫故而知新」，照字面說，怎麼溫都溫不出新來！事實上，除了突變之外，「太陽底下沒有新鮮事」。但是「溫故而知新」對大部分的情形都行得通，這是因為大部分的問題，其實並不新，只要將從前學過的東西，整理綜合起來就能夠「以舊御新」！

就以科學技術來說，三、四十年前經常有很多新發明和新發現。目前似乎少一點，但不能說沒有！目前的成就往往在於將舊有東西整合起來，使其變成新用途和新技術。這一方面的進步非常重要，溫故而知新正是指着這一層意思。

不論是研究多變數函數的微積分學或任何新問題，我們都要時時注意到，以我們所熟悉的「舊」來御「新」。

乙、偏微分的一些計算規則

既然偏微分就是單變數函數的微分，故單變數函數的微分規則，如疊合原理、 Leibniz 規則，對於偏微分的情形也完全成立。

定 理 1

$$\frac{\partial}{\partial x}[f(x,y) + g(x,y)] = \frac{\partial f}{\partial x}(x,y) + \frac{\partial g}{\partial x}(x,y)$$

$$\frac{\partial}{\partial x}[c \cdot f(x,y)] = c \cdot \frac{\partial f}{\partial x}(x,y), \quad 等等。$$

　　換言之，兩函數和之偏微分等於各函數偏微分之和；一函數之常數倍的偏微分等於此函數之偏微分再乘以該常數倍。這兩句話分別是加性原則與齊性原則，合起來叫做**線性原則**或**疊合原理**。

定 理 2

（ Leibniz **規則**）

$$\frac{\partial}{\partial x}(f(x,y) \cdot g(x,y)) = \left(\frac{\partial f}{\partial x}(x,y)\right) g(x,y) + f(x,y)\frac{\partial g}{\partial x}(x,y)$$

$$\frac{\partial}{\partial y}(f(x,y) \cdot g(x,y)) = \left(\frac{\partial f}{\partial y}(x,y)\right) g(x,y) + f(x,y)\frac{\partial g}{\partial y}(x,y)$$

例 4　$f(x,y) = x^2 e^{-y}, \ g(x,y) - 3x^2 - xy + y$，求

$$\frac{\partial}{\partial x}(f(x,y) \cdot g(x,y)) =?$$

解　$\frac{\partial}{\partial x}(f(x,y) \cdot g(x,y))$

$$= \left(\frac{\partial f}{\partial x}(x,y)\right) g(x,y) + f(x,y)\frac{\partial g}{\partial x}(x,y)$$

$$= 2xe^{-y} \cdot (3x^2 - xy + y) + x^2 e^{-y} \cdot (6x - y)$$

$$= e^{-y}(12x^3 - 3x^2 y + 2xy) \quad \blacksquare$$

丙、連鎖規則

本段我們要探討微分學中最重要的連鎖規則。首先我們考慮函數 $z = f(x, y)$，而 x, y 本身又是 t 的函數：$x = \varphi(t), y = \psi(t)$。因此 z 間接是 t 的函數 $z(t) = f(\varphi(t), \psi(t))$，我們要問：如何求 $\dfrac{dz}{dt}$ 呢?

按微分的定義慢慢來做：假設 t 的增量是 Δt，因而導致 x, y, z 的增量各為 $\Delta x, \Delta y, \Delta z$，亦即

$$\Delta x = \varphi(t + \Delta t) - \varphi(t)$$

$$\Delta y = \psi(t + \Delta t) - \psi(t)$$

並且

$$\Delta z = z(t + \Delta t) - z(t)$$

$$= f(\varphi(t + \Delta t), \psi(t + \Delta t)) - f(\varphi(t), \psi(t))$$

$$= f(\varphi(t + \Delta t), \psi(t + \Delta t)) - f(\varphi(t), \psi(t + \Delta t))$$

$$+ f(\varphi(t), \psi(t + \Delta t)) - f(\varphi(t), \psi(t))$$

$$= [f(x + \Delta x, y + \Delta y) - f(x, y + \Delta y)] + [f(x, y + \Delta y)$$

$$- f(x, y)]$$

根據平均變率定理，存在兩數 θ_1 及 θ_2 介於 0 與 1 之間，使得前項為

$$\Delta x \cdot \frac{\partial f}{\partial x}(x + \theta_1 \Delta x, y + \Delta y)$$

後項為

$$\Delta y \cdot \frac{\partial f}{\partial y}(x, y + \theta_2 \Delta y)$$

現在令 $\Delta t \to 0$, 計算 $\dfrac{\Delta z}{\Delta t}$ 之極限, 並且利用 f 之連續性就得到

$$\lim_{\Delta t \to 0} \frac{\Delta z}{\Delta t} = \frac{dz}{dt} = \frac{\partial f}{\partial x}(x, y) \cdot \frac{d\varphi}{dt} + \frac{\partial f}{\partial y}(x, y) \cdot \frac{d\psi}{dt}$$

或簡記成

$$\frac{dz}{dt} = \frac{\partial f}{\partial x} \frac{dx}{dt} + \frac{\partial f}{\partial y} \frac{dy}{dt} \tag{1}$$

此式就是所謂的**連鎖規則**。

對於更多變數的情形亦成立, 我們把它總結成下面的定理:

定理 3

設 w 是 $x, y, z, \cdots$ 等變數的函數: $w = f(x, y, z, \cdots)$, 並且 $x, y, z, \cdots$ 又是 t 的函數, 則

$$\frac{dw}{dt} = \frac{\partial f}{\partial x} \frac{dx}{dt} + \frac{\partial f}{\partial y} \frac{dy}{dt} + \frac{\partial f}{\partial z} \frac{dz}{dt} + \cdots \tag{2}$$

例 5　設 $z = f(x, y) = \dfrac{1}{2}(x^2 + y^2)$　且　$x = a\cos t$,　$y = b\sin t$, 試求 $\dfrac{dz}{dt}$。

解
$$\begin{aligned}
\frac{dz}{dt} &= \frac{\partial f}{\partial x} \frac{dx}{dt} + \frac{\partial f}{\partial y} \frac{dy}{dt} \\
&= x \cdot (-a\sin t) + y \cdot (b\cos t) \\
&= a\cos t(-a\sin t) + (b\sin t)(b\cos t) \\
&= (b^2 - a^2)\sin t \cos t \quad \blacksquare
\end{aligned}$$

例 6　設 $w = f(x, y, z) = x^2 y + z\cos x$ 且 $x = t$,　$y = t^2$,　$z = t^3$, 試求 $\dfrac{dw}{dt} = ?$

解 由連鎖規則

$$\frac{dw}{dt}=\frac{\partial f}{\partial x}\frac{dx}{dt}+\frac{\partial f}{\partial y}\frac{dy}{dt}+\frac{\partial f}{\partial z}\frac{dz}{dt}$$

$$=(2xy-z\sin x)\cdot 1+(x^2)\cdot 2t+\cos x\cdot 3t^2$$

$$=2t^3-t^3\sin t+t^2\cdot 2t+\cos t\cdot 3t^2$$

$$=4t^3-t^3\sin t+3t^2\cos t \quad\blacksquare$$

如果 $z=f(x,y)$，並且 $x=\varphi(u,v),y=\psi(u,v)$，那麼 z 間接是 u,v 的函數，仿照上述的辦法可得

$$\begin{cases}\dfrac{\partial z}{\partial u}=\dfrac{\partial z}{\partial x}\dfrac{\partial x}{\partial u}+\dfrac{\partial z}{\partial y}\dfrac{\partial y}{\partial u}\\[2mm]\dfrac{\partial z}{\partial v}=\dfrac{\partial z}{\partial x}\dfrac{\partial x}{\partial v}+\dfrac{\partial z}{\partial y}\dfrac{\partial y}{\partial v}\end{cases}\qquad(3)$$

更一般情形，我們有

定 理 4

設 $w=f(x,y,\cdots)$，而 $x,y,\cdots$ 等均為 $u,v,\cdots$ 之函數（多變數函數），則

$$\frac{\partial w}{\partial u}=\frac{\partial w}{\partial x}\cdot\frac{\partial x}{\partial u}+\frac{\partial w}{\partial y}\cdot\frac{\partial y}{\partial u}+\cdots$$

$$\frac{\partial w}{\partial v}=\frac{\partial w}{\partial x}\cdot\frac{\partial x}{\partial v}+\frac{\partial w}{\partial y}\cdot\frac{\partial y}{\partial v}+\cdots\qquad(4)$$
$$\vdots$$

上述定理 3 與定理 4 都叫做**連鎖規則**。

例7 設 $z=x^2+y^2$，$x=u+v,\ y=2^{-1}uv$，求 z 對 $u,\ v$ 之偏導數。

解 $$\frac{\partial z}{\partial u}=\frac{\partial z}{\partial x}\frac{\partial x}{\partial u}+\frac{\partial z}{\partial y}\frac{\partial y}{\partial u}$$

$$=2x \cdot 1 + 2y \cdot \frac{1}{2}v = 2x + vy$$

$$\frac{\partial z}{\partial v} = \frac{\partial z}{\partial x}\frac{\partial x}{\partial v} + \frac{\partial z}{\partial y}\frac{\partial y}{\partial v}$$

$$=2x \cdot 1 + 2y \cdot \frac{1}{2}u = 2x + uy \quad \blacksquare$$

【隨堂練習】

(1)設 $z = \dfrac{e^{xy}}{e^x + e^y}$ 求 $\dfrac{\partial z}{\partial x}$, $\dfrac{\partial z}{\partial y}$, 並證明 $\dfrac{\partial z}{\partial x} + \dfrac{\partial z}{\partial y} = (x+y-1)z$。

(2)設 $z = f(x^2 - y^2)$ 求 $y\dfrac{\partial z}{\partial x} + x\dfrac{\partial z}{\partial y} = ?$

(3)設 $x = r\cos\theta, y = r\sin\theta, z = x^2 - 7xy + 6y^2xe^x$ 求 $\dfrac{\partial z}{\partial \theta}$, $\dfrac{\partial z}{\partial r}$。

丁、更高階的偏微分

　　關於偏微分，它跟單變數函數的微分（即「常微分」）只有一點兒不同，即作高階偏微分會得到更多東西！

　　我們計算出 $\dfrac{\partial f}{\partial x}(x,y)$ 與 $\dfrac{\partial f}{\partial y}(x,y)$，這仍是 x, y 的函數，還可以繼續作偏微分，得到四個二階偏導函數：

$$\frac{\partial}{\partial x}\left(\frac{\partial f}{\partial x}(x,y)\right), \quad \frac{\partial}{\partial y}\left(\frac{\partial f}{\partial x}(x,y)\right)$$

$$\frac{\partial}{\partial x}\left(\frac{\partial f}{\partial y}(x,y)\right), \quad \frac{\partial}{\partial y}\left(\frac{\partial f}{\partial y}(x,y)\right)$$

通常簡記成：

$$\frac{\partial^2 f}{\partial x^2}(x,y), \quad \frac{\partial^2 f}{\partial y \partial x}(x,y), \quad \frac{\partial^2 f}{\partial x \partial y}(x,y), \quad \frac{\partial^2 f}{\partial y^2}(x,y)$$

例 8　設 $f(x,y) = \sin x^2 y$, 則

$$\frac{\partial f}{\partial x} = 2xy \cos x^2 y, \quad \frac{\partial f}{\partial y} = x^2 \cos x^2 y$$

因此二階偏導函數為

$$\frac{\partial^2 f}{\partial x^2} = -4x^2 y^2 \sin x^2 y + 2y \cos x^2 y$$

$$\frac{\partial^2 f}{\partial y \partial x} = -2x^3 y \sin x^2 y + 2x \cos x^2 y$$

$$\frac{\partial^2 f}{\partial x \partial y} = -2x^3 y \sin x^2 y + 2x \cos x^2 y$$

$$\frac{\partial^2 f}{\partial y^2} = -x^4 \sin x^2 y \quad \blacksquare$$

例9　設 $f(x,y) = \ln(x^2 + y^3)$，則

$$\frac{\partial f}{\partial x} = \frac{2x}{x^2 + y^3} \text{ 且 } \frac{\partial f}{\partial y} = \frac{3y^2}{x^2 + y^3}$$

因此二階偏導函數為

$$\frac{\partial^2 f}{\partial x^2} = \frac{(x^2 + y^3)2 - 2x(2x)}{(x^2 + y^3)^2} = \frac{2(y^3 - x^2)}{(x^2 + y^3)^2}$$

$$\frac{\partial^2 f}{\partial y \partial x} = \frac{-2x(3y^2)}{(x^2 + y^3)^2} = -\frac{6xy^2}{(x^2 + y^3)^2}$$

$$\frac{\partial^2 f}{\partial x \partial y} = \frac{-3y^2(2x)}{(x^2 + y^3)^2} = -\frac{6xy^2}{(x^2 + y^3)^2}$$

$$\frac{\partial^2 f}{\partial y^2} = \frac{(x^2 + y^3)6y - 3y^2(3y^2)}{(x^2 + y^3)^2} = \frac{3y(2x^2 - y^3)}{(x^2 + y^3)^2} \quad \blacksquare$$

在上面兩例裏，我們發現了：

$$\frac{\partial^2 f}{\partial x \partial y} = \frac{\partial^2 f}{\partial y \partial x} \tag{5}$$

這並無特殊之處，事實上，我們有：

定理 5

對於任意夠好的函數，施行種種偏微分的次序是可以交換的，即(5)式成立。說得更明確一點，若 f 使得

$$\frac{\partial f}{\partial x}, \ \frac{\partial f}{\partial y}, \ 及「\frac{\partial^2 f}{\partial x \partial y}或\frac{\partial^2 f}{\partial y \partial x}中之一」$$

為連續函數，則(5)式成立。

例 10　設 $f(x,y,z) = xe^y \sin \pi z$，則

$$\frac{\partial f}{\partial x} = e^y \sin \pi z, \quad \frac{\partial f}{\partial y} = xe^y \sin \pi z, \quad \frac{\partial f}{\partial z} = \pi xe^y \cos \pi z$$

$$\frac{\partial^2 f}{\partial x^2} = 0, \quad \frac{\partial^2 f}{\partial y^2} = xe^y \sin \pi z, \quad \frac{\partial^2 f}{\partial z^2} = -\pi^2 xe^y \sin \pi z$$

$$\frac{\partial^2 f}{\partial y \partial x} = e^y \sin \pi z = \frac{\partial^2 f}{\partial x \partial y}$$

$$\frac{\partial^2 f}{\partial z \partial x} = \pi e^y \cos \pi z = \frac{\partial^2 f}{\partial x \partial z}$$

$$\frac{\partial^2 f}{\partial y \partial z} = \pi xe^y \cos \pi z = \frac{\partial^2 f}{\partial z \partial y} \quad \blacksquare$$

【隨堂練習】　對上例的 f，試計算 $\frac{\partial^2 f}{\partial x \partial y}$, $\frac{\partial^2 f}{\partial x \partial z}$, $\frac{\partial^2 f}{\partial z \partial y}$，然後跟上例中的 $\frac{\partial^2 f}{\partial y \partial x}$, … 等等比較看看是否相等。

習 題 5–2

1.已知 $r = \sqrt{x^2 + y^2 + z^2}$，求 $\frac{\partial r}{\partial x} =$?

2.$z = \ln(x^2 + xy + y^2)$, 求 $x\dfrac{\partial z}{\partial x} + y\dfrac{\partial z}{\partial y} = ?$

3.$u = (x - y)(y - z)(z - x)$, 求 $\dfrac{\partial u}{\partial x} + \dfrac{\partial u}{\partial y} + \dfrac{\partial u}{\partial z} = ?$

4.$u = e^x \cos y$, 求 $\dfrac{\partial^2 u}{\partial x^2} + \dfrac{\partial^2 u}{\partial y^2} = ?$

5.由 $x = r\cos\theta$, $y = r\sin\theta$, $(r > 0)$ 及 $z = f(x, y)$, 求 $\dfrac{\partial z}{\partial r} = ?$ $\dfrac{\partial z}{\partial \theta} = ?$

6.設 $u = \ln\sqrt{x^2 + y^2}$, 試證 $\dfrac{\partial^2 u}{\partial x^2} + \dfrac{\partial^2 u}{\partial y^2} = 0$。

又若 $u = \dfrac{1}{\sqrt{x^2 + y^2 + z^2}}$, 試證 $\dfrac{\partial^2 u}{\partial x^2} + \dfrac{\partial^2 u}{\partial y^2} + \dfrac{\partial^2 u}{\partial z^2} = 0$。

7.有沒有一個函數 $f(x, y)$ 使

$$\begin{cases} \dfrac{\partial}{\partial x}f(x, y) = 5y \\ \dfrac{\partial}{\partial y}f(x, y) = 2x \end{cases}$$

8.有沒有一個函數 $f(x, y)$, 使得

$$\begin{cases} \dfrac{\partial}{\partial x}f(x, y) = e^{xy} + xye^{xy} + \cos x + 1 \\ \dfrac{\partial}{\partial y}f(x, y) = x^2 e^{xy} \end{cases}$$

9.設 $f(x, y, z) = x\cos y \sin z^2$, 試求 $\dfrac{\partial^3 f}{\partial x \partial y \partial z}\left(1, \dfrac{\pi}{2}, \sqrt{\pi}\right)$ 之值。

5-3 方向導數、梯度與切平面

設 $\vec{u}$ 為平面上的單位向量, 欲求函數 $z = f(x, y)$ 在 (a, b) 點處, $\vec{u}$ 方向的變化率。今過點 (a, b) 而以 $\vec{u}$ 為方向的直線 l, 其參數方程式為

$$\begin{cases} x = a + t\cos\theta \\ y = b + t\sin\theta \end{cases}$$

其中 θ 為 $\vec{u}$ 與 x 軸的夾角，見下圖：

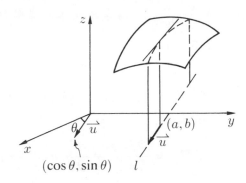

圖 5–12

於是我們的問題就變成，求函數 f 在 l 上點 (a,b) 的變化率，這就是求

$$F(t) = f(a + t\cos\theta, b + t\sin\theta), \quad t \in R$$

在 $t = 0$ 處的導數（這是多變數單變化的典型方法）。由連鎖規則得

$$F'(t)|_{t=0} = \frac{\partial f(a,b)}{\partial x}\cos\theta + \frac{\partial f(a,b)}{\partial y}\sin\theta$$

這就叫做 f 在點 (a,b) 處 $\vec{u}$ 方向的**方向導數** (directional derivative of f at (a,b) in direction $\vec{u}$)，記為 $D_{\vec{u}}f(a,b)$。如果我們令 $\nabla f(x,y) = \frac{\partial f(x,y)}{\partial x}\vec{i} + \frac{\partial f(x,y)}{\partial y}\vec{j}$，稱為 f 在點 (x,y) 的**梯度** (Gradient)，則 $D_{\vec{u}}f(a,b)$ 可以寫成

$$D_{\vec{u}}f(a,b) = \nabla f(a,b) \cdot \vec{u} \tag{1}$$

這個式子用來計算方向導數非常方便：梯度在 $\vec{u}$ 方向的投影

就是 $\vec{u}$ 方向的方向導數！

（註：偏導數是方向導數的特例，取 $\vec{u} = \vec{i}$ 或 $\vec{u} = \vec{j}$ 就得到 $\dfrac{\partial f(a,b)}{\partial x}$ 或 $\dfrac{\partial f(a,b)}{\partial y}$。偏導數及方向導數都是研究函數變化行為的有力工具。）

例 1 試求 $f(x,y) = x^2 y^3$ 在點 $(1,2)$ 處 $\vec{v} = 2\vec{i} - \vec{j}$ 方向的方向導數。

解 $\because \nabla f = \dfrac{\partial f}{\partial x}\vec{i} + \dfrac{\partial f}{\partial y}\vec{j} = (2xy^3)\vec{i} + (3x^2 y^2)\vec{j}$

$\therefore \nabla f(1,2) = 16\vec{i} + 12\vec{j}$

又 $\vec{v}$ 方向的單位向量為

$$\vec{u} = \frac{\vec{v}}{\|\vec{v}\|} = \frac{2\vec{i} - \vec{j}}{\sqrt{2^2 + (-1)^2}} = \frac{2}{\sqrt{5}}\vec{i} - \frac{1}{\sqrt{5}}\vec{j}$$

故方向導數為

$$\nabla f(1,2) \cdot \vec{u} = (16\vec{i} + 12\vec{j}) \cdot \left(\frac{2}{\sqrt{5}}\vec{i} - \frac{1}{\sqrt{5}}\vec{j}\right)$$

$$= \frac{32}{\sqrt{5}} - \frac{12}{\sqrt{5}} = \frac{20}{\sqrt{5}} = 4\sqrt{5} \quad \blacksquare$$

【**隨堂練習**】　求下列各函數在指定點及指定方向的方向導數：
(1) $f(x,y) = x^3 + y^2$, $P = (1,2)$, $\vec{v} = \vec{i} + \vec{j}$
(2) $f(x,y) = x^3 - 3xy^2$, $P = (0,2)$, $\vec{v} = \vec{i} + 2\vec{j}$
(3) $f(x,y) = e^x \cos y$, $P = (2,\pi)$, $\vec{v} = 2\vec{i} + 3\vec{j}$

對於三個變數的函數 $w = f(x,y,z)$，我們定義**梯度**為

$$\nabla f(x,y,z) = \frac{\partial f}{\partial x}\,\overrightarrow{i} + \frac{\partial f}{\partial y}\,\overrightarrow{j} + \frac{\partial f}{\partial z}\,\overrightarrow{k} \qquad (2)$$

即將三個偏導函數合起來，看作一個向量，就是 f 的梯度。同理可得方向導數

$$D_{\overrightarrow{u}} f(x,y,z) = \nabla f(x,y,z) \cdot \overrightarrow{u} \qquad (3)$$

例2　設 $f(x,y,z) = \sin(xy^2z^3)$，則

$$\frac{\partial f}{\partial x} = y^2z^3\cos(xy^2z^3), \quad \frac{\partial f}{\partial y} = 2xyz^3\cos(xy^2z^3)$$

$$\frac{\partial f}{\partial z} = 3xy^2z^2\cos(xy^2z^3)$$

$$\therefore \nabla f(x,y,z) = yz^2\cos(xy^2z^3)[yz\,\overrightarrow{i} + 2xz\,\overrightarrow{j} + 3xy\,\overrightarrow{k}] \quad \blacksquare$$

例3　設 $f(x,y,z) = x\sin\pi y + y\cos\pi z$，求 $\nabla f(0,1,2)$。

解　$\dfrac{\partial f}{\partial x} = \sin\pi y, \quad \dfrac{\partial f}{\partial y} = \pi x\cos\pi y + \cos\pi z$

$$\frac{\partial f}{\partial z} = -\pi y\sin\pi z$$

在 $(0,1,2)$ 點取值得

$$\frac{\partial f}{\partial x} = 0, \quad \frac{\partial f}{\partial y} = 1, \quad \frac{\partial f}{\partial z} = 0$$

$$\therefore \nabla f(0,1,2) = \overrightarrow{j} \quad \blacksquare$$

例4　設 $f(x,y,z) = x\cos y\sin z$ 在點 $\left(1,\pi,\dfrac{\pi}{4}\right)$ 與 $\overrightarrow{v} = 2\,\overrightarrow{i} - \overrightarrow{j} + 4\,\overrightarrow{k}$ 方向的方向導數。

解　$\overrightarrow{v}$ 方向的單位向量為

$$\vec{u} = \frac{1}{\sqrt{21}}[2\,\vec{i} - \vec{j} + 4\,\vec{k}\,]$$

因為

$$\frac{\partial f}{\partial x}(x, y, z) = \cos y \sin z, \quad \frac{\partial f}{\partial y}(x, y, z) = -x \sin y \sin z$$

$$\frac{\partial f}{\partial z}(x, y, z) = x \cos y \cos z$$

所以

$$\frac{\partial f}{\partial x}\left(1, \pi, \frac{\pi}{4}\right) = -\frac{\sqrt{2}}{2}, \quad \frac{\partial f}{\partial y}\left(1, \pi, \frac{\pi}{4}\right) = 0$$

$$\frac{\partial f}{\partial z}\left(1, \pi, \frac{\pi}{4}\right) = -\frac{\sqrt{2}}{2}$$

從而在 $\left(1, \pi, \dfrac{\pi}{4}\right)$ 點的梯度為

$$\nabla f\left(1, \pi, \frac{\pi}{4}\right) = -\frac{\sqrt{2}}{2}\,\vec{i} - \frac{\sqrt{2}}{2}\,\vec{k}$$

於是方向導數為

$$D_{\vec{u}}f\left(1, \pi, \frac{\pi}{4}\right) = \nabla f\left(1, \pi, \frac{\pi}{4}\right) \cdot \vec{u}$$

$$= -\frac{\sqrt{2}}{2}[\,\vec{i} + \vec{k}\,] \cdot \frac{1}{\sqrt{21}}[2\,\vec{i} - \vec{j} + 4\,\vec{k}\,]$$

$$= -\frac{3\sqrt{2}}{\sqrt{21}} \doteqdot -0.926 \quad \blacksquare$$

　　梯度 ∇f 是一個向量，它代表什麼意義呢？

　　現在考慮在點 (a, b) 處，函數 $z = f(x, y)$ 在那一個方向的變化率最大？由公式

$$D_{\vec{u}}f = \nabla f \cdot \vec{u}$$

$$=\|\nabla f\| \cdot \|\overrightarrow{u}\| \cos \theta$$

$$=\|\nabla f\| \cos \theta \quad (\because \|\overrightarrow{u}\| = 1)$$

其中 θ 為 ∇f 與 $\overrightarrow{u}$ 的夾角,所以當 $\theta = 0$ 時,即當 ∇f 與 $\overrightarrow{u}$ 的方向一致時, $D_{\overrightarrow{u}} f$ 的值最大!此時方向導數最大值為 $\|\nabla f\|$。換句話說,梯度的方向是方向導數最大的方向!

讀者一定會問:為什麼叫**梯度**?

想像 $z = f(x,y)$ 代表一座山在 (x,y) 點處的高度(參見圖 5–13(a)),我們作出 f 的等高線 $f(x,y) =$ 常數,對不同的常數給出不同的等高線(參見圖5–13(b)),就好像在曲面 $z = f(x,y)$ 上有一階一階的梯田一樣,**梯度的方向就是昇高最快的方向**,其大小就是那個方向的斜坡之斜率!

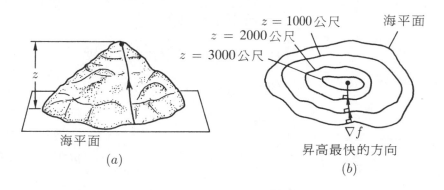

$z = 1000$公尺
$z = 2000$公尺
$z = 3000$公尺
海平面
∇f
昇高最快的方向
海平面
(a)
(b)

圖 5–13

例5 設 $f(x,y) = x^2 y$ 表平面上的溫度分佈,今有一隻螞蟻在點 $(1,2)$ 處覺得很冷,牠要往溫度高的地方走,問牠應往何方向走溫度昇高最快?最大方向導數為何?

解 $\because \nabla f = (2xy)\overrightarrow{i} + x^2 \overrightarrow{j}$

$\therefore \nabla f(1,2) = 4\overrightarrow{i} + \overrightarrow{j}$

是螞蟻應該走的方向;而最大方向導數為

$$\|\nabla f(1,2)\| = \sqrt{4^2 + 1^2} = \sqrt{17} \quad \blacksquare$$

梯度的方向是函數值增加最大的方向, 所以梯度垂直於等值線 (等高線、等溫線), 參見圖 5-13(b)。我們敘述並且證明如下:

| 定 理 |

設 $z = f(x, y)$ 為兩變數函數。若 $\nabla f(x_0, y_0) \neq 0$, 則 $\nabla f(x_0, y_0)$ 垂直於 f 過 (x_0, y_0) 點的等值線。

證明　如圖 5-14, 設 $f(x, y) = c$ 為通過 (x_0, y_0) 點的等值線。令此等值曲線的參數方程式為

$$x = x(t), \ y = y(t)$$

並且 $x(t_0) = x_0$, $\ y(t_0) = y_0$, 則

$$f(x(t), y(t)) = c$$

對 t 微分得

$$\frac{\partial f}{\partial x}(x(t), y(t))x'(t) + \frac{\partial f}{\partial y}(x(t), y(t))y'(t) = 0$$

亦即

$$\nabla f(x, y) \cdot [x'(t)\, \vec{i} + y'(t)\, \vec{j}\,] = 0$$

特別地, 當 $t = t_0$ 時, 這表示 $\nabla f(x_0, y_0)$ 垂直於 f 過 (x_0, y_0) 點的等值曲線。

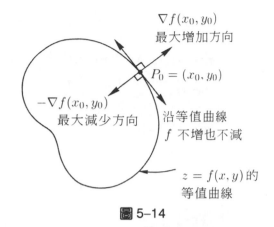

圖 5–14

注意，上述定理對於三個變數的函數 $w = f(x, y, z)$ 仍然成立，即若 $\nabla f(x_0, y_0, z_0) \neq 0$，則 $\nabla f(x_0, y_0, z_0)$ 垂直於 f 過 (x_0, y_0, z_0) 點的等值曲面。換言之，梯度 $\nabla f(x_0, y_0, z_0)$ 為過點 (x_0, y_0, z_0) 的等值曲面之**法向量**。參見圖 5–15。

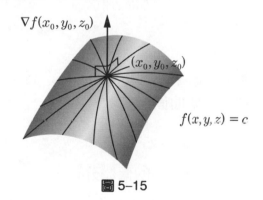

圖 5–15

例 6　設 $f(x, y) = \sqrt{x^2 + y^2}$，試作出通過點 $(3, 4)$ 的等值線並且作出此點的梯度。

解　因為 $z = \sqrt{x^2 + y^2}$ 為一個圓錐面，故它的等值線為圓，又因為 $f(3, 4) = \sqrt{9 + 16} = 5$ 故通過 $(3, 4)$ 點的等值線為 $x^2 + y^2 = 25$。計算出梯度函數

$$\nabla f(x,y) = \frac{x}{\sqrt{x^2+y^2}}\,\vec{i} + \frac{y}{\sqrt{x^2+y^2}}\,\vec{j}$$

於是在 $(3,4)$ 點的梯度為

$$\nabla f(3,4) = \frac{3}{5}\,\vec{i} + \frac{4}{5}\,\vec{j}$$

參見圖 5–16。

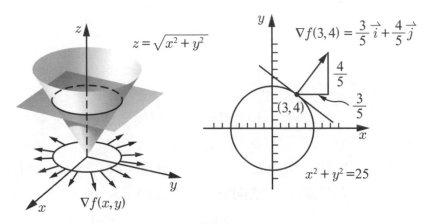

$$z = \sqrt{x^2+y^2}$$

$$\nabla f(3,4) = \frac{3}{5}\,\vec{i} + \frac{4}{5}\,\vec{j}$$

圖 5–16

例 7　試求曲面 $x^2 + 4y^2 = z^2$ 過點 $(3,2,5)$ 的法向量。

解　此曲面形如 $f(x,y,z) = c$，其中

$$f(x,y,z) = x^2 + 4y^2 - z^2 \quad 且 \quad c = 0$$

先求 f 的偏微分：

$$\frac{\partial f}{\partial x} = 2x, \quad \frac{\partial f}{\partial y} = 8y, \quad \frac{\partial f}{\partial z} = -2z$$

於是梯度為

$$\nabla f(x,y,z) = 2x\,\vec{i} + 8y\,\vec{j} - 2z\,\vec{k}$$

從而過 $(3,2,5)$ 點的法向量為

$$\nabla f(3,2,5) = 6\,\vec{i} + 16\,\vec{j} - 10\,\vec{k}$$

參見圖 5–17。

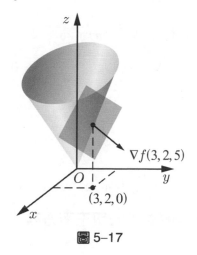

圖 5–17

設 (x_0, y_0, z_0) 為曲面 $f(x, y, z) = c$ 上之一點，即滿足 $f(x_0, y_0, z_0)$ $= c$。所謂通過 (x_0, y_0, z_0) 點且切於曲面 $f(x, y, z) = c$ 的 **切平面** (tangent plane) 是指通過 (x_0, y_0, z_0) 點且垂直於梯度 $\nabla f(x_0, y_0, z_0)$ 的平面，即以 $\nabla f(x_0, y_0, z_0)$ 為一個法向量。參見圖 5–18。

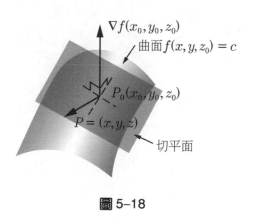

圖 5–18

如何求此切平面的方程式？

如圖 5–18 所示，設 $P = (x, y, z)$ 為切平面上任一點，則向量

$$\overrightarrow{P_0P} = (x - x_0)\overrightarrow{i} + (y - y_0)\overrightarrow{j} + (z - z_0)\overrightarrow{k}$$

垂直於梯度 $\nabla f(x_0, y_0, z_0)$，故 (x, y, z) 滿足

$$\nabla f(x_0, y_0, z_0) \cdot \overrightarrow{P_0P} = 0$$

或

$$\frac{\partial f}{\partial x}(x_0, y_0, z_0)(x - x_0) + \frac{\partial f}{\partial y}(x_0, y_0, z_0)(y - y_0)$$

$$+\frac{\partial f}{\partial z}(x_0, y_0, z_0)(z - z_0) = 0 \tag{4}$$

這就是所欲求的**切平面方程式**。

例8 求曲面 $x^2 + y^2 - z^2 - 24 = 0$ 在 $(3, -4, 1)$ 點的切平面。

解 令 $f(x, y, z) = x^2 + y^2 - z^2 - 24$，則此曲面為 $f(x, y, z) = 0$。
先求偏微分：

$$\frac{\partial f}{\partial x} = 2x, \quad \frac{\partial f}{\partial y} = 2y, \quad \frac{\partial f}{\partial z} = -2z$$

於是

$$\frac{\partial f}{\partial x}(3, -4, 1) = 6, \quad \frac{\partial f}{\partial y}(3, -4, 1) = -8$$

$$\frac{\partial f}{\partial z}(3, -4, 1) = -2$$

從而切平面方程式為

$$6(x - 3) - 8(y + 4) - 2(z - 1) = 0$$

化簡得

$$3x - 4y - z - 24 = 0 \quad \blacksquare$$

如果曲面是由兩變數函數 $z = f(x, y)$ 所給定，如何求其上

一點的切平面方程式?

設 (x_0, y_0, z_0) 為曲面 $z = f(x_0, y_0)$ 上一點，即 $z_0 = f(x_0, y_0)$。令

$$F(x, y, z) = f(x, y) - z$$

則曲面 $z = f(x, y)$ 就是曲面 $F(x, y, z) = 0$ 且 $F(x_0, y_0, z_0) = 0$。由 (4)式知，過 (x_0, y_0, z_0) 點且切於曲面 $z = f(x, y)$ 之切平面方程式為

$$\frac{\partial f}{\partial x}(x_0, y_0)(x - x_0) + \frac{\partial f}{\partial y}(x_0, y_0)(y - y_0) - (z - z_0) = 0 \qquad (5)$$

或

$$z - z_0 = \frac{\partial f}{\partial x}(x_0, y_0)(x - x_0) + \frac{\partial f}{\partial y}(x_0, y_0)(y - y_0) \qquad (6)$$

例 9　求通過曲面 $z = \ln(x^2 + y^2)$ 上一點 $(-2, 1, \ln 5)$ 之切平面方程式。

解　令 $f(x, y) = \ln(x^2 + y^2)$，則

$$\frac{\partial f}{\partial x}(x, y) = \frac{2x}{x^2 + y^2}, \quad \frac{\partial f}{\partial y}(x, y) = \frac{2y}{x^2 + y^2}$$

$$\therefore \frac{\partial f}{\partial x}(-2, 1) = -\frac{4}{5}, \quad \frac{\partial f}{\partial y}(-2, 1) = \frac{2}{5}$$

因此，切平面方程式為

$$z - \ln 5 = -\frac{4}{5}(x + 2) + \frac{2}{5}(y - 1) \quad \blacksquare$$

【隨堂練習】　求切平面的方程式:

(1) $z^2 - 2x^2 - 2y^2 = 12, \quad (1, -1, 4)$

(2) $z = 2x^2 + y^2, \quad (1, 0, 2)$

$$\boxed{\text{習 題 5-3}}$$

求方向導數:

1. $f(x,y) = 4 - x^2 - \dfrac{1}{4}y^2$, $(1,2)$, $\vec{u} = (\cos\dfrac{\pi}{3})\,\vec{i} + (\sin\dfrac{\pi}{3})\,\vec{j}$

2. $f(x,y) = x^2 \sin 2y$, $\left(1, \dfrac{\pi}{2}\right)$, $\vec{v} = 3\,\vec{i} - 4\,\vec{j}$

3. $f(x,y) = \sqrt{x^2 + y^2}$, $(3,4)$, $\vec{v} = 3\,\vec{i} + \vec{j}$

4. $f(x,y) = e^{-(x^2+y^2)}$, $(0,0)$, $\vec{v} = \vec{i} + \vec{j}$

求 f 在 P 點的梯度並且求 f 在 P 點在 $\overrightarrow{PQ}$ 方向的方向導數:

5. $f(x,y) = xy^2 + x^2$; $P = (1,2)$, $Q = (2,4)$

6. $f(x,y) = x^2 e^y$; $P = (2,0)$, $Q = (3,0)$

7. $f(x,y,z) = x^2 y + y^2 z + z^2 x$; $P = (1,2,-1)$, $Q = (2,0,1)$

8. $f(x,y,z) = z\ln\left(\dfrac{x}{y}\right)$; $P = (1,1,2)$, $Q = (2,2,1)$

求切平面方程式:

9. $x^2 + y^2 + z^2 = 14$, $P = (1,-2,3)$

10. $x^2 + y^2 - 2z^2 = -13$, $P = (2,1,3)$

11. $z = 2x^2 - y^2$, $P = (1,0,2)$

12. $z = \ln(x^2 + y^2)$, $P = (1,-1,\ln 2)$

5-4　全微分與近似估計

　　　　微分「易算難明」，而積分「易明難算」。我們先複習單變數函數的情形，因為多變數函數完全平行類推。

　　　　設 $y = f(x)$ 在 x_0 點**可微分**，這是指極限存在:

$$\lim_{x \to x_0} \frac{f(x) - f(x_0)}{x - x_0} = f'(x_0)$$

或記成

$$\frac{dy}{dx} = f'(x_0)$$

$$dy = f'(x_0)dx$$

從而，通過 $(x_0, f(x_0))$ 點的切線方程式為

$$y = y_0 + f'(x_0)(x - x_0)$$

參見圖 5–19。

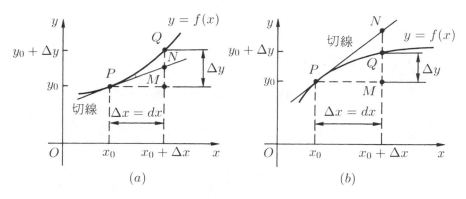

圖 5–19

我們可以從三方面來了解「可微分」這件事情：

(1)**幾何觀點**：用**切線** $y = y_0 + f'(x_0)(x - x_0)$ 來取代原曲線 $y = f(x)$。

(2)**代數觀點**：用一次函數 $g(x) = y_0 + f'(x_0)(x - x_0)$ 來取代原函數 $f(x)$。

(3)**近似估計觀點**：$\Delta y = f(x_0 + \Delta x) - f(x_0) \fallingdotseq f'(x_0)\Delta x$。

微分的演算公式是

$$\frac{dy}{dx} = f'(x) \quad \text{或} \quad dy = f'(x)dx$$

為了利用公式 $dy = f'(x)dx$ 來作近似估計，下面我們要賦予 dx 與 dy 新義：

定 義 1

我們稱 Δx 為 **x 的微分** (Differential)，並且記為 dx，亦即 $dx = \Delta x$。進一步，我們稱 $f'(x)dx(= f'(x)\Delta x)$ 為 **y 的微分**，並且記為 dy，亦即 $dy = f'(x)dx$。

在此新義下，順理成章就可以說：我們用「易算」的**微分** dy 來估計「難算」的**差分**（或**增分**，Increment）Δy，即

$$\Delta y \fallingdotseq dy$$

這意指

$$\Delta y \fallingdotseq f'(x)dx \quad 或 \quad \Delta y \fallingdotseq f'(x)\Delta x$$

參見圖 5–20。當 Δx 很小時，這個估計相當好。

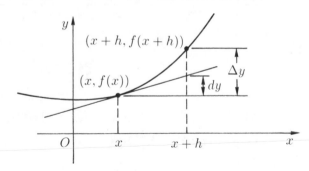

圖 5–20

（註：(1)在中文用語上，「微分」一詞已被濫用，有時是指此地的微分 (Differential)；有時又被當作動詞 "To Differentiate" 來用，表示求導數或導函數之意。不過，從上下文我們仍然可加以分辨。

(2)事實上，此地的「**微分**」(Differential) 概念最方便而準確的說法是看成「**線性映射**」(Linear Transformation)：

$$dx : \Delta x \in \mathbb{R} \to \Delta x \in \mathbb{R}$$

$$dy : \Delta x \in \mathbb{R} \to f'(x)\Delta x \in \mathbb{R}$$

此時 dx 與 dy 都叫做**微分式** (Differential Forms)。不過，這些都已超出本課程的範圍。）

現在我們要將上述單變數函數的微分，**類推**與**推廣**到多變數函數的情形。

考慮兩變數函數 $z = f(x, y)$，若 x 與 y 都是 t 的可微分函數並且 $\dfrac{\partial f}{\partial x}(x, y)$ 與 $\dfrac{\partial f}{\partial y}(x, y)$ 都存在，那麼由連鎖規則知

$$\frac{dz}{dt} = \frac{\partial f}{\partial x}\frac{dx}{dt} + \frac{\partial f}{\partial y}\frac{dy}{dt} \tag{1}$$

消去 dt 就得到

$$dz = \frac{\partial f}{\partial x}(x, y)dx + \frac{\partial f}{\partial y}(x, y)dy \tag{2}$$

此式是單變數函數 $y = f(x)$ 的微分公式

$$dy = f'(x)dx \tag{3}$$

之類推。

定義 2

設 $z = f(x, y)$ 的偏微分存在並且令 x 與 y 的增分 (Increment) 為 Δx 與 Δy，則獨立變數 x 與 y 的**微分** (Differentials) 定義為

$$dx = \Delta x, \quad dy = \Delta y$$

並且應變數 z 的**全微分** (Total Differential) 定義為

$$dz = \frac{\partial f}{\partial x}(x, y)dx + \frac{\partial f}{\partial y}(x, y)dy \tag{4}$$

$$(= \frac{\partial f}{\partial x}(x, y)\Delta x + \frac{\partial f}{\partial y}(x, y)\Delta y)$$

我們就用「**易算**」的**全微分**$dz = \dfrac{\partial f}{\partial x}(x,y)\Delta x + \dfrac{\partial f}{\partial y}(x,y)\Delta y$ 來估計「**難算**」的**增分**$\Delta z = f(x+\Delta x,\ y+\Delta y) - f(x,y)$，亦即

$$\Delta z \fallingdotseq dz \tag{5}$$

參見圖 5–21。若 $\dfrac{\partial f}{\partial x},\ \dfrac{\partial f}{\partial y}$ 為連續函數，則當 Δx 與 Δy 都很小時，這是個很好的估計。

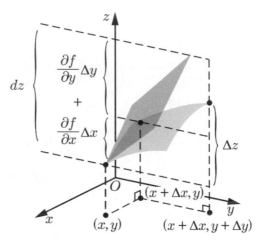

$$\Delta z = f(x+\Delta x, y+\Delta y) - f(x,y)$$

圖 5–21

同理，對於三個變數的函數 $w = f(x,y,z)$，我們定義 $dx = \Delta x,\ dy = \Delta y,\ dz = \Delta z$，並且 w 的**全微分**為

$$dw = \frac{\partial f}{\partial x}dx + \frac{\partial f}{\partial y}dy + \frac{\partial f}{\partial z}dz$$

然後用**全微分**dw 來估計**增分**

$$\Delta w = f(x+\Delta x,\ y+\Delta y,\ z+\Delta z) - f(x,y,z)$$

例 1 　考慮兩邊為 x 與 y 的長方形面積函數

$$A(x,y) = xy$$

令 x 與 y 的增分為 Δx 與 Δy, 則

$$\Delta A = A(x + \Delta x, \ y + \Delta y) - A(x, y)$$

$$= (x + \Delta x)(y + \Delta y) - xy$$

$$= (xy + x\Delta y + y\Delta x + \Delta x\Delta y) - xy$$

$$= x \cdot \Delta y + y \cdot \Delta x + \Delta x\Delta y$$

全微分為

$$dA = \frac{\partial A}{\partial x}\Delta x + \frac{\partial A}{\partial y}\Delta y = y\Delta x + x\Delta y$$

因此, 用 dA 來估計 ΔA 之誤差為

$$\Delta A - dA = \Delta x\Delta y$$

參見圖 5–22。

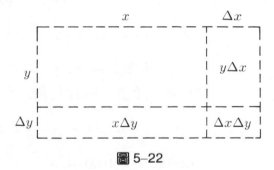

圖 5–22

例 2　設 $z = f(x, y) = yx^{\frac{2}{5}} + x\sqrt{y}$

　　　試估計 $\Delta z = f(35, 18) - f(32, 16)$。

解　　因為

$$\frac{\partial f}{\partial x} = \frac{2}{5}\left(\frac{1}{x}\right)^{\frac{3}{5}} \cdot y + \sqrt{y}$$

$$\frac{\partial f}{\partial y} = x^{\frac{2}{5}} + \frac{x}{2\sqrt{y}}$$

所以全微分為

$$dz = \left[\frac{2}{5}\left(\frac{1}{x}\right)^{\frac{3}{5}} \cdot y + \sqrt{y}\right]\Delta x + \left[x^{\frac{2}{5}} + \frac{x}{2\sqrt{y}}\right]\Delta y$$

今已知 $\Delta x = 35 - 32 = 3,\ \Delta y = 18 - 16 = 2$ 且 $x = 32, y = 16$

$$\therefore dz = \left[\frac{2}{5}\left(\frac{1}{32}\right)^{\frac{3}{5}} \times 16 + \sqrt{16}\right] \times 3 + \left[(32)^{\frac{2}{5}} + \frac{32}{2\sqrt{16}}\right] \times 2$$

$$= 30.4$$

因此

$$\Delta z \fallingdotseq 30.4 \quad \blacksquare$$

例3 利用微分估計 $\sqrt{27}\sqrt[3]{1021}$ 之值。

解 我們知道 $\sqrt{25} = 5,\ \sqrt[3]{1000} = 10$。今

$$f(x, y) = \sqrt{x}\sqrt[3]{y} = x^{\frac{1}{2}}y^{\frac{1}{3}}$$

我們先用全微分估計，從 $x = 25, y = 1000$ 變到 $x = 27, y = 1021$ 時，函數值的變化量。已知全微分為

$$dz = \frac{1}{2}x^{\frac{-1}{2}}y^{\frac{1}{3}}\Delta x + \frac{1}{3}x^{\frac{1}{2}}y^{\frac{-2}{3}}\Delta y$$

當 $x = 25,\ y = 1000$ 且 $\Delta x = 2,\ \Delta y = 21$ 時

$$dz = \left[\frac{1}{2}(25)^{\frac{-1}{2}} \cdot (1000)^{\frac{1}{3}}\right] \cdot 2 + \left[\frac{1}{3}(25)^{\frac{1}{2}} \cdot (1000)^{\frac{-2}{3}}\right] \cdot 21$$

$$= 2.35$$

從而

$$\sqrt{27}\sqrt[3]{1021} = f(27, 1021)$$

$$\fallingdotseq f(25, 1000) + dz$$

$$=\sqrt{25}\sqrt[3]{1000}+2.35$$

$$=52.35 \quad \blacksquare$$

【隨堂練習】 設 $z=f(x,y)=x^2y-1$，當 (x,y) 從 $(1,2)$ 變到 $(1.1,1.9)$ 時，試估計 $\Delta z=f(1.1,1.9)-f(1,2)$ 之值。

習 題 5-4

求下列各函數的全微分（1~10）：

1. $z=x^2+y^2$ 2. $z=2x^2+xy-y^2$

3. $z=x\sin y+y\sin x$ 4. $z=\tan^{-1}\left(\dfrac{y}{x}\right)$

5. $z=e^x\cos y+e^{-x}\sin y$ 6. $z=e^{xy}$

7. $w=x^2y+y^2z+z^2x$ 8. $w=xyz$

9. $w=\ln(x^2+y^2+z^2)$ 10. $w=xe^{yz}+ye^{xz}+ze^{xy}$

11. 設 $z=2x^2+xy-y^2$ 並且 (x,y) 從 $(2,-1)$ 變到 $(2.1,-1.1)$，試用全微分估計 z 的變化量。

12. 設 $z=e^x\ln(xy)$ 並且 (x,y) 從 $(1,2)$ 變到 $(0.9,2.1)$，試用全微分估計 z 的變化量。

13. 利用全微分估計 $(\sqrt[4]{16.01})(\sqrt[5]{32.1})$。

5-5 極值問題

從應用數學的觀點來看，研究函數最重要的目的是求極大極小的問題。首先我們注意到，單變數函數的極值問題，往往

沒有什麼用，這是因為很少問題是單變數函數的！這點我們要特別強調。

回想一下單變數函數極值的求法：先求出靜止點，亦即使 $f'(x) = 0$ 的點 x，再用 f' 在 x 點左、右的正負號來分辨出極大與極小的情形。有時候根本只要用物理思考就可以判別出極大或極小。你能夠說出一個合理的道理就是辦法！

多變數函數的情形呢？稍微麻煩一點，但是溫故而知新還是能做！

正如單變數函數，我們對兩變元函數也可以談論極值。

定 義

設 $f(x,y)$ 的定義域為 Ω。若 $M \equiv f(a,b)$，其中 $(a,b) \in \Omega$ 且 $f(x,y) \le M$, $\forall (x,y) \in \Omega$，則稱 M 為 f 在 Ω 的最大值。若 $(a,b) \in \Omega$ 且存在點 (a,b) 的一個鄰域（即包含 (a,b) 的圓盤） D，使得 $f(x,y) \le f(a,b), \forall (x,y) \in D \cap \Omega$，則稱 $f(a,b)$ 為 f 的（局部）極大值（最小值與極小值可類似定義）。參見圖 5–23。

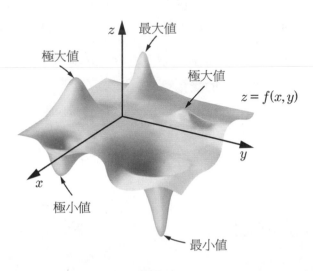

圖 5–23

如果我們把函數圖形想像成建立在 Ω 上的眾山峯，那麼最大值就是在整個區域 Ω 上群山中最高峰之高度，而極大值就是某一座山的峰頂高。

（註：最大值當然是極大值，並且最小值是極小值，反之都不一定。極大值與極小值合起來簡稱為**極值**。）

本節的主題就是求 $f(x,y)$ 的極值，把發生極值的點與極值都算出來。

為了解決極值問題，假設 $f(x_0, y_0)$ 為極大值，讓我們來分析看看 f 在點 (x_0, y_0) 具有什麼樣的性質，考慮偏函數 $g(x) \equiv f(x, y_0)$ 及 $h(y) \equiv f(x_0, y)$，顯然 $g(x)$ 在點 $x = x_0$ 有極大值，$h(y)$ 在點 $y = y_0$ 也有極大值。見圖 5–24。

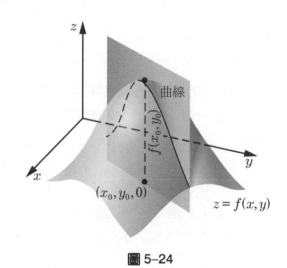

圖 5–24

因此若 $\dfrac{\partial g}{\partial x}$ 與 $\dfrac{\partial g}{\partial y}$ 存在，則 $\left.\dfrac{dg}{dx}\right|_{x=x_0} = 0$ 且 $\left.\dfrac{dh}{dy}\right|_{y=y_0} = 0$，亦即

$$\frac{\partial f}{\partial x}(x_0, y_0) = 0 \quad 且 \quad \frac{\partial f}{\partial y}(x_0, y_0) = 0 \tag{1}$$

這是存在極值的必要條件，但不充分！請看下面例子。

例1　函數 $z = xy$ 在點 $(0,0)$ 有

$$\frac{\partial f(0,0)}{\partial x} = 0 = \frac{\partial f(0,0)}{\partial y}$$

我們易知 $(0,0)$ 不是極值點。由解析幾何知道，此函數的圖形為一馬鞍面，而 $(0,0)$ 點稱為**鞍點** (Saddle Point)。見圖 5–25。

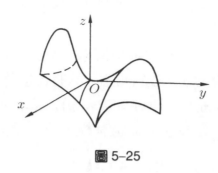

圖 5–25　　　　　　　　　■

　　雖然(1)式只是極值的必要條件，但是用來處理最大值與最小值的問題已經相當夠用！通常對於偏導數存在的函數，滿足(1)式的點只有一個或少數幾個，把這些候選的極值點代進函數中算一下，看看那一個最大，那一個最小，問題就解決了。
（註：以下，若沒有特別聲明，函數之定義就是整個平面！）

例2　求 $f(x,y) = 6x^2 + 2y^2 - 24x + 36y + 2$ 的最大值與最小值。

解　　首先注意到，當 $|x|$ 與 $|y|$ 很大時，$f(x,y)$ 的值也很大，因為 $f(x,y)$ 的主宰項為 $6x^2 + 2y^2$，因此 $f(x,y)$ 沒有最大值，為了求最小值，解方程式：

$$\begin{cases} \dfrac{\partial f}{\partial x} = 12x - 24 = 0 \\ \dfrac{\partial f}{\partial y} = 4y + 36 = 0 \end{cases}$$

得到 $x = 2$，$y = -9$。這就是最小值發生的點，故最小值

為 $f(2, -9) = -184$。事實上，我們可以利用配方法加以驗證。

$$f(x,y) = 6(x^2 - 4x + 4) + 2(y^2 + 18y + 81) - 184$$
$$= 6(x - 2)^2 + 2(y + 9)^2 - 184$$

故當 $x = 2, \ y = -9$ 時，$f(x,y)$ 有最小值 -184。　∎

例3　求 $f(x,y) = x^2 - 2xy^2 + y^4 - y^5$ 的極值。

解　$\because \dfrac{\partial f}{\partial x} = 2x - 2y^2, \ \dfrac{\partial f}{\partial y} = -4xy + 4y^3 - 5y^4$

解 $\dfrac{\partial f}{\partial x} = 0 = \dfrac{\partial f}{\partial y}$ 得 $x = y = 0$。今令點 (x,y) 在拋物線 $y^2 = x$ 上移動，則 $f(x,y) = f(y^2, y) = -y^5$。所以，在 $y = \sqrt{x}$ 上，$f(x,y) < 0$，在 $y = -\sqrt{x}$ 上，$f(x,y) > 0$，但 $f(0,0) = 0$。故 $f(0,0) = 0$ 不是極值。　∎

【隨堂練習】　求下列函數之極值：
(1) $f(x,y) = x^2 - 2xy + y^2$
(2) $f(x,y) = x^3 + y^3 - 9xy + 27$

例4　試在三角形內求一點，使這點到三邊距離的乘積最大。

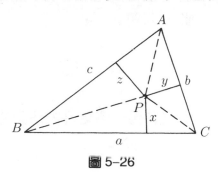

圖 5–26

解 假設三角形三邊的長分別為 a, b, c，並且內部 P 點至三邊的距離為 x, y, z，那麼問題就變成求

$$f(x, y, z) = xyz \tag{2}$$

的最大點。事實上，這個問題是：在 $x > 0, y > 0, z > 0$ 及 $ax + by + cz = 2\triangle$ 的條件下，求 $f(x, y, z) = xyz$ 的最大點，其中 $\triangle$ 表三角形的面積。這就是典型的求一個函數在限制條件下的極值問題，但是我們仍舊有辦法來做，就像你初一時還未學聯立方程式，你還是有辦法對付雞兔同籠的問題。

今(2)式有三個變數，有點頭痛，想法子把其中一個消去，譬如

$$z = \frac{(2\triangle - ax - by)}{c}$$

於是 $f(x, y, z) = xyz$ 變成

$$g(x, y) = xy\frac{(2\triangle - ax - by)}{c}$$

解聯立方程式

$$\frac{\partial g}{\partial x} = 0 = \frac{\partial g}{\partial y}$$

就可以得到答案。譬如，令 $a = 3, b = 5, c = 6$ 時，試解此一問題。 ∎

（註：$\triangle = \sqrt{s(s-a)(s-b)(s-c)}$，而 $s = \frac{1}{2}(a+b+c)$。）

上例還有另一個更具方法論的解法，讓我們先考慮一個相關的問題：

例5 試將長為 $3l$ 的線段切成三段 x, y, z，使其乘積 $f(x, y, z) =$

xyz 為最大。

（註：這個問題跟上述問題差不多，我們宣稱：這個問題會做，那麼上述問題也會做，只要做點「溫故」的工作即可！）

解　由 $x + y + z = 3l$ 得 $z = 3l - x - y$，於是 $f(x,y,z) = xyz$ 就變成

$$g(x,y) = xy(3l - x - y)$$

解聯立方程

$$\frac{\partial g}{\partial x} = 0 = \frac{\partial g}{\partial y}$$

亦即解

$$\begin{cases} 3ly - 2xy - y^2 = 0 \\ 3lx - x^2 - 2xy = 0 \end{cases}$$

這兩個方程式對 x, y 而言是對稱的！故 $x = y$ 為一解。同理，當我們一開頭就消去 y 時，則可得 $x = z$ 為一解。因此當 $x = y = z$ 時為最大點，再由 $x + y + z = 3l$ 立知 $x = y = z = l$ 為 f 的最大點。換句話說，將線段分成三等分時，其乘積為最大。

現在讓我們回到例 4 的問題：我們要求

$$z = xy\frac{(2\triangle - ax - by)}{c}$$

的最大點，可將常數 c 略去並不影響最大點！因此我們只要求

$$z = xy(2\triangle - ax - by) \tag{3}$$

的最大點就好了。這個函數跟

$$z = xy(3l - x - y) \tag{4}$$

不太一樣，這是討厭的地方。但是讓我們溫故知新：作變數代換，令 $X = ax, Y = by$，則(3)式就變成

$$z = XY(2\triangle - X - Y) \quad （差一個常數無所謂）$$

再令 $2\triangle = 3l$，就得到(4)式的形式

$$z = XY(3l - X - Y)$$

因此當 $X = Y = \dfrac{2\triangle}{3}(= l)$，亦即當 $ax = by = \dfrac{2\triangle}{3}$ 時，(3)式有最大值，再由 $ax + by + cz = 2\triangle$ 得知，　$ax = by = cz = \dfrac{2\triangle}{3}$ 為所要求的最大點，這是三角形的重心，因為只有重心跟三頂點的連線才會將三角形分成三等分。

　　　　　　　　　　　　　　　　　　　　　　　　■

例6　如下圖，由 x 軸、y 軸及直線

$$x + y - 1 = 0 \tag{5}$$

圍成三角形 OAB，試在三角形內（包括邊界點）找一點，使其至三頂點的距離平方和為最小。

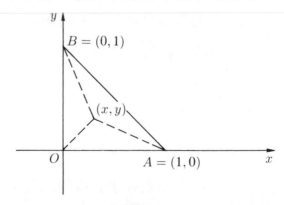

圖 5–27

解　假設所欲求的點之坐標為 (x, y), 於是問題變成要求函數

$$f(x, y) = 2x^2 + 2y^2 + (x-1)^2 + (y-1)^2$$

的最小值。令第一階偏導數等於 0, 解得靜止點為 $x = y = \dfrac{1}{3}$。很容易驗證 $\left(\dfrac{1}{3}, \dfrac{1}{3}\right)$ 點為 $f(x, y)$ 的極小點, 而極小值為 $\dfrac{4}{3}$。注意到點 $\left(\dfrac{1}{3}, \dfrac{1}{3}\right)$ 在 $\triangle OAB$ 內。今再考慮 $f(x, y)$ 在 $\triangle OAB$ 的三邊上的變化情形。當 (x, y) 在 OA 邊上變動時(即令 $y = 0$), 則

$$f(x, y) = 2x^2 + (x-1)^2 + 1, \ 0 \le x \le 1$$

由單變數函數求極值的方法, 得知當 $x = \dfrac{1}{3}$, $f(x, y)$ 在 OA 上的最小值為 $\dfrac{5}{3}$。同理當 $y = \dfrac{1}{3}$ 時, $f(x, y)$ 在 OB 上的最小值為 $\dfrac{5}{3}$。最後研究 $f(x, y)$ 在 AB 上的變化情形, 由(5)式知, 此時 $y = 1 - x$, 故

$$f(x, y) = 3x^2 + 3(x-1)^2, 0 \le x \le 1$$

容易求得, 當 $x = y = \dfrac{1}{2}$ 時, $f(x, y)$ 在 AB 上的最小值為 $\dfrac{3}{2}$。列成下表:

(x, y)	$\left(\dfrac{1}{3}, \dfrac{1}{3}\right)$	$\left(\dfrac{1}{3}, 0\right)$	$\left(0, \dfrac{1}{3}\right)$	$\left(\dfrac{1}{2}, \dfrac{1}{2}\right)$
$f(x, y)$	$\dfrac{4}{3}$	$\dfrac{5}{3}$	$\dfrac{5}{3}$	$\dfrac{3}{2}$

因而看出, $f(x, y)$ 在 $\left(\dfrac{1}{3}, \dfrac{1}{3}\right)$ 點有最小值 $\dfrac{4}{3}$。 ∎

（註：本題改成任意三角形也可做，答案就是三角形的重心！）

例 7　設一長方體三邊長的和為一定，試問三邊長度取什麼樣的比例關係時，所成長方體的容積最大？

解　設長方體三邊之長各為 x, y, z，按題意就是要求

$$V = xyz$$

在 $x + y + z = a \; (a > 0)$ 的限制條件下之最大值。以 $z = a - x - y$ 代入上式得

$$V = xy(a - x - y)$$

令 $\dfrac{\partial V}{\partial x} = ay - 2xy - y^2 = 0, \; \dfrac{\partial V}{\partial y} = ax - x^2 - 2xy = 0$。

解此方程組得 $x = y = 0$（此時無意義，故不討論）及 $x = y = \dfrac{a}{3}$。對於後者我們有 $z = a - x - y = \dfrac{a}{3}$，即三邊相等。換言之，做成立方體時容積最大。　∎

【隨堂練習】　試求平面上 $2x + y + z = 4$ 一點，至 $(1, 2, 3)$ 點最近者。

如果函數 $f(x, y)$ 在定義域上具二階連續可微分，那麼當我們解聯立方程式

$$\frac{\partial f}{\partial x} = 0, \; \frac{\partial f}{\partial y} = 0$$

得到 (a, b) 後，可以進一步利用二階偏導函數的性質來判別 (a, b) 是否為極大點或極小點。這就是下面的檢驗定理，由於證明超出本課程範圍，故我們只敘述而不證明。

定理

（二階偏微分的極值檢驗）

假設 (a, b) 滿足

$$\frac{\partial f}{\partial x}(a, b) = 0 = \frac{\partial f}{\partial y}(a, b)$$

令

$$A = \frac{\partial^2 f}{\partial x^2}(a, b), \ B = \frac{\partial^2 f}{\partial x \partial y}(a, b), \ C = \frac{\partial^2 f}{\partial y^2}(a, b)$$

且 $D = \begin{vmatrix} A & B \\ B & C \end{vmatrix} = AC - B^2$，則

(1)若 $D > 0$ 且 $A > 0$，則 (a, b) 為極小點

(2)若 $D > 0$ 且 $A < 0$，則 (a, b) 為極大點

(3)若 $D < 0$，則 $(a, b, f(a, b))$ 為鞍點

(4)若 $D = 0$，則不能判斷

我們將上述結果列成如下的判定表：

$D = AC - B^2$	+		$-$	0
A	+	$-$	鞍點	不能確定
	極小	極大		

例8　求 $f(x, y) = x^2 + y^2 + y^3$ 之極值。

解　令 $\dfrac{\partial f}{\partial x} = \dfrac{\partial f}{\partial y} = 0$，解得靜止點：

$$\begin{cases} x = 0 \\ y = 0 \end{cases} \quad 與 \quad \begin{cases} x = 0 \\ y = -\dfrac{2}{3} \end{cases}$$

今因 $\dfrac{\partial^2 f}{\partial x^2} = 2, \ \dfrac{\partial^2 f}{\partial x \partial y} = \dfrac{\partial^2 f}{\partial y \partial x} = 0, \ \dfrac{\partial^2 f}{\partial y^2} = 2 + 6y$，故

$$\frac{\partial^2 f(0,0)}{\partial y^2} = 2 > 0 \quad \text{且} \quad D = \begin{vmatrix} 2 & 0 \\ 0 & 2 \end{vmatrix} = 4 > 0$$

因而 $(0,0)$ 為極小點，而極小值為 $f(0,0)=0$。但是 $\left(0,-\frac{2}{3}\right)$

就不是極值點，它是鞍點，因 $\begin{vmatrix} 2 & 0 \\ 0 & -2 \end{vmatrix} = -4 < 0$ 也。　∎

例9　討論函數 $f(x,y) = \dfrac{x^2}{2a} + \dfrac{y^2}{2b}$, $(a > 0, b > 0)$ 的極值。

解　顯然靜止點為 $(0,0)$，所以在原點可能有極值。進一步計算得到

$$A = \frac{1}{a}, \; B = 0, \; C = \frac{1}{b}$$

因此 $D = AC - B^2 = \dfrac{1}{ab} > 0$ 且 $A > 0$，故在點 $(0,0)$ 函數有極小值 0。見下圖：

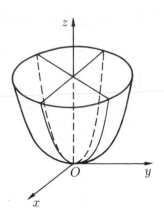

圖 5–28　　　　　　　　　∎

例10　討論 $f(x,y) = \dfrac{x^2}{2a} - \dfrac{y^2}{2b}$, $(a > 0, b > 0)$ 的極值。

解　顯然靜止點為 $(0,0)$。進一步計算得

$$A = \frac{1}{a}, \quad B = 0, \quad C = -\frac{1}{b}$$

從而 $D < 0$，故 $(0,0)$ 為鞍點，因此函數無極值。 ■

【**隨堂練習**】 求 $f(x,y) = -x^3 + 4xy - 2y^2 + 1$ 之極值。

最後，我們談 Lagrange 乘子法 (The Method of Lagrange Multiplier)。這是在限制條件下，求函數極值的典型方法。我們的問題是：在 $g(x,y) = c$ 的條件下，求 $f(x,y)$ 的極值。在下圖中，我們作出 $f(x,y)$ 一些等高線。

由圖看出，f 的極值應該發生在曲線 $g(x,y) = c$ 與等高線相切的點，如圖之 B 點。如何求出 B 點的坐標 (x_0, y_0) 呢？由於兩等高線相切，故在 B 點具有相同的切線，而梯度跟這個切線垂直，故 ∇f 及 ∇g 在 B 點落在同一直線（法線）上，即存在 λ_0 使得

$$\nabla f(x_0, y_0) = (-\lambda_0)\nabla g(x_0, y_0) \text{（負號故意取的）}$$

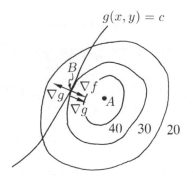

用向量成分來表示，就得到

$$\begin{cases} \dfrac{\partial f(x_0, y_0)}{\partial x} + \lambda_0 \dfrac{\partial g(x_0, y_0)}{\partial x} = 0 \\[2mm] \dfrac{\partial f(x_0, y_0)}{\partial y} + \lambda_0 \dfrac{\partial g(x_0, y_0)}{\partial y} = 0 \end{cases}$$

這就是極點 (x_0, y_0) 應滿足的必要條件。總結上述， Lagrange 法求極值的程序是這樣的：

令 $H(x, y) = f(x, y) + \lambda g(x, y)$，其中 λ 叫 Lagrange **不定乘子**，然後解聯立方程式

$$\begin{cases} \dfrac{\partial H}{\partial x} = 0 = \dfrac{\partial H}{\partial y} \\ g(x, y) = c \end{cases}$$

例 11　試在 $x^2 - xy + y^2 = 4$ 的條件下，求 $x^2 + y^2$ 的極值。

解　令 $H(x, y) = x^2 + y^2 + \lambda(x^2 - xy + y^2)$，對 x 及 y 偏微分，再設等於 0，得

$$2x + \lambda(2x - y) = 0 \tag{6}$$

$$2y + \lambda(-x + 2y) = 0 \tag{7}$$

(6), (7)兩式與 $x^2 - xy + y^2 = 4$ 合而解之：

將(6), (7)兩式整理成

$$\begin{cases} (2 + 2\lambda)x - \lambda y = 0 \\ (-\lambda)x + (2 + 2\lambda)y = 0 \end{cases}$$

因此只有當係數行列式

$$\begin{vmatrix} 2 + 2\lambda & -\lambda \\ -\lambda & 2 + 2\lambda \end{vmatrix} = 3\lambda^2 + 8\lambda + 4 = 0$$

時，x, y 才有非零解（因為零解不滿足 $x^2 - xy + y^2 = 4$）

所以 $\lambda = -2$ 或 $\lambda = -\dfrac{2}{3}$

當 $\lambda = -2$ 時，得 $x = y = \pm 2$，此時 $x^2 + y^2 = 8$

當 $\lambda = -\dfrac{2}{3}$ 時，得 $x = -y = \pm\dfrac{2}{\sqrt{3}}$，此時 $x^2 + y^2 = \dfrac{8}{3}$

故極大值為 8，極小值為 $\dfrac{8}{3}$。　■

【隨堂練習】　求下列函數在所給條件下的極值:

(1) $f(x,y) = x + y$, 若 $x^2 + y^2 = 1$;

(2) $f(x,y) = \dfrac{1}{x} + \dfrac{1}{y}$, 若 $x + y = 2$;

(3) $f(x,y) = \cos^2 x + \cos^2 y$, 若 $x - y = \dfrac{3}{4}$。

同理, 對於更多變數的函數, Lagrange 乘子法也行得通: 我們的問題是, 在 $g_1(x,y,z) = c_1$, $g_2(x,y,z) = c_2$ 的條件下, 欲求 $f(x,y,z)$ 的極值。我們的辦法是令

$$H(x,y,z) = f(x,y,z) + \lambda_1 g_1(x,y,z) + \lambda_2 g_2(x,y,z)$$

然後解聯立方程組

$$\begin{cases} \dfrac{\partial H}{\partial x} = 0 = \dfrac{\partial H}{\partial y} = \dfrac{\partial H}{\partial z} \\ g_1(x,y,z) = c_1 \\ g_2(x,y,z) = c_2 \end{cases}$$

就得到極值點了。

例 12　在 $x^2 + y^2 = 1$ 及 $z = 2$ 的條件下, 求 $f(x,y,z) = x + y + z$ 的極值。

解　令 $H(x,y,z) = (x + y + z) + \lambda_1(x^2 + y^2) + \lambda_2 z$, 解聯立方程組

$$\begin{cases} \dfrac{\partial H}{\partial x} = 0 = \dfrac{\partial H}{\partial y} = \dfrac{\partial H}{\partial z} \\ x^2 + y^2 = 1 \\ z = 2 \end{cases}$$

亦即解

$$\begin{cases} 1 + 2\lambda_1 x = 0 \\ 1 + 2\lambda_1 y = 0 \\ 1 + \lambda_2 = 0 \\ x^2 + y^2 = 1 \\ z = 2 \end{cases}$$

求得

$$\lambda_2 = -1, \lambda_1 = \pm\frac{1}{\sqrt{2}}$$

並且

$$x = y = \pm\frac{1}{\sqrt{2}}, \ z = 2$$

於是極大值為 $\sqrt{2} + 2$，極小值為 $-\sqrt{2} + 2$。 ∎

【隨堂練習】 求下列函數在所給條件下的極值：
(1) $f(x, y, z) = xyz$，若 $x^2 + y^2 + z^2 = 9$
(2) $f(x, y, z) = 3x - y + 2z^2$，若 $x + y + z = 1$, $x - y + 2z = 2$

例 13 求原點至平面 $Ax + By + Cz = D$ 最短的距離。

解 這個問題事實上就是要在限制條件 $Ax + By + Cz = D$ 之下，求 $f(x, y, z) = x^2 + y^2 + z^2$ 的極小值。令 $H(x, y, z) = x^2 + y^2 + z^2 + \lambda(Ax + By + Cz)$，解聯立方程組

$$\begin{cases} \dfrac{\partial H}{\partial x} = 0 = \dfrac{\partial H}{\partial y} = \dfrac{\partial H}{\partial z} \\ Ax + By + Cz = D \end{cases}$$

亦即，解

$$\begin{cases} 2x + \lambda A = 0 & ① \\ 2y + \lambda B = 0 & ② \\ 2z + \lambda C = 0 & ③ \\ Ax + By + Cz = D & ④ \end{cases}$$

由①，②，③式得到

$$x = -\frac{1}{2}\lambda A, \quad y = -\frac{1}{2}\lambda B, \quad z = -\frac{1}{2}\lambda C$$

代入④式得

$$\lambda = \frac{-2D}{A^2 + B^2 + C^2}$$

故得極小點的坐標為

$$x_0 = \frac{AD}{A^2 + B^2 + C^2}, \quad y_0 = \frac{BD}{A^2 + B^2 + C^2}$$

$$z_0 = \frac{CD}{A^2 + B^2 + C^2}$$

從而最短距離為

$$\sqrt{x_0^2 + y_0^2 + z_0^2} = \frac{|D|}{\sqrt{A^2 + B^2 + C^2}} \quad \blacksquare$$

習 題 5-5

1.求下列各函數的極值：

(1) $f(x,y) = x^2 + 2y^2 - 4x + 4y - 3$

(2) $f(x,y) = x^2 + xy + y^2 + 3x - 3y + 4$

(3) $f(x,y) = x^2 + 2y^2 - 4x + 4y + 2xy + 3$

2.容積 V 固定的矩形體，欲其表面積最小，問這是什麼矩形體？

3.設 x_i, y_i, $i = 1, 2, \cdots, n$ 為已知的常數，試求 a, b 使得

$$f(a,b) \equiv \sum_{1}^{n}(ax_i + b - y_i)^2$$

為極小。（註：這是最小方差法的精神所在。）

4.求 $f(x,y) = 4\sin^2 x - 2x^2 - \cos 2y - y^2$ 之極大值。

5.設 Ω 為由原點及 $(0,1)$, $(1,0)$ 三點所成的三角形區域，試求 $f(x,y) =$

$x^3 + y^3 - 3xy$ 在 Ω 上之極大值與極小值。

6.求下列函數在限制條件之下的極值:

(1) $f(x, y, z) = x + y + z$, 若 $x^2 + y^2 + z^2 = 2$。

(2)求點 $(-2, 1, 3)$ 至平面 $2x + y - 2z = 3$的距離。

(3) $f(x, y) = x^2 + y^2$, 若 $x^2 - xy + y^2 = 4$。

第六章　多重積分

在第三冊中，我們對單變數函數 $f(x)$，利用「四步曲法」（即分割、取樣、求和、取極限）引入了單變數函數的定積分 $\int_a^b f(x)dx$ 的概念。 這是由求曲線所圍面積的問題而產生的。我們很快就發現定積分的**概念**與**求算**非常有用，可用來求旋轉體的表面積、體積，曲線的長度，里程，……等等。

本章我們要考慮多變數函數（如 $f(x,y)$ 或 $f(x,y,z)$）的定積分，即所謂的**重積分**(Multiple Integrals)。本質上，其**定義方法**完全跟單變數函數的積分一樣，而**計算技巧**也差不多。因此，有許多地方又可以「**以舊御新**」。

6–1　定積分的概念

甲、定積分的概念跟維數無關

從幾何立場來看，處理一個問題時所牽涉到的變數之個數叫做**維數**(Dimension)。單變數函數的圖形須用平面來表示，兩變數函數的圖形須用立體空間來表示，這些都是我們很熟悉的。

按常理，處理一個問題時，維數越多越困難。但是也不盡然，有些概念是跟維數無關的，例如密度與質量，我們說明如下：

對於一塊質量分佈是均勻的物體，那麼它的密度就是總質量除以此物體的幾何度量（可能是長度，也可能是面積或體積），這個密度是個常函數。

其次考慮一個不均勻的物體，我們要來討論它的密度。仿照運動現象的討論方法，由平均速度再到（瞬間）速度，我們也由平均密度再到密度。

這個物體在一個幾何範圍內的**平均密度**是指這範圍中的總質量來除以這個範圍的幾何度量，例如長度、面積或體積。所

以，這就有了**平均的線密度**、**面密度**或**體密度**的概念。由於維數不同，故它們是不同的概念，可是在處理的手法上卻相同！

有了平均密度，就可以講到「**在一點 P 的密度**」了。我們在 P 點附近一個小範圍 D 中計算了「在 D 上的平均密度」（＝ D 中全部質量 /D 的幾何度量），見下圖：

圖 6–1

我們再問：如果讓 D 漸漸縮小到只剩一點 P，這個平均密度會不會也**趨**近於一個極限？如果這個極限存在，我們就記為 $\rho(P)$，並且就說它是在 P 點處的**密度**，這樣我們就得到密度函數 ρ 了。注意到，其實上述的概念本質上就是**導數**！再請注意：這種說法完全跟維數無關！

反過來，給密度函數 ρ，如何求出物體的總質量？

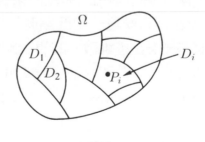

圖 6–2

我們把這物體所佔的範圍 Ω 分割成一小塊一小塊 $D_1, D_2, \cdots, D_n$；在每一小塊 D_i 中任取一點 P_i，用點 P_i 處的密度 $\rho(P_i)$ 乘以 D_i 的幾何度量 $|D_i|$（這可能代表長度，或面積，或體積），

那麼 D_i 這一小塊的質量應該差不多是

$$\rho(P_i)|D_i| \quad （見圖 6\text{–}2）$$

這只要 D_i 甚小，而且 ρ 是連續的就好了。再把每一小塊算得的近似質量加起來得到

$$\sum_1^n \rho(P_i)|D_i|$$

這就是 Ω 全部質量 M 的近似值。最後讓分割越來越細，可望這近似值趨近於某個數 M，即

$$\lim \sum_1^n \rho(P_i)|D_i| = M$$

如此這般，我們就求得物體的總質量 M 了。事實上，當 ρ 為連續函數時，上式的極限就存在了。我們就定義此極限值為 Ω 所含的質量。

　　這裏牽涉到我們已熟悉的四個步驟，即**積分四步曲**：

　1.**分割**：將 Ω 分割成許多小區域 D_i。

　2.**取樣**：在每個 D_i 中取一個樣本點 P_i，計算 $\rho(P_i)|D_i|$。

　3.**作和**：將每一小塊算得的結果加起來得到 $\sum \rho(P_i)|D_i|$。

　4.**取極限**：讓分割越來越細，求極限 $\lim \sum \rho(P_i)|D_i|$。

換句話說，上述求質量的過程根本就是求積分！此地我們說積分總是指定積分。因此，利用上述「積分四部曲」來定義積分，跟維數無關！我們把它歸結成如下的記號

$$\lim \sum_1^n \rho(\xi_i)|D_i| \equiv \int_\Omega \rho$$

並且稱為 ρ 在 Ω 上的**定積分**。

　　上述的定義，在精神上完全跟單變數函數的定積分 $\int_u^b f(x)dx$ 之定義相同：

$$\lim \sum_{1}^{n} f(\xi_i)\Delta x_i = \int_a^b f(x)dx$$

參見本書第三冊第五章。

　　一般而言，設 Ω 為空間中任一集合，對於一個定義在 Ω 上的任意（夠好）的函數 f，我們可以仿照上述四個步驟定義**積分** $\int\limits_{\Omega} f$ 為

$$\int\limits_{\Omega} f \equiv \lim \sum f(P_i)|D_i|$$

其中 $D_1, D_2, \cdots, D_n$ 為 Ω 的分割，$P_i \in D_i$，極限 $\lim$ 是指：讓分割趨細，同時使各個 D_i 之尺寸均趨近於 0。

（註：當 f 在 Ω 上取值恒等於 1 時，$\int\limits_{\Omega} f$ 恰好就代表 Ω 的幾何度量。）

　　我們把單變數函數與多變數函數的積分步驟列成下表，以方便參考和比較：

給定的東西	分　割	取　　樣	求近似和	取 極 限
一個區間 $[a,b]$ 及定義在其上的一個函數 f	第 i 段的長為 $x_i - x_{i+1}$ $= \Delta x_i$	取 $\xi_i \in [x_{i-1}, x_i]$	$\sum_{i=1}^{n} f(\xi_i)\Delta x_i$	$\lim \sum_{1}^{n} f(\xi_i)\Delta x_i$ $= \int_a^b f(x)dx$
一個領域 Ω 及定義在其上的一個函數 f	第 i 塊的幾何度量為 $|D_i|$	取 $P_i \in D_i$	$\sum_{i=1}^{n} f(P_i)|D_i|$	$\lim \sum_{1}^{n} f(P_i)|D_i|$ $= \int\limits_{\Omega} f$

　　有的時候我們也用別的記號 $\int\limits_{\Omega} f$ 來表達，例如

$$\int\limits_{\Omega} f(x)dl \quad 或 \quad \iint\limits_{\Omega} f(P)da \quad 或 \quad \iiint\limits_{\Omega} f(P)dv$$

其中 l 表示長度，a 表示面積，v 表示體積，這三個積分分別稱為單變數、兩變數、三變數函數之積分，有時我們也分別稱 dl, da, dv 為「無窮小」 **線元、面積元、體積元**。

　　兩變數、三變數函數、……之積分合稱為**重積分**。單變數函數之積分 $\displaystyle\int_\Omega f(x)dl$ 是我們已經很熟悉的，以前我們的記號是

$$\int_\Omega f(x)dx \ \text{或} \ \int_a^b f(x)dx，\ \text{當然此時} \Omega = [a, b]。$$

乙、Leibniz 的積分記號：

$$\iint_\Omega f(x,y)dxdy \ \text{或} \ \iiint_\Omega f(x,y,z)dxdydz \ \text{等等}$$

　　我們要強調：記號的適當創造和掌握，對於學習數學是很重要的一個關鍵。本段我們要來介紹 Leibniz 的積分記號。

　　為了方便起見，我們只考慮兩變數的情形，至於三變數的情形，完全依樣畫葫蘆！

　　先考慮 Ω 是平面上的**矩形領域**，f 為定義在 Ω 上的一個函數，則記號 $\displaystyle\iint_\Omega f(P)da$ （或 $\displaystyle\int_\Omega f$） 已經有意義了。

　　現在如果我們對平面引入直角坐標系，於是每一點都可以用 (x,y) 來表達，而函數也可以表成 $f(x,y)$。我們可以取直角坐標系，使得 Ω 如下圖示。

　　為了定義積分 $\displaystyle\int_\Omega f$，此時我們採用「矩形分割法」，即用與 x, y 軸平行的直線來分割 Ω （如圖6–3），成為

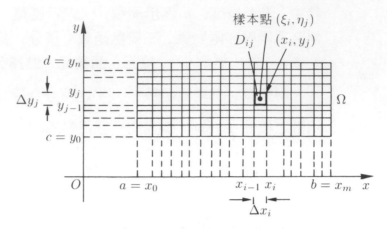

圖 6-3

$$D_{11}, D_{12}, \cdots, D_{1m}, \cdots, D_{mn}$$

取樣本點，$(\xi_i, \eta_j) \in D_{ij}$ 作近似和

$$\sum_{i,j} f(\xi_i, \eta_j) \Delta x_i \Delta y_j$$

取極限（讓分割越來越細）

$$\lim \sum_{i,j} f(\xi_i, \eta_j) \Delta x_i \Delta y_j \equiv \iint_\Omega f(P) da$$

記此極限值為 (Leibniz 建議採用的)

$$\iint_\Omega f(x, y) dx dy$$

換言之，取極限時，記號 $\sum$ 改為 $\int$，Δ 改為 d，足碼 i, j 都略去，且 $\xi_i \in [x_{i-1}, x_i]$ 改為 x，而 $\eta_j \in [y_{j-1}, y_j]$ 改為 y。這種記法有許多好處（參見下一節），所以很通行。

　　總之，如果取直角坐標系時，$P = (x, y)$，無窮小面積元 $da = dx dy$，而 $\iint_\Omega f(P) da$ 就記成 $\iint_\Omega f(x, y) dx dy$。同理，三變數

函數積分的情形，$P = (x, y, z)$，無窮小體積元 $dv = dxdydz$，而 $\iiint\limits_{\Omega} f(P)dv$ 就記成 $\iiint\limits_{\Omega} f(x, y, z)dxdydz$。

　　對於 Ω 不是矩形領域的情形，如下圖甲，我們只要稍作修飾就可以同樣討論了：作個矩形 R 包起 Ω，如下圖乙：

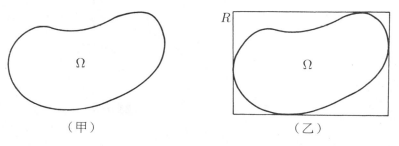

（甲）　　　　　　　　　　　（乙）

圖 6–4

再定義 f 在 $R - \Omega$ 上取值為 0，則 f 就定義在矩形 R 上，於是上述所討論的 $\iint\limits_{R} f(x, y)dxdy$ 都有意義了，不過此時我們有

$$\iint\limits_{\Omega} f(x, y)dxdy = \iint\limits_{R} f(x, y)dxdy$$

（註：Leibniz 的積分記號是取直角坐標系之後才得到的。如果我們取其他坐標系，如極坐標、柱坐標或球坐標，那麼積分記號又要適當變樣，這些我們在底下第二、三節就會談到。）

丙、重積分的例子

　　能夠用重積分來表達的東西太多了，現在我們舉出一些常見的例子。

例1　（體積）設 $f(x, y)$ 為定義在 Ω 上的兩變數函數，若 $f(x, y) > 0$，$\forall(x, y) \in \Omega$，則二重積分 $\iint\limits_{\Omega} f(x, y)dxdy$ 就代表從 Ω 以

上到函數圖形的曲面之間所圍成的體積, 見下圖:

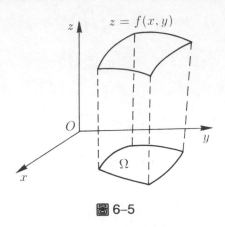

圖 6-5　　　　　　　　■

例2　　（總質量）如甲段中所述的密度與質量的例子, 設 ρ 表示密度函數, 則 Ω 的總質量

$$M = \int_{\Omega} \rho$$

特別是當 $\rho \equiv 1$ 時, $M = \int_{\Omega} 1$ 既是 Ω 的總質量, 也是 Ω 的總幾何度量（總長度, 或面積, 或體積）。　　■

丁、定積分 $\int_{\Omega} f$ 的一些性質

現在我們來考慮積分 $\int_{\Omega} f$ 與被積分函數 f 以及積分範圍 Ω 之間的關係。

定理 1

積分 $\displaystyle\int_\Omega$ 對被積分函數 f 具有線性原則（或疊合原則）：

若 α 為常數，f 與 g 為可積分函數，則

$$\int_\Omega (f + g) = \int_\Omega f + \int_\Omega g \qquad\qquad （加性）$$

$$\int_\Omega \alpha f = \alpha \int_\Omega f \qquad\qquad （齊性）$$

定理 2

積分 $\displaystyle\int_\Omega f$ 對於積分範圍 Ω 具有疊合原則：若 Ω 為 Ω_1 與 Ω_2 之聯集且兩

者之交集只在邊界，並且積分 $\displaystyle\int_\Omega f, \int_{\Omega_1 \cup \Omega_2} f, \int_{\Omega_1} f$ 與 $\displaystyle\int_{\Omega_2} f$ 都存在，則

$$\int_\Omega f = \int_{\Omega_1 \cup \Omega_2} f = \int_{\Omega_1} f + \int_{\Omega_2} f$$

　　　　這兩個定理都很明白，定理 1 只是用到極限的一個性質，即和或倍數之極限為極限之和或倍數。說得明白一點，即

$$\lim \sum [f(\xi_i) + g(\xi_i)]|D_i| = \lim \sum f(\xi_i)|D_i| + \lim \sum g(\xi_i)|D_i|$$

$$\lim \sum \alpha f(\xi_i)|D_i| = \alpha \lim \sum f(\xi_i)|D_i|$$

定理 2 也是用這個性質，因為在作 Ω 的分割時，我們把它們分割使得每一小塊或者在 Ω_1 中，或者在 Ω_2 中，於是求和 $\sum$ 變成 $\sum' + \sum''$，其中 $\sum'$ 與 $\sum''$ 分別對於 Ω_1 與 Ω_2 中的各小塊作和，故

$$\lim \sum = \lim(\sum{}' + \sum{}'')$$

$$= \lim \sum{}' + \lim \sum{}''$$

這就好了。

習 題 6-1

1. 設 Ω 是平面上的一個領域，f, g 為定義在 Ω 上的兩個函數，試證兩曲面

$$\Gamma_1 : z = f(x, y)$$

與　　$\Gamma_2 : z = g(x, y)$

之間所夾的體積為

$$V = \int_{\Omega} |f - g|$$

2. 設 f 為定義在 Ω 上的函數，滿足

$$m \le f(P) \le M, \quad \forall P \in \Omega$$

試證

$$m \cdot |\Omega| \le \int_{\Omega} f \le M \cdot |\Omega|$$

3. 設 Ω 為某一地理區（例如溪頭），再設點 $P \in \Omega$ 一年的降雨量為 $f(P)$ 公分，令 Ω 的面積單位為平方公分。

⑴問 $\int_{\Omega} f$ 代表什麼意思?

⑵問 $\int_{\Omega} f / |\Omega|$ 代表什麼意思?

4.設 Ω 為平面上的某一領域，其面積為 A，令 f 為定義在 Ω 上的函數：
$f(P) = 5, \ \forall P \in \Omega$，問：

(1)近似和 $\sum\limits_{i=1}^{n} f(P_i)|D_i| = ?$

(2) $\int\limits_{\Omega} f(P) da = ?$

5.設 Ω 為平面上的正方形領域，其頂點為 $(1,1)$, $(5,1)$, $(5,5)$ 及 $(1,5)$。
令 $f(P)$ 表示 P 點到 y 軸的距離。

(1)將 Ω 等分割成四小塊正方形，在每一小塊中取中點當作樣本點，
試估計 $\int\limits_{\Omega} f(P) da$ 的值。

(2)證明 $16 \le \int\limits_{\Omega} f(P) da \le 80$。

6.設 Ω 為平面上的矩形領域，其四頂點為 $(0,0), (2,0), (2,3)$，及 $(0,3)$。
再設 $f(x,y) = \sqrt{x+y}$ 從 $(1,0)$ 作 x 軸的垂線，從 $(0,1), (0,2)$ 兩點各
作 y 軸的垂線。此等線將矩形分割為六個每邊長為 1 的正方形，並
且取各正方形的中心為樣本點。試求 $\int\limits_{\Omega} \sqrt{x+y}\,dxdy$ 的對應近似值。

6–2　二重積分

如何計算多變數函數的積分 $\int\limits_{\Omega} f$？本節我們就以二變數函

數的積分 $\iint\limits_{\Omega} f$ 為例子來說明一些計算要領。我們已經講過，

在平面上取直角坐標系之後，二變數函數的積分就可以表成

$\iint\limits_{\Omega} f(x,y) dxdy$，再利用 Fubini 定理，我們可以將 $\iint\limits_{\Omega} f(x,y) dxdy$

化成兩重單變數函數的積分，然後利用 Newton-Leibniz 公式兩

次就可以求得二變數函數的積分了。

甲、按定義來算積分

要計算 $\iint\limits_{\Omega} f(x,y)dxdy$，第一個辦法是按積分的定義來做，

有時候果然就可以做出來，例如當 f 為常函數或階梯函數時：

例 1　若 $f(x,y)=k$ 為常函數，則

$$\iint\limits_{\Omega} f = \iint\limits_{\Omega} kdxdy = k \times (\Omega \text{ 的面積})$$

特別是當 $\Omega = [a,b] \times [c,d]$（矩形）時，

$$\iint\limits_{\Omega} kdxdy = k \times (b-a) \times (d-c) \quad \blacksquare$$

例 2　設 f 為階梯函數，即 Ω 可以分割成一些小塊 $\Omega_1, \Omega_2, \cdots, \Omega_n$，使得 f 在 Ω_k 上取值常數 α_k，則

$$\iint\limits_{\Omega} f = \sum_{k=1}^{n} \iint\limits_{\Omega_k} f = \sum_{k=1}^{n} \alpha_k \times (\Omega_k \text{ 的面積})$$

參見圖 6–6。　$\blacksquare$

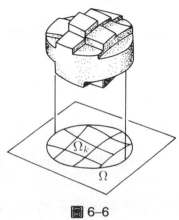

圖 6–6

不過多數時候，f 並不這麼簡單，故按定義不易做！求近似和已經夠麻煩，何況求極限這一關更困難。例如，$f(x,y) =$ $\sin(xy)$，我們要求 $\int\limits_{\Omega} f$ 的近似和，今將 Ω 等分割成 100 小塊（還算相當粗），取每一小塊的中心點當作樣本點（取到三位有效數字），譬如 $(4.78,3.26)$。於是必須查表求出 $\sin(4.78 \times 3.26)$。通常三角函數表只列著 $0°$ 到 $90°$ 之間的數值，故我們還要將 $\sin(4.78 \times 3.26)$ 化成同界角的銳角函數，即必須適當扣除 $2n\pi$，然後在表上才查得到，如此要做 100 次，再求近似和，這個計算過程實在可怕！考試鐵定不會要你這樣算，否則可以斷言，你一定要花很長的時間去做。

乙、利用 Fubini 定理及 Newton-Leibniz 公式求算積分

第二個辦法是想法子把 $\iint\limits_{\Omega} f(x,y)dxdy$ 化成單變數函數的積分，然後利用 Newton-Leibniz 公式來做。

由於積分是近似和的極限，我們先來探討求和的問題，看下面的例子：考試過後，如何求全班的總分？

假設全班有 45 人，我們以 k 表示學號，第 k 號的成績為 s_k 分，則全班的總分為

$$S = \sum_k s_k$$

這太簡單了。我們改用另一種觀點，今用 s_{ij} 表示坐在第 i 列第 j 行的同學之成績，那麼全班的總成績可以用下面三種辦法來計算：

1.**一口氣求和**：

$$S = \sum_{i,j} s_{ij}$$

2.**分解動作**：先算每一行的學生成績相加，例如第 i 列之和為：

$$\sum_j s_{ij}$$

（有幾項？依每一行的人數而定！）

再對 i 作和，就得到全班的總成績

$$S = \sum_i (\sum_j s_{ij})$$

3.仿上述 2，但行列的順序對調：

$$S = \sum_j (\sum_i s_{ij})$$

因此

$$S = \sum_{ij} s_{ij} = \sum_i (\sum_j s_{ij}) = \sum_j (\sum_i s_{ij})$$

這叫做**迭次和分原理**。

好了，我們回到求積分 $\iint_\Omega f(x,y)dxdy$ 的問題。我們先考慮最簡單的領域：$\Omega = [a,b] \times [c,d]$，即 Ω 為如圖 6–7的矩形。

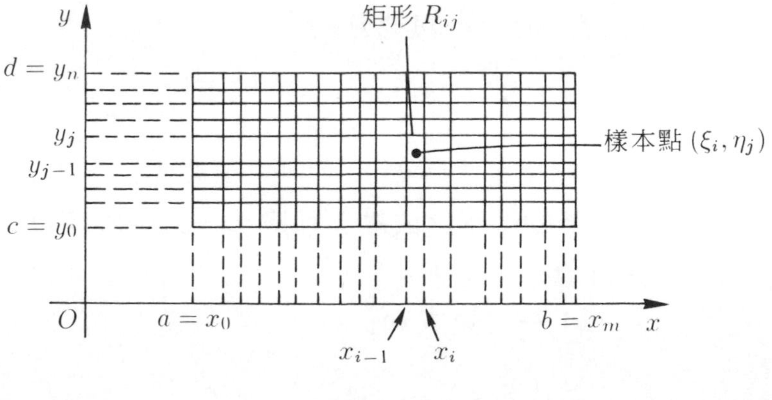

圖 6–7

根據積分的定義，要計算 $\displaystyle\iint_{\Omega} f(x,y)dxdy$，這就是

$$\lim_{i,j} \sum f(\xi_i,\eta_j)\Delta x_i \Delta y_j$$

我們先進行積分的前三步曲，到了求近似和這一步，我們可以有三個辦法來作，結果都一樣：

1.一口氣求和：

$$\sum_{i,j} f(\xi_i,\eta_j)\Delta x_i \Delta y_j$$

2.分解動作：先對縱行求和，再對橫列求和

$$\sum_{i,j} f(\xi_i,\eta_j)\Delta x_i \Delta y_j = \sum_i [\sum_j f(\xi_i,\eta_j)\Delta y_j]\Delta x_i$$

3.仿上述 2，但行列順序對調：

$$\sum_{i,j} f(\xi_i,\eta_j)\Delta x_i \Delta y_j = \sum_j [\sum_i f(\xi_i,\eta_j)\Delta x_i]\Delta y_j$$

因此近似和為

$$\sum_{i,j} f(\xi_i,\eta_j)\Delta x_i \Delta y_j = \sum_i [\sum_j f(\xi_i,\eta_j)\Delta y_j]\Delta x_i$$

$$=\sum_j [\sum_i f(\xi_i,\eta_j)\Delta x_i]\Delta y_j \tag{1}$$

這是迭次和分原理。

現在讓分割越來越細，我們注意到

$$\sum_j f(\xi_i,\eta_j)\Delta y_j \longrightarrow \int_c^d f(\xi_i,y)dy$$

$$\sum_i f(\xi_i,\eta_j)\Delta x_i \longrightarrow \int_a^b f(x,\eta_j)dx$$

從而

$$\sum_i[\sum_j f(\xi_i,\eta_j)\Delta y_j]\Delta x_i \longrightarrow \int_a^b\left[\int_c^d f(x,y)dy\right]dx$$

$$\sum_j[\sum_i f(\xi_i,\eta_j)\Delta x_i]\Delta y_j \longrightarrow \int_c^d\left[\int_a^b f(x,y)dx\right]dy$$

因此對(1)式取極限就得到:

定 理 1

（迭次積分原理，或 Fubini 定理）

設 $\Omega=[a,b]\times[c,d]$，並且 f 在 Ω 上連續，則

$$\iint\limits_\Omega f(x,y)dxdy=\int_a^b\left[\int_c^d f(x,y)dy\right]dx$$

$$=\int_c^d\left[\int_a^b f(x,y)dx\right]dy$$

　　有了這個公式，我們就可以將二變數函數的積分化成兩次的單變數函數的積分，於是就可以用 Newton-Leibniz 公式來算二變數函數的積分了。因此，基本上我們只要會算單變數函數的積分就會算多變數函數的積分，這又是「以簡御繁」的例子。

　　將二變數函數的積分化成單變數函數的積分，有時不見得有好處，特別是當單變數函數的積分的 Newton-Leibniz 公式派不上用場時。此時只能求近似和，直接按定義來做反而比較簡單!

　　（註: 有時寫成 $\int_a^b dx\int_c^d f(x,y)dy$ 或 $\int_c^d dy\int_a^b f(x,y)dx$。）

換句話說，要算 $\iint\limits_\Omega f(x,y)dxdy$，可暫時不管 x（或 y）把它當作常數看待，先對 y（或 x）作單變數函數的積分，y 積掉後，剩下的是一個 x（或 y）的函數，再對 x（或 y）作積分。因此

二重積分就變成**迭次積分** (iterated integral)。這個原理馬上可推廣到更多變數的情形。用幾何圖形來說明，我們對立體的體積有三種看法：

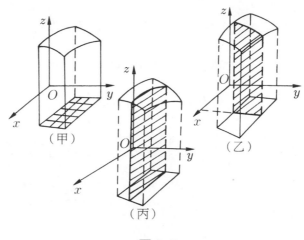

圖 6–8

　　甲圖是立體體積的定義；乙圖是先求平行 yz 平面的截面積（固定 x），再對 x 積分，也得到立體的體積；丙圖是先求平行 xz 平面的截面積（固定 y），再對 y 積分，仍然得到立體的體積。

例 3　　求 $\displaystyle\iint_{\Omega}(xy^2 + yx^2)dxdy$，但 $\Omega = [0,2] \times [1,3]$。

解　　由 Fubini 定理知

$$\iint_{\Omega}(xy^2 + yx^2)dxdy = \int_0^2 \left[\int_1^3 (xy^2 + yx^2)dy\right] dx$$

我們先算 $\displaystyle\int_1^3 (xy^2 + yx^2)dy$，此時將 x 看成固定的常數，故由 Newton-Leibniz 公式得

$$\int_1^3 (xy^2 + yx^2)dy = \left(\frac{x}{3}y^3 + \frac{1}{2}y^2x^2\right)\Big|_{y=1}^{y=3}$$

$$= 9x + \frac{9}{2}x^2 - \frac{1}{3}x - \frac{1}{2}x^2$$

$$= 4x^2 + \frac{26}{3}x$$

因此，再由 Newton-Leibniz 公式得

$$\iint\limits_\Omega (xy^2 + yx^2)dxdy = \int_0^2 \left(4x^2 + \frac{26}{3}x\right)dx$$

$$= \left(\frac{4}{3}x^3 + \frac{13}{3}x^2\right)\Big|_0^2$$

$$= \frac{32}{3} + \frac{52}{3} = 28 \quad \blacksquare$$

例4　求 $\displaystyle\iint\limits_\Omega \frac{1}{x+y}dxdy$，但 $\Omega = [0,1] \times [1,2]$

解　因為

$$\iint\limits_\Omega \frac{1}{x+y}dxdy = \int_0^1 \left[\int_1^2 \frac{1}{x+y}dy\right]dx$$

我們先算 $\displaystyle\int_1^2 \frac{1}{x+y}dy$，此時我們將 x 看成固定的常數，故

$$\int_1^2 \frac{1}{x+y}dy = \ln(x+y)\Big|_{y=1}^{y=2} = \ln(2+x) - \ln(1+x)$$

於是

$$\iint\limits_\Omega \frac{1}{x+y}dxdy = \int_0^1 [\ln(2+x) - \ln(1+x)]dx$$

由分部積分公式知

$$\int \ln u\,du = u\ln u - u$$

故

$$\int_0^1 [\ln(2+x) - \ln(1+x)]dx$$

$$=[(2+x)\ln(2+x) - (2+x) - (1+x)\ln(1+x) + (1+x)]\Big|_0^1$$

$$=3\ln 3 - 2\ln 2 - 2\ln 2 = \ln\left(\frac{27}{16}\right) \quad \blacksquare$$

例 5　求 $\displaystyle\iint_\Omega y\cos(xy)dxdy$，但 $\Omega = [0,1] \times [0,\pi]$。

解　若先對 y 積分，則

$$\iint_\Omega y\cos(xy)dxdy = \int_0^1 \left[\int_0^\pi y\cos(xy)dy\right]dx$$

但是 $\displaystyle\int_0^\pi y\cos(xy)dy$ 雖不致於求不出來，總是比較麻煩。

今變更積分順序

$$\iint_\Omega y\cos(xy)dxdy = \int_0^\pi \int_0^1 y\cos(xy)dxdy$$

$$= \int_0^\pi y\left[\int_0^1 \cos(xy)dx\right]dy$$

這就容易多了。由於

$$\int_0^1 \cos(xy)dx = \frac{1}{y}\sin(xy)\Big|_{x=0}^{x=1} = \frac{\sin y}{y}$$

故

$$\iint_\Omega = \int_0^\pi y \cdot \frac{\sin y}{y}dy = \int_0^\pi \sin y\, dy = 2 \quad \blacksquare$$

（註：迭次積分到底是先對 x 積還是先對 y 積呢？兩種做法的難易程度往往不同，我們應該擇其容易者來計算，這就好像下圍棋時，「手順」很重要一樣。）

【隨堂練習】 求下列二重積分

(1) $\displaystyle\iint\limits_{\Omega} \frac{dxdy}{(x+y)^2}$, $\Omega = [0,1] \times [1,2]$

(2) $\displaystyle\iint\limits_{\Omega} y^2 \sin(xy)dxdy$, $\Omega = [0,2\pi] \times [0,1]$

(3) $\displaystyle\iint\limits_{\Omega} e^y \sin\left(\frac{x}{y}\right) dxdy$, $\Omega = \left[-\frac{\pi}{2}, \frac{\pi}{2}\right] \times [1,2]$

(4) $\displaystyle\iint\limits_{\Omega} (1+x+y)(3+x-y)dxdy$, $\Omega = [2,3] \times [2,3]$

(5) $\displaystyle\iint\limits_{\Omega} \sin(x+y)dxdy$, $\Omega = \left[0, \frac{\pi}{2}\right] \times \left[0, \frac{\pi}{2}\right]$

(6) $\displaystyle\iint\limits_{\Omega} (x+y)^n dxdy$, $\Omega = [0,1] \times [1,2]$

以上是在矩形領域上作重積分，對於較一般的領域也不難做。

定理 2

（ Fubini 定理）

(1)考慮領域（見下圖甲）

$\qquad \Omega: a \le x \le b, \quad \phi_1(x) \le y \le \phi_2(x)$

其中 $y = \phi_1(x)$ 與 $y = \phi_2(x)$ 表兩個連續函數，且 f 在 Ω 上連續，則

$$\iint\limits_{\Omega} f(x,y)dxdy = \int_a^b \left[\int_{\phi_1(x)}^{\phi_2(x)} f(x,y)dy\right] dx \qquad (1)$$

(2)若領域 Ω 為（見下圖乙）

$\qquad \Omega: \phi_1(y) \le x \le \phi_2(y), \ c \le y \le d$

其中 $x = \phi_1(y)$ 與 $x = \phi_2(y)$ 為兩個連續函數，且 f 在 Ω 上連續，則有

$$\iint\limits_{\Omega} f(x,y)dxdy = \int_c^d \left[\int_{\phi_1(y)}^{\phi_2(y)} f(x,y)dx\right] dy \qquad (2)$$

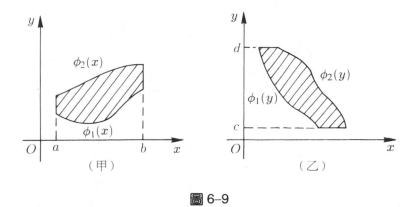

圖 6–9

上述定理的證明，其論證完全跟定理1相同，故我們就省略掉。我們只用幾何圖形來說明(1)式的意思：

考慮 $f(x,y) \geq 0, \forall(x,y) \in \Omega$ 的情形。令 V 表示 f 的函數圖在 Ω 上所圍出的立體，於是

$$\iint\limits_{\Omega} f(x,y)dxdy = V \text{ 的體積} \tag{3}$$

參見圖 6–10。

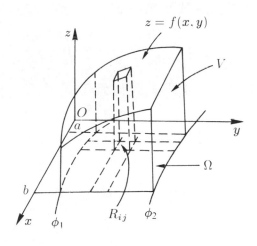

圖 6–10

而 V 的體積，我們可以這樣算（參見圖 6–11）：對固定的 x，$a \le x \le b$，考慮過 x 點而平行於 yz 平面之平面 π_x，令 π_x 截 V 的面積為 $A(x)$，顯然

$$A(x) = \int_{\phi_1(x)}^{\phi_2(x)} f(x, y)dy$$

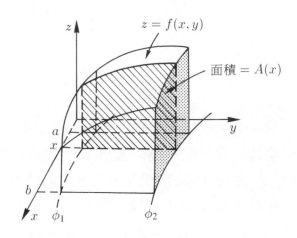

圖 6–11

再將此橫截面積 $A(x)$ 從 a 到 b 作積分，就得到 V 的體積：

$$V = \int_a^b A(x)dx = \int_a^b \left[\int_{\phi_1(x)}^{\phi_2(x)} f(x, y)dy \right] dx \qquad (4)$$

綜合(3), (4)兩式就得到(1)式了。

例6　設 Ω : $3 \le x \le 5$, $-x \le y \le x^2$，試求 $\iint\limits_{\Omega} (4x + 10y)dxdy$。

解　$\iint\limits_{\Omega} (4x + 10y)dxdy$

$$= \int_3^5 \left[\int_{-x}^{x^2} (4x + 10y)dy \right] dx = \int_3^5 \left[(4xy + 5y^2) \Big|_{y=-x}^{y=x^2} \right] dx$$

$$= \int_3^5 (4x^3 + 5x^4 - x^2)dx = \left(x^5 + x^4 - \frac{x^3}{3} \right)\Bigg|_3^5 = 3393\frac{1}{3} \quad \blacksquare$$

例 7　設 $\Omega : \ln 2 \le y \le 1,\ 0 \le x \le 3y$,　試求 $\displaystyle\iint_\Omega e^{x+y}dxdy$。

解　　$\displaystyle\iint_\Omega e^{x+y}dxdy$

$$= \int_{\ln 2}^1 \left[\int_0^{3y} e^{x+y}dx \right] dy = \int_{\ln 2}^1 \left(e^{x+y}\Big|_{x=0}^{x=3y} \right) dy$$

$$= \int_{\ln 2}^1 (e^{3y+y} - e^y)dy = \frac{1}{4}\int_{\ln 2}^1 4e^{4y}dy - \int_{\ln 2}^1 e^y dy$$

$$= \frac{1}{4}(e^{4y})\Big|_{\ln 2}^1 - (e^y)\Big|_{\ln 2}^1 = \left(\frac{1}{4}\cdot e^4 - \frac{1}{4}\cdot 2^4 \right) - (e-2)$$

$$= \frac{1}{4}e^4 - 2 - e \quad \blacksquare$$

【隨堂練習】　求下列積分：

(1) $\displaystyle\iint_\Omega \cos\pi x^2 dxdy$, $\Omega : 0 \le x \le 1,\ 0 \le y \le 2x$

(2) $\displaystyle\iint_\Omega y\sin\frac{x}{2}dxdy$, $\Omega : 0 \le y \le \frac{\pi}{2},\ 0 \le x \le 2y$

丙、利用極坐標來計算 $\displaystyle\iint_\Omega f$

　　最後我們再講，利用極坐標來計算二重積分。假設有一個函數 f 定義在平面上的某一領域 Ω 上。當 Ω 為圓或扇形這一類領域時，採用極坐標來計算重積分 $\displaystyle\iint_\Omega f$ 是很方便的。

今在平面上取極坐標 (r, θ)。我們先來考慮 Ω 由直線 $\theta = \alpha$, $\theta = \beta$ 及圓 $r = a$, $r = b$ 所圍成。

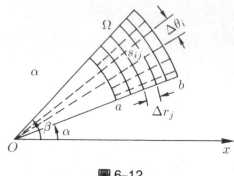

圖 6-12

對這種領域, 如何計算 $\iint\limits_{\Omega} f$ 呢? 我們要因地制宜講究分割的技巧, 我們作這樣的分割

$$\alpha = \theta_0 < \theta_1 < \cdots < \theta_n = \beta$$

$$a = r_0 < r_1 < \cdots < r_m = b$$

如上圖, 於是第 (i, j) 塊 S_{ij} 為由直線 $\theta = \theta_{i-1}$, $\theta = \theta_i$ 與圓 $r = r_{j-1}$, $r = r_j$ 所圍成。令

$$\Delta \theta_i = \theta_i - \theta_{i-1}, \ \Delta r_j = r_j - r_{j-1}$$

則 S_{ij} 的面積為

$$|S_{ij}| = \frac{1}{2} \Delta \theta_i (r_j^2 - r_{j-1}^2) = \bar{r}_j \Delta r_j \Delta \theta_i$$

其中 $\bar{r}_j = \dfrac{r_{j-1} + r_j}{2}$。作近似和

$$\sum_{ij} f(r'_j, \theta'_i) \bar{r}_j \Delta r_j \Delta \theta_i$$

其中 (r'_j, θ'_i) 為 S_{ij} 中任意點（即樣本點）。將分割無限地加細，考慮極限

$$\lim \sum_{i,j} f(r'_j, \theta'_i) \bar{r}_j \Delta r_j \Delta \theta_i \tag{5}$$

這就是 $\iint\limits_\Omega f$，於是容易看出

$$\iint\limits_\Omega f = \int_\alpha^\beta \left(\int_a^b f(r,\theta) r dr \right) d\theta$$

$$= \int_a^b \left(\int_\alpha^\beta f(r,\theta) r d\theta \right) dr$$

因此我們看出，採用極坐標計算重積分 $\iint\limits_\Omega f$ 時，被積分項不光只是 $f(r,\theta)$，還要再乘以 r。換言之，取極坐標時的無窮小面積元 $da = r dr d\theta$，而不是 $dr d\theta$。

其次，如果積分領域為（見下圖甲）

$$\Omega: \quad \alpha \le \theta \le \beta, \quad g(\theta) \le r \le h(\theta)$$

則 $$\iint\limits_\Omega f = \int_\alpha^\beta \left(\int_{g(\theta)}^{h(\theta)} f(r,\theta) r dr \right) d\theta$$

同理，如果積分領域為（見下圖乙）：

$$\Omega: \quad a \le r \le b, \quad p(r) \le \theta \le q(r)$$

則 $$\iint\limits_\Omega f = \int_a^b \left(\int_{p(r)}^{q(r)} f(r,\theta) r d\theta \right) dr$$

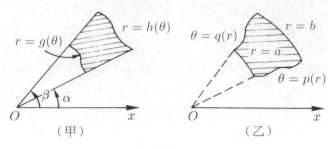

圖 6–13

例 8   利用此地極坐標的辦法，求半徑為 R 的圓球之體積。

解   我們取球心為坐標原點，並在 xy 平面上取極坐標 (r, θ)，
        則上半球的球面方程為

$$z = \sqrt{R^2 - r^2} = f(r, \theta)$$

積分領域可取為

$$\Omega : 0 \le r \le R, \ 0 \le \theta \le 2\pi$$

於是圓球的體積為

$$2 \iint_\Omega f = 2 \iint_\Omega \sqrt{R^2 - r^2} \, r \, dr \, d\theta$$

$$= \int_0^{2\pi} \left(\int_0^R \sqrt{R^2 - r^2} (2r) dr \right) d\theta$$

$$= \int_0^{2\pi} \frac{2}{3} R^3 \, d\theta = \frac{4}{3} \pi R^3 \quad \blacksquare$$

例 9   設 $f(r, \theta) = 2 - r, \ \Omega : 0 \le r \le 2\cos\theta, \ -\dfrac{\pi}{2} \le \theta \le \dfrac{\pi}{2}$
        試求 $\displaystyle\iint_\Omega f$。

解
$$\iint_{\Omega} f = \iint_{\Omega} (2-r)rdrd\theta = \int_{-\frac{\pi}{2}}^{\frac{\pi}{2}} \left(\int_0^{2\cos\theta} (2r - r^2)dr \right) d\theta$$

$$= \int_{-\frac{\pi}{2}}^{\frac{\pi}{2}} (4\cos^2\theta - \frac{8}{3}\cos^3\theta)d\theta$$

$$= 2\int_0^{\frac{\pi}{2}} \left[2(1 + \cos 2\theta) - \frac{8}{3}(1 - \sin^2\theta)\cos\theta \right] d\theta$$

$$= 2 \left[2\theta + \sin 2\theta - \frac{8}{3}\sin\theta + \frac{8}{9}\sin^3\theta \right] \Big|_0^{\frac{\pi}{2}}$$

$$= \frac{2}{9}(9\pi - 16) \quad \blacksquare$$

對於直角坐標表達的二重積分 $\iint_{\Omega} f(x,y)dxdy$，我們有時可以化成極坐標來做。

例 10 試求積分 $\iint_{\Omega} e^{-(x^2+y^2)}dxdy$，其中 $\Omega = \{(x,y): x^2 + y^2 \le 1\}$ 為單位圓盤。

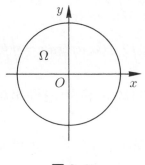

圖 6–14

解 雖然積分式中不含極坐標，但是由圖 6–14 易知，Ω 可以用極坐標描述為

$$\Omega = \{(r, \theta): \ 0 \le r \le 1, \ \ 0 \le \theta \le 2\pi\}$$

而被積分函數 $f(x, y) = e^{-(x^2+y^2)}$ 也可以用極坐標描述為

$$f(r\cos\theta, \ r\sin\theta) = e^{-r^2}$$

於是利用極坐標，積分 $\iint\limits_{\Omega} e^{-(x^2+y^2)}dxdy$ 可以計算如下：

$$\iint\limits_{\Omega} e^{-(x^2+y^2)}dxdy = \int_0^{2\pi} \int_0^1 e^{-r^2} r\,dr\,d\theta$$

$$= \int_0^{2\pi} \left[-\frac{1}{2}e^{-r^2} \right]\Big|_0^1 d\theta$$

$$= \int_0^{2\pi} \frac{1}{2} \left(1 - \frac{1}{e} \right) d\theta$$

$$= \pi \left(1 - \frac{1}{e} \right) \quad \blacksquare$$

事實上，這個例子（例 10）就是二重積分的極坐標**變數代換法**：

欲求 $\iint\limits_{\Omega} f(x, y)dxdy$，令 $x = r\cos\theta$, $y = r\sin\theta$，則

$$\iint\limits_{\Omega} f(x, y)dxdy = \iint\limits_{\Omega^*} f(r\cos\theta, r\sin\theta)r\,dr\,d\theta$$

其中 Ω^* 是將 Ω 用極坐標來表達的領域。

例 11 求積分 $\iint\limits_{\Omega} (x^2 + y^2)dxdy$，其中 Ω 為如圖 6–15 之四分之一圓盤（第一象限部分）。

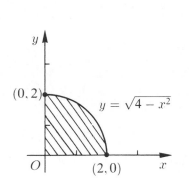 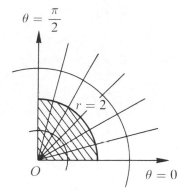

圖 6–15

解　令 $x = r\cos\theta,\ y = r\sin\theta,$ 則 $x^2 + y^2 = r^2$

$$\therefore \iint\limits_{\Omega} (x^2 + y^2)dxdy = \int_0^{\frac{\pi}{2}} \left[\int_0^2 r^2 r dr \right] d\theta$$

$$= \int_0^{\frac{\pi}{2}} \left[\left. \frac{r^4}{4} \right|_0^2 \right] d\theta = 4\left(\frac{\pi}{2} \right) = 2\pi \quad \blacksquare$$

【隨堂練習】　求積分 $\displaystyle\iint\limits_{\Omega} \frac{1}{1 + x^2 + y^2}dxdy$,

其中 $\Omega = \{(x, y):\ x^2 + y^2 \le a^2\}$

習 題 6-2

求下列的定積分（1～12）：

1. $\displaystyle\iint\limits_{\Omega} (x^2 - y)dxdy,\ \Omega = [a, b] \times [c, d]$

2. $\iint\limits_{\Omega} x^3 y \, dx dy, \ \Omega = \{(x, y): \ 0 \le x \le 1, \ 0 \le y \le x\}$

3. $\iint\limits_{\Omega} (x + y) dx dy, \ \Omega = \{(x, y): \ x^2 + y^2 \le 1\}$

4. $\iint\limits_{\Omega} (x^2 + 3y^2) dx dy, \ \Omega$ 如上題。

5. $\iint\limits_{\Omega} \sqrt{xy} \, dx dy, \ \Omega = \{(x, y): \ 0 \le y \le 1, \ y^2 \le x \le y\}$

6. $\iint\limits_{\Omega} ye^x dx dy, \ \Omega = \{(x, y): \ 0 \le y \le 1, \ 0 \le x \le y^2\}$

7. $\iint\limits_{\Omega} e^{x^2} dx dy, \ \Omega$ 由 $2y = x, \ x = 2$ 及 x 軸所圍成。

8. $\iint\limits_{\Omega} (x^2 + y^2) dx dy, \ \Omega: \ x \ge 0, \ y \ge 0, \ x + y \le 1$

9. $\iint\limits_{\Omega} (1 - x - y) dx dy, \ \Omega: \ x \ge 0, \ y \ge 0, \ x + y \le 1$

10. $\iint\limits_{\Omega} \dfrac{xy^2}{\sqrt{a^2 x^2}} dx dy, \ \Omega: \ x^2 + y^2 \le a^2, \ x \ge 0$

11. $\iint\limits_{\Omega} xy \, dx dy, \ \Omega: \ x^2 + y^2 \le a^2, \ x \ge 0, \ y \ge 0$

12. $\iint\limits_{\Omega} \sqrt{4x^2 - y^2} dx dy, \ \Omega: \ 0 \le x \le 1, \ 0 \le y \le x$

將下列積分之順序變更，其中 $f(x, y)$ 為一連續函數（13～17）：

13. $\displaystyle\int_a^b dx \int_a^x f(x, y) dy$

14. $\displaystyle\int_0^1 dy \int_{y-1}^{1-y} f(x, y) dx$

15. $\displaystyle\int_0^{\frac{1}{2}} dx \int_{x^2}^{x} f(x,y)dy$

16. $\displaystyle\int_0^{2a} dx \int_{\frac{x^2}{4a}}^{3a-x} f(x,y)dy$

17. $\displaystyle\int_0^{a} dx \int_{\sqrt{a^2-x^2}}^{x+2a} f(x,y)dy$

利用極坐標求下列積分（18～23）：

18. $\displaystyle\iint\limits_{\Omega} \frac{dxdy}{\sqrt{1+x^2+y^2}}, \ \Omega: \ x^2+y^2 \leq 1$

19. $\displaystyle\iint\limits_{\Omega} x^2 dxdy, \ \Omega: \ (x-a)^2+y^2 \leq a^2, \ y \geq 0$

20. $\displaystyle\iint\limits_{\Omega} e^{(x^2+y^2)}dxdy, \ \Omega: \ a^2 \leq x^2+y^2 \leq b^2$

21. $\displaystyle\iint\limits_{\Omega} \sqrt{a^2-x^2-y^2}dxdy, \ \Omega: \ x^2+y^2 \leq a^2$

22. $\displaystyle\iint\limits_{\Omega} \frac{1}{\sqrt{1-x^2-y^2}}dxdy, \ \Omega: \ x^2+y^2 \leq 1$

23. $\displaystyle\iint\limits_{\Omega} \sqrt{a^2-x^2-y^2}dxdy, \ \Omega: \ b^2 \leq x^2+y^2 \leq a^2$

6–3 三重積分

如何計算三重定積分 $\displaystyle\iiint\limits_{\Omega} f$ 呢？

甲、直角坐標系與迭次積分

對三維空間引入直角坐標系，那麼上一節所述的 Fubini 定

理仍然成立，於是化成逐次計算單變數函數的積分（三次）就好了。

定 理

（Fubini 定理）

設 $f, \psi_1, \psi_2, \phi_1, \phi_2$ 皆為連續函數。

(1)設 Ω 為長方體（見圖6–16）

$$\Omega:\ a_1 \leq x \leq a_2,\ b_1 \leq y \leq b_2,\ c_1 \leq z \leq c_2$$

則有

$$\iiint\limits_{\Omega} f = \int_{a_1}^{a_2} \left[\int_{b_1}^{b_2} \left(\int_{c_1}^{c_2} f(x,y,z)dz \right) dy \right] dx$$

$$= \int_{b_1}^{b_2} \left[\int_{a_1}^{a_2} \left(\int_{c_1}^{c_2} f(x,y,z)dz \right) dx \right] dy = \cdots 等等。$$

(2)若 Ω 形如

$$\Omega:\ a_1 \leq x \leq a_2, \phi_1(x) \leq y \leq \phi_2(x),\ \psi_1(x,y) \leq z \leq \psi_2(x,y) \quad （見圖6–17）$$

則有

$$\iiint\limits_{\Omega} f = \int_{a_1}^{a_2} \left[\int_{\phi_1(x)}^{\phi_2(x)} \left(\int_{\psi_1(x,y)}^{\psi_2(x,y)} f(x,y,z)dz \right) dy \right] dx$$

(3)若 Ω 形如

$$\Omega:\ b_1 \leq y \leq b_2,\ \phi_1(y) \leq z \leq \phi_2(y),\ \psi_1(y,z) \leq x \leq \psi_2(y,z)$$

則有

$$\iiint\limits_{\Omega} f = \int_{b_1}^{b_2} \left[\int_{\phi_1(y)}^{\phi_2(y)} \left(\int_{\psi_1(y,z)}^{\psi_2(y,z)} f(x,y,z)dx \right) dz \right] dy$$

(4)……等等。

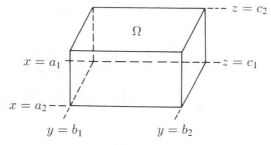

圖 6–16

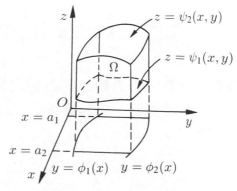

$\Omega : a_1 \leq x \leq a_2,\ \phi_1(x) \leq y \leq \phi_2(x),\ \psi_1(x,y) \leq z \leq \psi_2(x,y)$

圖 6–17

例 1　求下面的三重積分：

$$\int_0^2 \int_0^x \int_0^{4-x^2} xyz\,dz\,dy\,dx$$

解　$\displaystyle\int_0^2 \int_0^x \int_0^{4-x^2} xyz\,dz\,dy\,dx$

$$=\int_0^2 \int_0^x \left(\int_0^{4-x^2} xyz\,dz\right) dy\,dx$$

$$=\int_0^2 \int_0^x \left(\left[\frac{1}{2}xyz^2\right]\Big|_0^{4-x^2}\right) dy\,dx$$

$$=\frac{1}{2}\int_0^2\int_0^x x(4-x^2)^2 y\,dy\,dx$$

$$=\frac{1}{2}\int_0^2\left(\int_0^x x(4-x^2)^2 y\,dy\right)dx$$

$$=\frac{1}{2}\int_0^2\left(\left[\frac{1}{2}x(4-x^2)^2 y^2\right]\Big|_0^x\right)dx$$

$$=\frac{1}{4}\int_0^2 x^3(4-x^2)^2 dx=\frac{1}{4}\int_0^2 x^3(16-8x^2+x^4)dx$$

$$=\frac{1}{4}\left[4x^4-\frac{8}{6}x^6+\frac{1}{8}x^8\right]\Big|_0^2=\frac{8}{3}\quad\blacksquare$$

例2　設有一正方體，其各點之密度與距一角 A 之距離的平方成正比，求其質量。

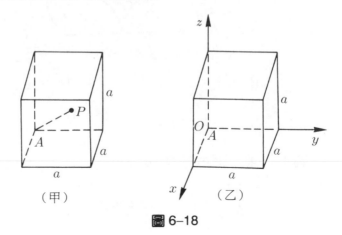

圖 6–18

解　令正方體一邊之長為 a，其最大密度為 d，並且取直角坐標系，如圖乙，使得以角 A 為原點，而以正方體的三邊為 Ox, Oy, Oz 軸。於是最大密度之點，其坐標為 (a,a,a)。因為密度 $\rho(x,y,z)$ 與和原點之距離的平方成正比，故

$$\rho(x,y,z)=k(x^2+y^2+z^2)$$

比例常數 k 為 $k = \dfrac{d}{3a^2}$，亦即

$$\rho(x, y, z) = \frac{d}{3a^2}(x^2 + y^2 + z^2)$$

令已知正方體的質量為

$$M \equiv \iiint\limits_{\Omega} \rho(x, y, z)dxdydz，其中 \Omega 為正方體$$

由 Fubini 定理得知

$$M = \int_0^a dx \int_0^a dy \int_0^a \frac{d}{3a^2}(x^2 + y^2 + z^2)dz$$

$$= \int_0^a dx \int_0^a \frac{d}{3a}\left(x^2 + y^2 + \frac{a^2}{3}\right) dy$$

$$= \int_0^a \frac{d}{3}\left(x^2 + \frac{2a^2}{3}\right) dx$$

$$= \frac{d}{3}\left(\frac{a^3}{3} + \frac{2a^3}{3}\right) = \frac{d}{3}a^3 \quad \blacksquare$$

例3　求下圖四面體的體積。

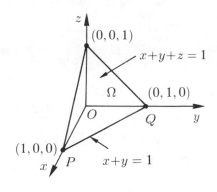

圖 6-19

解　我們說過，當 $f(x, y, z) \equiv 1$ 時，

$$\iiint\limits_{\Omega} f(x,y,z)dxdydz = \iiint\limits_{\Omega} dxdydz$$

就代表幾何體 Ω 的體積，我們就用這個觀點來求四面體的體積，由於 Ω 的斜面方程式為

$$x + y + z = 1$$

而過 P, Q 兩點的方程式為

$$x + y = 1$$

因此 $\Omega: 0 \le x \le 1,\ 0 \le y \le 1-x,\ 0 \le z \le 1-x-y$，於是 Ω 的體積為

$$V = \iiint\limits_{\Omega} dxdydz = \int_0^1 dx \int_0^{1-x} dy \int_0^{1-x-y} dz$$

$$= \int_0^1 dx \int_0^{1-x} (1-x-y)dy$$

$$= \int_0^1 \left[(1-x)y - \frac{1}{2}y^2 \right] \Big|_{y=0}^{y=1-x} dx$$

$$= \int_0^1 \frac{1}{2}(1-x)^2 dx$$

$$= -\frac{1}{6}(1-x)^3 \Big|_0^1 = \frac{1}{6} \quad \blacksquare$$

例 4　在上例中，若四面體在點 (x,y,z) 的密度函數為 $\rho(x,y,z) = xy$，試求此四面體的總質量。

解　總質量為

$$M \equiv \iiint\limits_{\Omega} xy\,dxdydz = \int_0^1 dx \int_0^{1-x} dy \int_0^{1-x-y} xy\,dz$$

因為

$$\int_0^{1-x-y} xydz = xy(1-x-y) = x(1-x)y - xy^2$$

所以

$$M = \int_0^1 dx \int_0^{1-x} [x(1-x)y - xy^2]dy$$

$$= \int_0^1 \left[\frac{1}{2}x(1-x)y^2 - \frac{1}{3}xy^3 \right] \Bigg|_{y=0}^{y=1-x} dx$$

$$= \int_0^1 \frac{1}{6}x(1-x)^3 dx$$

$$= \int_0^1 \frac{1}{6}(x - 3x^2 + 3x^3 - x^4)dx$$

$$= \frac{1}{6} \left[\frac{1}{2}x^2 - x^3 + \frac{3}{4}x^4 - \frac{1}{5}x^5 \right] \Bigg|_0^1$$

$$= \frac{1}{6} \left(\frac{1}{2} - 1 + \frac{3}{4} - \frac{1}{5} \right) = \frac{1}{120} \quad \blacksquare$$

例5 考慮底半徑為 r, 高度為 h 之圓柱體, 若其密度正比於跟底面的距離, 求此圓柱體的質量。

解 為方便起見, 我們置圓柱體如下圖:

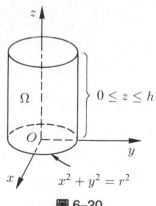

圖 6–20

圓柱體 Ω 如下：

$$\Omega: -r \le x \le r, \ -\sqrt{r^2-x^2} \le y \le \sqrt{r^2-x^2}, \ 0 \le z \le h$$

密度函數為

$$\rho(x,y,z) = kz, \quad k\text{為比例常數}$$

於是總質量為

$$M = \iiint\limits_{\Omega} kz\,dxdydz$$

$$= \int_{-r}^{r} dx \int_{-\sqrt{r^2-x^2}}^{\sqrt{r^2-x^2}} dy \int_{0}^{h} kz\,dz$$

由對稱性的考慮

$$M = 4k \int_{0}^{r} dx \int_{0}^{\sqrt{r^2-x^2}} dy \int_{0}^{h} z\,dz$$

$$= 4k \int_{0}^{r} dx \int_{0}^{\sqrt{r^2-x^2}} \frac{1}{2} h^2 dy$$

$$= 4k \cdot \frac{1}{2} h^2 \int_{0}^{r} \sqrt{r^2-x^2}\,dx$$

$$= 2kh^2 \cdot \frac{1}{4}\pi r^2 = \frac{1}{2} kh^2 r^2 \pi \quad \blacksquare$$

乙、柱坐標系與三重積分

　　對於二維平面的點可以用平面直角坐標或極坐標來描寫。對於三維空間的點可以用空間直角坐標或柱坐標或球坐標來描述（參見第四章第四節）。

　　今我們在空間中取柱坐標，見下圖：

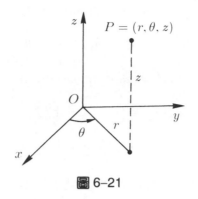

圖 6–21

在這個坐標系之下，考慮空間的領域

$$\Omega : a_1 \leq r \leq a_2, \ b_1 \leq \theta \leq b_2, \ d_1 \leq z \leq d_2$$

其圖形如下：

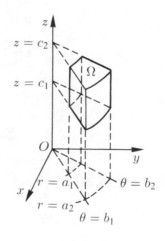

圖 6–22

【隨堂練習】　$\Omega : 0 \leq \theta \leq 2\pi, \ 0 \leq r \leq a, \ 0 \leq z \leq h$ 代表什麼？

今設 $f(r, \theta, z)$ 為定義在 Ω 上的連續函數，我們要來計算 $\iiint\limits_{\Omega} f$ 為此，我們對 Ω 作分割

$$a_1 = r_0 < r_1 < \cdots < r_{i-1} < r_i < \cdots < r_l = a_2$$

$$b_1 = \theta_0 < \theta_1 < \cdots < \theta_{j-1} < \theta_j < \cdots < \theta_m = b_2$$

$$d_1 = z_0 < z_1 < \cdots < z_{k-1} < z_k < \cdots < z_n = d_2$$

其中對應的第 (i, j, k) 小塊為

$$\Omega_{ijk} : \ r_{i-1} \le r \le r_i, \ \theta_{j-1} \le \theta \le \theta_j, \ z_{k-1} \le z \le z_k$$

如下圖（我們放大了來看）：

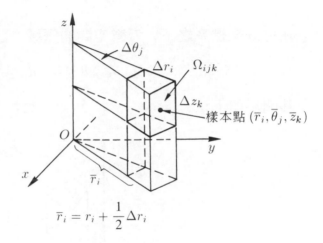

$$\bar{r}_i = r_i + \frac{1}{2}\Delta r_i$$

圖 6–23

這一小塊的體積為

$$|\Omega_{ijk}| = \bar{r}_i \Delta r_i \Delta \theta_j \Delta z_k$$

因此

$$\iiint\limits_{\Omega} f = \lim \sum_{i,j,k} f(\bar{r}_i, \bar{\theta}_j, \bar{z}_k) |\Omega_{ijk}|$$

$$= \lim \sum_{i,j,k} f(\bar{r}_i, \bar{\theta}_j, \bar{z}_k) \bar{r}_i \Delta r_i \Delta \theta_j \Delta z_k$$

$$= \int_{a_1}^{a_2} dr \int_{b_1}^{b_2} d\theta \int_{d_1}^{d_2} f(r, \theta, z) r dz$$

此式就是**柱坐標下，三重積分的計算公式**。

取 $f(r, \theta, z) \equiv 1$ 時，就得到

$$\Omega \text{ 的體積} = \iiint\limits_{\Omega} r dr d\theta dz$$

（註：取柱坐標 (r, θ, z) 時，無窮小體積元 $dv = r dr d\theta dz$。）

例6　底半徑為 R，高度為 h 之圓柱體，若其密度函數為 $\rho(r, \theta, z) = kr$，k 為比例常數，試求此圓柱體的質量。

解　採用柱坐標，則圓柱體 Ω 可表成

$$\Omega : \ 0 \le r \le R, \ \ 0 \le \theta \le 2\pi, \ 0 \le z \le h$$

於是 Ω 的質量

$$M = \iiint\limits_{\Omega} kr^2 dr d\theta dz = \int_0^h dz \int_0^{2\pi} d\theta \int_0^R kr^2 dr$$

$$= \int_0^h dz \int_0^{2\pi} \frac{1}{3} kR^3 d\theta = \int_0^h \frac{2}{3} \pi kR^3 d\theta$$

$$= \frac{2}{3} \pi kR^3 h \quad \blacksquare$$

例7　設 Ω 為半徑是 a 之球。試利用柱坐標積分公式求 Ω 的體積。

解　利用柱坐標，Ω 可表成

$$\Omega : \ 0 \le \theta \le 2\pi, \ 0 \le r \le a, \ -\sqrt{a^2 - r^2} \le z \le \sqrt{a^2 - r^2}$$

因此 Ω 的體積

$$V = |\Omega| = \int_0^{2\pi} d\theta \int_0^a dr \int_{-\sqrt{a^2-r^2}}^{\sqrt{a^2-r^2}} r dz$$

$$= \int_0^{2\pi} d\theta \int_0^a 2r\sqrt{a^2 - r^2}\, dr$$

$$= \int_0^{2\pi} \frac{-2(a^2 - r^2)^{\frac{3}{2}}}{3}\bigg|_{r=0}^{r=a} d\theta$$

$$= \int_0^{2\pi} \frac{2a^3}{3}\, d\theta = \frac{4\pi}{3}a^3 \quad \blacksquare$$

對於直角坐標表達的三重積分 $\iiint\limits_\Omega f(x, y, z)\,dxdydz$，當積分領域 Ω 適合於用柱坐標來描述時，通常我們就採用柱坐標來求算這種三重積分，請看下面的例子。

例8　求積分 $\iiint\limits_\Omega \sqrt{x^2 + y^2}\,dxdydz$, 其中 Ω 為由柱面 $x^2 + y^2 = 4$ 與兩平面 $z = y + 2, z = 6 - x$ 所圍成的立體領域，參見圖 6–24。

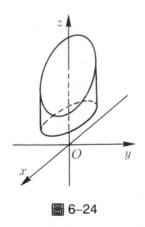

圖 6–24

解　利用柱坐標，Ω 可以描述為

$$\Omega = \{(r, \theta, z) : 0 \leq r \leq 2,\ 0 \leq \theta \leq 2\pi,$$

$$2 + r\sin\theta \leq z \leq 6 - r\cos\theta\}$$

並且被積分函數的柱坐標描述為

$$f(r\cos\theta, r\sin\theta, z) = \sqrt{r^2\cos^2\theta + r^2\sin^2\theta} = r$$

因此

$$\iiint\limits_{\Omega} \sqrt{x^2 + y^2}\,dxdydz$$

$$= \int_0^{2\pi} \int_0^2 \left(\int_{2+r\sin\theta}^{6-r\cos\theta} r\,dz \right) r\,dr\,d\theta$$

$$= \int_0^{2\pi} \int_0^2 \left(rz\Big|_{z=2+r\sin\theta}^{z=6-r\cos\theta} \right) r\,dr\,d\theta$$

$$= \int_0^{2\pi} \int_0^2 r(6 - r\cos\theta - 2 - r\sin\theta)r\,dr\,d\theta$$

$$= \int_0^{2\pi} \left(\frac{4}{3}r^3 - (\cos\theta + \sin\theta)\frac{r^4}{4} \right)\Big|_0^2 d\theta$$

$$= \int_0^{2\pi} \left(\frac{32}{3} - 4\cos\theta - 4\sin\theta \right) d\theta = \frac{64}{3}\pi \quad \blacksquare$$

事實上，例 8 就是三重積分的**柱坐標代換法**：

欲求 $\iiint\limits_{\Omega} f(x,y,z)dxdydz$，令

$$x = r\cos\theta, y = r\sin\theta, z = z$$

則　$\iiint\limits_{\Omega} f(x,y,z)dxdydz = \iiint\limits_{\Omega^*} f(r\cos\theta, r\sin\theta, z)r\,dr\,d\theta\,dz$

其中 Ω^* 是將 Ω 用柱坐標來表達的領域。

例 9　求積分 $\iiint\limits_{\Omega} z(x^2+y^2)dxdydz$，其中 Ω 為由錐面 $z = \sqrt{x^2 + y^2}$

與球面 $z = \sqrt{2 - x^2 - y^2}$ 所圍成的立體領域，參見圖 6–25。

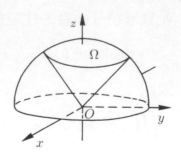

圖 6–25

解 在柱坐標系中，Ω 可表成

$$\Omega = \{(r, \theta, z) : 0 \leq r \leq 1, 0 \leq \theta \leq 2\pi, r \leq z \leq \sqrt{2 - r^2}\}$$

令 $x = r\cos\theta,\ y = r\sin\theta,\ z = z,$ 則

$$\iiint\limits_{\Omega} z(x^2 + y^2)dxdydz = \int_0^{2\pi} \int_0^1 \int_r^{\sqrt{2-r^2}} zr^2 \cdot rdrd\theta dz$$

$$= \int_0^{2\pi} d\theta \int_0^1 r^3 dr \int_r^{\sqrt{2-r^2}} zdz$$

$$= 2\pi \int_0^1 r^3 \left(\frac{1}{2} z^2 \Big|_r^{\sqrt{2-r^2}} \right) dr$$

$$= 2\pi \int_0^1 r^3 (1 - r^2)dr$$

$$= 2\pi \left(\frac{1}{4} r^4 - \frac{1}{6} r^6 \right) \Big|_0^1 = \frac{\pi}{6} \quad \blacksquare$$

丙、球坐標系與三重積分

在空間中取球坐標，見下圖：

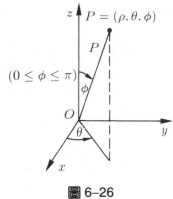

圖 6–26

考慮空間中的領域

$$\Omega : a_1 \leq \rho \leq a_2, \ b_1 \leq \theta \leq b_2, \ c_1 \leq \phi \leq c_2$$

其圖形如下:

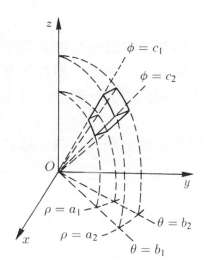

圖 6–27

【隨堂練習】　$\Omega : 0 \leq \rho \leq a,\ 0 \leq \theta \leq 2\pi,\ 0 \leq \phi \leq \pi$ 代表什麼幾何形體？

　　將 Ω 作分割，其中有一小塊 R 如下圖甲，其放大圖如下圖乙：

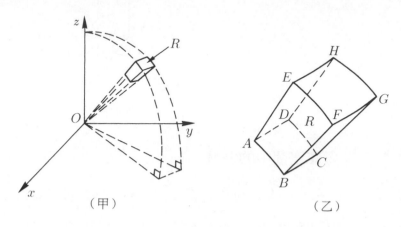

(甲)　　　　　(乙)

圖 6–28

　　我們來探求這一小塊 R 的體積表示公式。首先我們觀察到，在圖乙中，$ABCD$ 與 $EFGH$ 是球面的一部分，$BCGF$ 與 $ADHE$ 是圓錐面的一部分，而 $ABFE$ 與 $DCGH$ 則是平面的一部分。

　　因為 R 類似於長方體，故其體積約為

$$\overline{AE} \cdot \widehat{AB} \cdot \widehat{AD}$$

首先，$\overline{AE}$ 為 ρ 之差分，即

$$\overline{AE} = \Delta\rho$$

其次，$\widehat{AB}$ 為半徑是 ρ 的圓弧，張的角度是 $\Delta\phi$，故

$$\widehat{AB} = \rho \cdot \Delta\phi$$

最後，考慮 $\overset{\frown}{AD}$，這是垂直於 z 軸的圓之圓弧，見下圖：

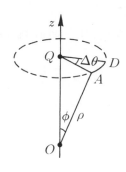

圖 6–29

因此

$$\overset{\frown}{AD} = \rho \sin \phi \Delta\theta$$

故 R 的體積約為

$$|R| = \Delta\rho(\rho\Delta\phi)(\rho\sin\phi\Delta\theta)$$

$$= \rho^2 \sin\phi\Delta\rho\Delta\phi\Delta\theta$$

今若 $f(\rho,\theta,\phi)$ 為定義在

$$\Omega:\ a_1 \le \rho \le a_2,\ b_1 \le \theta \le b_2,\ c_1 \le \phi \le c_2$$

上的連續函數，則

$$\iiint\limits_{\Omega} f = \int_{a_1}^{a_2} d\rho \int_{b_1}^{b_2} d\theta \int_{c_1}^{c_2} f(\rho,\theta,\phi)\rho^2 \sin\phi\,d\phi$$

此式就是**在球坐標下，三重積分的計算公式**。
當 $f(\rho,\theta,\phi) \equiv 1$ 時，則得

$$\Omega\ 的體積 = \int_{a_1}^{a_2} d\rho \int_{b_1}^{b_2} d\theta \int_{c_1}^{c_2} \rho^2 \sin\phi\,d\psi$$

例 10　半徑為 1 的球，若距球心 d 處的密度為 $\dfrac{1}{1+d^2}$ 試求此球的質量。

解　採球坐標，則此球 Ω 如下：

$$\Omega:\ 0\le\rho\le 1,\ 0\le\theta\le 2\pi,\ 0\le\phi\le\pi$$

而密度函數為

$$f(\rho,\theta,\phi)=\frac{1}{1+\rho^2}$$

於是 Ω 的質量為

$$M=\iiint\limits_{\Omega}\frac{1}{1+\rho^2}\rho^2\sin\phi\,d\rho d\theta d\phi$$

$$=\int_0^\pi d\phi\int_0^{2\pi}d\theta\int_0^1\frac{\rho^2}{1+\rho^2}\sin\phi\,d\rho$$

$$=\int_0^\pi d\phi\int_0^{2\pi}d\theta\int_0^1\left(1-\frac{1}{1+\rho^2}\right)\sin\phi\,d\rho$$

$$=\int_0^\pi d\phi\int_0^{2\pi}\left(1-\frac{1}{4}\pi\right)\sin\phi\,d\theta$$

$$=\int_0^\pi\left(1-\frac{1}{4}\pi\right)2\pi\sin\phi\,d\phi=4\pi-\pi^2\quad\blacksquare$$

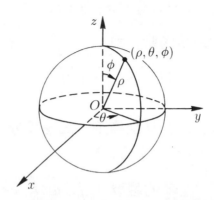

圖 6–30

例 11 求三重積分 $\iiint\limits_{\Omega}(x^2+y^2+z^2)dxdydz$，其中 Ω 為半徑是 1 之球，參見圖 6-30

解 採用球坐標，Ω 可表成

$$\Omega = \{(\rho,\theta,\phi): \ 0 \leq \rho \leq 1, 0 \leq \theta \leq 2\pi, \ 0 \leq \phi \leq \pi\}$$

並且被積分函數可表成

$$f(\rho,\theta,\phi) = \rho^2$$

因此

$$\iiint\limits_{\Omega}(x^2+y^2+z^2)dxdydz$$

$$=\iiint\limits_{\Omega}(\rho^2)\rho^2 \sin\phi d\rho d\theta d\phi$$

$$=\int_0^\pi \int_0^{2\pi}\int_0^1 \rho^4 \sin\phi d\rho d\theta d\phi$$

$$=\left(\int_0^\pi \sin\phi d\phi\right)\left(\int_0^{2\pi}d\theta\right)\left(\int_0^1\rho^4 d\rho\right)$$

$$=(2)(2\pi)\left(\frac{1}{5}\right)=\frac{4}{5}\pi \quad \blacksquare$$

上述例 11 就是三重積分的**球坐標代換法**：

欲求 $\iiint\limits_{\Omega}f(x,y,z)dxdydz$, 令

$$x = \rho \sin\phi\cos\theta, \ y = \rho \sin\phi\sin\theta, \ z = \rho\cos\phi$$

則

$$\iiint\limits_{\Omega}f(x,y,z)dxdydz$$

$$= \iiint\limits_{\Omega^*} f(\rho \sin \phi \cos \theta, \rho \sin \phi \sin \theta, \rho \cos \phi) \rho^2 \sin \phi d\rho d\theta d\phi$$

其中 Ω^* 是將 Ω 用球坐標來表達的領域。

例12 求三重積分 $\iiint\limits_{\Omega} z dx dy dz$，其中 Ω 是一個以球面 $x^2 + y^2 + z^2 = 1$ 為上界，以錐面 $z^2 = x^2 + y^2$ 為下界所圍成的立體領域。參見圖 6–25。

解 以球坐標來表示，球面為 $\rho = 1$；錐面為 $\rho^2 \cos^2 \phi = \rho^2 \sin^2 \phi$，故 $\phi = \dfrac{\pi}{4}$；從而

$$\Omega = \left\{ (\rho, \theta, \phi): \ 0 \le \rho \le 1, \ 0 \le \theta \le 2\pi, \ 0 \le \phi \le \frac{\pi}{4} \right\}$$

$$\therefore \iiint\limits_{\Omega} z dx dy dz = \iiint\limits_{\Omega} \rho \cos \phi \rho^2 \sin \phi d\rho d\theta d\phi$$

$$= \int_0^{2\pi} \left\{ \int_0^{\frac{\pi}{4}} \sin \phi \cos \phi \left[\int_0^1 \rho^3 d\rho \right] d\phi \right\} d\theta$$

$$= \frac{1}{4} \int_0^{2\pi} \left[\int_0^{\frac{\pi}{4}} \frac{1}{2} \sin 2\phi d\phi \right] d\theta$$

$$= \frac{1}{16} \int_0^{2\pi} d\theta = \frac{\pi}{8} \quad \blacksquare$$

習 題 6-3

求下列的三重積分：

1. $\int_0^a \int_0^b \int_0^c dx dy dz$

2. $\int_0^1 \int_0^x \int_0^y y dz dy dx$

3. $\displaystyle\int_0^1 \int_1^{2y} \int_0^x (x+2z)dzdxdy$

4. $\displaystyle\int_0^1 \int_{1-x}^{1+x} \int_0^{xy} 4zdzdydx$

5. $\displaystyle\int_0^2 \int_{-1}^1 \int_1^3 (z-xy)dzdydx$

6. $\displaystyle\int_0^2 \int_{-1}^1 \int_1^3 (z-xy)dydxdz$

7. $\displaystyle\int_0^{\frac{\pi}{2}} \int_0^1 \int_0^{\sqrt{1-x^2}} x\cos z\,dydxdz$

8. $\displaystyle\int_{-1}^2 \int_1^{y+2} \int_e^{e^2} \frac{x+y}{z}dzdxdy$

9. $\displaystyle\int_1^2 \int_y^{y^2} \int_0^{\ln x} ye^z dzdxdy$

10. $\displaystyle\int_0^{\frac{\pi}{2}} \int_0^{\frac{\pi}{2}} \int_0^1 e^z\cos x\sin y\,dzdydx$

11. $\displaystyle\iiint_\Omega y\,dxdydz, \Omega = \{(x,y,z):\ 0\le x\le 2, 0\le y\le 3, 0\le z\le 1\}$

12. $\displaystyle\iiint_\Omega (x+2z)dxdydz, \Omega = \{(x,y,z):\ 1\le x\le 2y, \frac{1}{2}\le y\le 1, 0\le z\le x\}$

13. $\displaystyle\iiint_\Omega 3(x^2y+y^2z)dxdydz, \Omega = [1,3]\times[-1,1]\times[2,4]$

14. $\displaystyle\iiint_\Omega \frac{1}{x(9-x^2-y^2-z^2)}dxdydz$,

其中 $\Omega = \{(x,y,z):\ x^2+y^2+z^2\le 4, z^2\ge x^2+y^2\}$

15. $\displaystyle\iiint_\Omega (x^2+y^2)dxdydz$,

其中 $\Omega = \{(x,y,z):\ x^2+y^2+z^2\le a^2, x\ge 0, y\ge 0, z\ge 0\}$

16. $\displaystyle\iiint_\Omega x^2 dxdydz$,

其中 $\Omega = \{(x,y,z):\ x^2+y^2\le a^2, 0\le z\le x^2+y^2\}$

17. $\displaystyle\iiint_\Omega xyz\,dxdydz, \Omega:\ x^2+y^2+z^2\le a^2,\ x\ge 0, y\ge 0, z\ge 0$

18. $\displaystyle\iiint_\Omega (z^2-x^2-y^2)dxdydz, \Omega:\ x^2+y^2\le a^2, -a\le z\le a$

19. $\displaystyle\iiint_\Omega \frac{x^2+y^2+z^2}{\sqrt{1-x^2-y^2-z^2}}dxdydz, \Omega:\ x^2+y^2+z^2\le 1$

20. $\displaystyle\iiint\limits_{\Omega} x^2 dxdydz, \Omega: \ \dfrac{x^2}{a^2} + \dfrac{y^2}{b^2} + \dfrac{z^2}{c^2} \leq 1$

21. $\displaystyle\iiint\limits_{\Omega} dxdydz, \Omega: \ x^2 + y^2 + z^2 \leq a^2 \ \ (a > 0)$

22. $\displaystyle\iiint\limits_{\Omega} xdxdydz, \Omega: \ 0 \leq z \leq a, x^2 + y^2 \leq 2ax \ \ (a > 0)$

23. $\displaystyle\iiint\limits_{\Omega} zdxdydz, \Omega: \ x^2 + y^2 + z^2 \leq a^2, z \geq 0 \ \ (a > 0)$

6–4　重積分的變數代換公式

計算單變數函數的積分 $\displaystyle\int_a^b f(x)dx$ 時，我們常用變數代換的方法：

令 $x = g(t)$，則$dx = g'(t)dt$，於是

$$\int_a^b f(x)dx = \int_c^d f(g(t))g'(t)dt \tag{1}$$

其中 $a = g(c), b = g(d)$。

我們將變數從 x 變成 t，並且被積分項要多一個因子 $g'(t)$，代表變數代換的「放大率」。

對於二重積分 $\displaystyle\iint\limits_{\Omega} f(x,y)dxdy$ 的情形，若採用極坐標代換法，我們就令

$$x = r \cos \theta, \ y = r \sin \theta$$

將 (x,y) 變成 (r, θ) 並且

$$dxdy = rdrd\theta$$

於是

$$\iint\limits_{\Omega} f(x,y)dxdy = \iint\limits_{\Omega^*} f(r\cos\theta, r\sin\theta)rdrd\theta \qquad (2)$$

其中 Ω^* 是將 Ω 用極坐標來表達的領域。注意到，作變數代換時，右邊的被積分項多了一個因子 r，代表變數代換的「放大率」。

對於三重積分 $\iiint\limits_{\Omega} f(x,y,z)dxdydz$ 的情形，若採用柱坐標代換法，我們就令

$$x = r\cos\theta, y = r\sin\theta, z = z$$

並且

$$dxdydz = rdrd\theta dz$$

於是

$$\iiint\limits_{\Omega} f(x,y,z)dxdydz = \iiint\limits_{\Omega^*} f(r\cos\theta, r\sin\theta, z)rdrd\theta dz \qquad (3)$$

其中 Ω^* 是將 Ω 用柱坐標來表達的領域。注意到，將變數從直角坐標 (x,y,z) 變成柱坐標 (r,θ,z) 時，(3)式右邊的被積分項多了一個「放大率」的因子 r。

其次，若將直角坐標 (x,y,z) 變成球坐標 (ρ,θ,ϕ) 時，我們就令

$$x = \rho\sin\phi\cos\theta, y = \rho\sin\phi\sin\theta, z = \rho\cos\phi$$

並且

$$dxdydz = \rho^2\sin\phi d\rho d\theta d\phi$$

而得到

$$\iiint\limits_{\Omega} f(x,y,z)dxdydz$$

$$= \iiint\limits_{\Omega^*} f(\rho \sin \phi \cos \theta, \rho \sin \phi \sin \theta, \rho \cos \phi)\rho^2 \sin \phi d\rho d\theta d\phi \ (4)$$

其中 Ω^* 是將 Ω 用球坐標來表達的領域。(4)式右邊的被積分項也多了一個「放大率」的因子 $\rho^2 \sin \phi$。

　　一般而言，求算積分採用變數代換方法時，被積分函數都要再乘以一個「放大率」的因子，叫做Jacobi **行列式**(Jacobian)。

甲、兩變數的Jacobi 行列式

> **定 義**
>
> 考慮將變數從 x, y 變成 u, v：
>
> $$x = g(u, v), \ y = h(u, v)$$
>
> 若 x, y 對 u, v 的偏導數存在，則 x 與 y 相對於 u 與 v 的Jacobi **行列式**為
>
> $$\frac{\partial(x, y)}{\partial(u, v)} = \begin{vmatrix} \dfrac{\partial x}{\partial u} & \dfrac{\partial x}{\partial v} \\ \dfrac{\partial y}{\partial u} & \dfrac{\partial y}{\partial v} \end{vmatrix} = \frac{\partial x}{\partial u}\frac{\partial y}{\partial v} - \frac{\partial y}{\partial u}\frac{\partial x}{\partial v} \qquad (5)$$

例1　求極坐標變數代換之 Jacobi 行列式：
$$x = r \cos \theta, y = r \sin \theta$$

解
$$\frac{\partial(x, y)}{\partial(r, \theta)} = \begin{vmatrix} \dfrac{\partial x}{\partial r} & \dfrac{\partial x}{\partial \theta} \\ \dfrac{\partial y}{\partial r} & \dfrac{\partial y}{\partial \theta} \end{vmatrix} = \begin{vmatrix} \cos \theta & -r \sin \theta \\ \sin \theta & r \cos \theta \end{vmatrix}$$

$$= r \cos^2 \theta + r \sin^2 \theta = r \quad \blacksquare$$

　　對於一般的變數代換，我們有如下的變數代換公式，其證明我們省略。

定理

（兩變數的積分變數代換公式）

假設 Ω 與 Ω^* 分別為 xy 平面與 uv 平面上的兩個領域，並且透過變數代換

$$x = g(u,v), y = h(u,v)$$

使得 Ω 中的每一點 (x,y) 都有 Ω^* 中唯一的點 (u,v) 與之對應（參見圖 6–31），又滿足下列三個條件：

(1) f 在 Ω 上為連續函數

(2) g 與 h 在 Ω^* 上具有連續的一階偏導函數

(3) 在 Ω^* 上的每一點，Jacobi 行列式

$$\frac{\partial(x,y)}{\partial(u,v)} \neq 0$$

那麼我們就有

$$\iint\limits_{\Omega} f(x,y)dxdy = \iint\limits_{\Omega^*} f(g(u,v),h(u,v)) \left| \frac{\partial(x,y)}{\partial(u,v)} \right| dudv \qquad (6)$$

特別地，當 $f(x,y) \equiv 1$ 時，就得到

$$\Omega \text{ 的面積} = \iint\limits_{\Omega^*} \left| \frac{\partial(x,y)}{\partial(u,v)} \right| dudv \qquad (7)$$

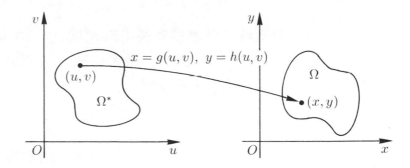

圖 6–31

注意到，在(6)式中，Jacobi 行列式要加絕對值。變數代換的用意有二：簡化積分領域 Ω，將複雜的 Ω 化成簡單的 Ω^*；簡化被積分函數 $f(x,y)$。

例2　求積分 $\displaystyle\iint_{\Omega} y\,dx\,dy$，其中 Ω 為由下列直線所圍成的領域：

$$2x + y = 0,\ 2x + y = 3,\ x - y = 0,\ x - y = 2$$

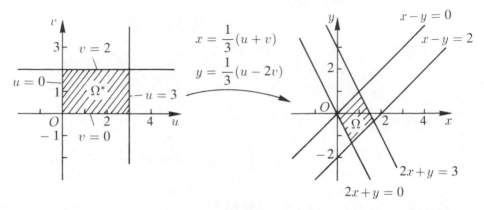

圖 6–32

解　在圖 6–32 的右圖中，我們作出 Ω 的領域。如果令

$$u = 2x + y, v = x - y \tag{8}$$

則領域 Ω 就變換成長方形領域 Ω^*，由 $u = 0$, $u = 3$, $v = 0, v = 2$ 所圍成，見圖 6–32 之左圖。

由(8)式解出 x 與 y 得

$$x = \frac{1}{3}(u+v),\ y = \frac{1}{3}(u - 2v)$$

這就是從 (u,v) 平面到 (x,y) 平面的變換。

Jacobi 行列式為

$$\frac{\partial(x,y)}{\partial(u,v)} = \begin{vmatrix} \dfrac{\partial x}{\partial u} & \dfrac{\partial x}{\partial v} \\ \dfrac{\partial y}{\partial u} & \dfrac{\partial y}{\partial v} \end{vmatrix} = \begin{vmatrix} \dfrac{1}{3} & \dfrac{1}{3} \\ \dfrac{1}{3} & -\dfrac{2}{3} \end{vmatrix} = \frac{-2}{9} - \frac{1}{9} = -\frac{1}{3}$$

因此

$$\iint\limits_{\Omega} y\,dxdy = \iint\limits_{\Omega^*} \frac{(u-2v)}{3} \cdot \left| \frac{\partial(x,y)}{\partial(u,v)} \right| du\,dv$$

$$= \int_0^2 \left[\int_0^3 \frac{1}{9}(u-2v)du \right] dv$$

$$= \frac{1}{9} \int_0^2 \left(\frac{u^2}{2} - 2uv \right) \Big|_0^3 dv$$

$$= \frac{1}{9} \int_0^2 \left(\frac{9}{2} - 6v \right) dv$$

$$= \frac{1}{9} \left(\frac{9v}{2} - 3v^2 \right) \Big|_0^2 = \frac{1}{9}(9 - 12)$$

$$= -\frac{1}{3} \quad \blacksquare$$

例 3　求積分 $\displaystyle\iint\limits_{\Omega}(x+y)\sin(x-y)dxdy$，其中 Ω 為由下列直線

所圍成的領域：

$$y = x, y = x - 2, y = -x, y = -x + 1$$

解　由被積分函數 $(x+y)\sin(x-y)$ 告訴我們應作如下的變數代換：

$$u = x + y, \ v = x - y$$

亦即

$$x = \frac{1}{2}(u+v), \ y = \frac{1}{2}(u-v)$$

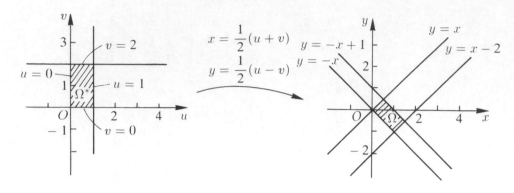

圖 6–33

這將圖 6–33 中的 Ω^* 變成 Ω。計算 Jacobi 行列式:

$$\frac{\partial(x,y)}{\partial(u,v)} = \begin{vmatrix} \dfrac{1}{2} & \dfrac{1}{2} \\[2mm] \dfrac{1}{2} & -\dfrac{1}{2} \end{vmatrix} = -\frac{1}{4} - \frac{1}{4} = -\frac{1}{2}$$

從而

$$\iint_{\Omega} (x+y)\sin(x-y)dxdy = \iint_{\Omega^*} u\sin v \left| \frac{\partial(x,y)}{\partial(u,v)} \right| dudv$$

$$= \frac{1}{2}\int_0^1 \left[\int_0^2 u\sin v\,dv \right] du = \frac{1}{2}\int_0^1 u(-\cos v)\Big|_0^2 du$$

$$= \frac{1}{2}(1-\cos 2)\int_0^1 u\,du = \frac{1}{4}(1-\cos 2) \quad \blacksquare$$

例 4 求瑕積分 $\displaystyle\int_0^{\infty} e^{-x^2}dx$。

解 從理論上,我們可以證明瑕積分

$$\int_0^{\infty} e^{-x^2}dx = \lim_{b\to\infty}\int_0^b e^{-x^2}dx$$

是存在的(有限值),不過這超乎本課程範圍,故從略。

今假設它存在，我們令

$$I = \int_0^\infty e^{-x^2} dx$$

考慮

$$I^2 = \int_0^\infty e^{-x^2} dx \int_0^\infty e^{-y^2} dy = \iint_\Omega e^{-(x^2+y^2)} dxdy$$

其中 Ω 代表第一象限領域

$$\Omega = \{(x,y) : 0 \le x < \infty, 0 \le y < \infty\}$$

作極坐標之變數代換:

$$x = r\cos\theta, y = r\sin\theta$$

它將

$$\Omega^* = \left\{ (r,\theta) : \ 0 \le r < \infty, 0 \le \theta \le \frac{\pi}{2} \right\}$$

變換成 Ω。參見圖 6–34。

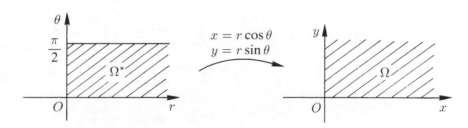

圖 6–34

由變數代換公式知

$$I^2 = \iint_\Omega e^{-(x^2+y^2)} dxdy = \iint_{\Omega^*} e^{-r^2} r\, dr\, d\theta$$

$$= \int_0^{\frac{\pi}{2}} \left[\int_0^\infty e^{-r^2} r\, dr \right] d\theta$$

$$= \int_0^{\frac{\pi}{2}} \left(\frac{1}{2} e^{-r^2} \right) \Big|_0^{\infty} d\theta$$

$$= \int_0^{\frac{\pi}{2}} \frac{1}{2} d\theta = \frac{\pi}{4}$$

$$\therefore I = \int_0^{\infty} e^{-x^2} dx = \frac{\sqrt{\pi}}{2} \quad \blacksquare$$

例 5　求 $\displaystyle\int_0^{\infty} e^{\frac{-x^2}{2}} dx$ 之值。

解　利用變數代換，令 $u = \dfrac{x}{\sqrt{2}}$，則

$$du = \frac{1}{\sqrt{2}} dx \quad 或 \quad dx = \sqrt{2} du$$

$$\therefore \int_0^{\infty} e^{\frac{-x^2}{2}} dx = \int_0^{\infty} \sqrt{2} e^{-u^2} du = \sqrt{2} \cdot \frac{\sqrt{\pi}}{2} = \frac{\sqrt{2\pi}}{2} \quad \blacksquare$$

例 6　求 $\displaystyle\int_{-\infty}^{\infty} e^{\frac{-x^2}{2}} dx$ 之值。

解
$$\int_{-\infty}^{\infty} e^{\frac{-x^2}{2}} dx = \int_0^{\infty} e^{\frac{-x^2}{2}} dx + \int_{-\infty}^0 e^{\frac{-x^2}{2}} dx$$

$$= 2 \int_0^{\infty} e^{\frac{-x^2}{2}} dx \quad (\because e^{\frac{-x^2}{2}} \text{ 為偶函數})$$

$$= \sqrt{2\pi} \quad \blacksquare$$

（註：例 4 到例 6 的積分通常叫做機率積分 (Probability Integral)，在機率論與統計學中非常有用。）

乙、三變數的Jacobi 行列式

定 義

假設

$$x = x(u, v, w), \quad y = y(u, v, w), \quad z = z(u, v, w)$$

是將變數從 x, y, z 變成 u, v, w，若 x, y 及 z 對 u, v 及 w 的偏導數存在，則 x, y, z 相對於 u, v, w 的 **Jacobi 行列式**為

$$\frac{\partial(x, y, z)}{\partial(u, v, w)} = \begin{vmatrix} \dfrac{\partial x}{\partial u} & \dfrac{\partial x}{\partial v} & \dfrac{\partial x}{\partial w} \\ \dfrac{\partial y}{\partial u} & \dfrac{\partial y}{\partial v} & \dfrac{\partial y}{\partial w} \\ \dfrac{\partial z}{\partial u} & \dfrac{\partial z}{\partial v} & \dfrac{\partial z}{\partial w} \end{vmatrix}$$

例 7　求柱坐標變數代換的 Jacobi 行列式:

$$x = r\cos\theta, y = r\sin\theta, z = z$$

解

$$\frac{\partial(x, y, z)}{\partial(r, \theta, z)} = \begin{vmatrix} \dfrac{\partial x}{\partial r} & \dfrac{\partial x}{\partial \theta} & \dfrac{\partial x}{\partial z} \\ \dfrac{\partial y}{\partial r} & \dfrac{\partial y}{\partial \theta} & \dfrac{\partial y}{\partial z} \\ \dfrac{\partial z}{\partial r} & \dfrac{\partial z}{\partial \theta} & \dfrac{\partial z}{\partial z} \end{vmatrix} = \begin{vmatrix} \cos\theta & -r\sin\theta & 0 \\ \sin\theta & r\cos\theta & 0 \\ 0 & 0 & 1 \end{vmatrix}$$

$$= \begin{vmatrix} \cos\theta & -r\sin\theta \\ \sin\theta & r\cos\theta \end{vmatrix} = r\cos^2\theta + r\sin^2\theta = r \quad \blacksquare$$

例 8　求球坐標變數代換的 Jacobi 行列式:

$$x = \rho \sin\phi\cos\theta, y = \rho\sin\phi\sin\theta, z = \rho\cos\phi$$

解

$$\frac{\partial(x,y,z)}{\partial(\rho,\theta,\phi)} = \begin{vmatrix} \dfrac{\partial x}{\partial\rho} & \dfrac{\partial x}{\partial\theta} & \dfrac{\partial x}{\partial\phi} \\ \dfrac{\partial y}{\partial\rho} & \dfrac{\partial y}{\partial\theta} & \dfrac{\partial y}{\partial\phi} \\ \dfrac{\partial z}{\partial\rho} & \dfrac{\partial z}{\partial\theta} & \dfrac{\partial z}{\partial\phi} \end{vmatrix}$$

$$= \begin{vmatrix} \sin\phi\cos\theta & -\rho\sin\phi\sin\theta & \rho\cos\phi\cos\theta \\ \sin\phi\sin\theta & \rho\sin\phi\cos\theta & \rho\cos\phi\sin\theta \\ \cos\phi & 0 & -\rho\sin\phi \end{vmatrix}$$

$$= \sin\phi\cos\theta(-\rho^2\sin^2\phi\cos\theta)$$

$$+ \rho\sin\phi\sin\theta(-\rho\sin^2\phi\sin\theta - \rho\cos^2\phi\sin\theta)$$

$$+ \rho\cos\phi\cos\theta(-\rho\sin\phi\cos\theta\cos\phi)$$

$$= -\rho^2[\sin^3\phi\cos^2\theta + \sin\phi\sin^2\theta + \sin\phi\cos^2\phi\cos^2\theta]$$

$$= -\rho^2\sin\phi[\sin^2\phi\cos^2\theta + \sin^2\theta + \cos^2\phi\cos^2\theta]$$

$$= -\rho^2\sin\phi \quad \blacksquare$$

下面我們只敘述出三個變數的代換公式而不加以證明。

定 理

（三變數的積分代換公式）

假設 Ω 與 Ω^* 分別為 xyz 空間與 uvw 空間中的兩個立體領域，並且透過變數代換

$$x = x(u,v,w),\ y = y(u,v,w),\ z = z(u,v,w) \tag{9}$$

使得 Ω 的每一點 (x,y,z) 都有 Ω^* 中唯一的點 (u,v,w) 與之對應。再假設下列三個條件成立：

(1) f 在 Ω 上為連續函數；

(2)(9)式在 Ω^* 上具有連續的一階偏導函數；

(3)在 Ω^* 上的每一點，Jacobi 行列式

$$\frac{\partial(x,y,z)}{\partial(u,v,w)} \neq 0$$

那麼我們就有

$$\iiint\limits_{\Omega} f(x,y,z)dxdydz$$

$$= \iiint\limits_{\Omega^*} f(x(u,v,w),y(u,v,w),z(u,v,w)) \left| \frac{\partial(x,y,z)}{\partial(u,v,w)} \right| dudvdw \tag{10}$$

特別地，當 $f(x,y,z) \equiv 1$ 時，就得到

$$\Omega \text{ 的體積} = \iiint\limits_{\Omega^*} \left| \frac{\partial(x,y,z)}{\partial(u,v,w)} \right| dudvdw \tag{11}$$

習 題 6-4

求下列各變數代換的 Jacobi 行列式（1～10）：

1. $x = u+v,\ y = u-v$ 　　2. $x = u^2 - v^2,\ y = u^2 + v^2$

3. $x = u+a,\ y = v+b$ 　　4. $x = au + bv,\ y = cu + dv$

5. $x = \dfrac{u}{v},\ y = u+v$ 　　6. $x = e^u \cos v,\ y = e^u \sin v$

7. $x = ve^u,\ y = ue^{-v}$ 　　8. $x = u\cos v,\ y = v\sin u$

9. $x = u+v+w,\ y = u+v-w,\ z = u-v-w$

10. $x = u,\ y = v^2,\ z = w^3$

利用變數代換公式求下列的積分（11～16）：

11. $\displaystyle\iint_{\Omega}(x^2+y^2)dxdy$，其中 Ω 為由直線所圍成的領域：

$$2x - y = 1,\ 2x - y = 3,\ x+y = 1,\ x+y = 2$$

考慮變數代換： $u = 2x - y,\ v = x+y$。

12. $\displaystyle\iint_{\Omega}(x+y)e^{x-y}dxdy$，其中 Ω 為三角領域，三個頂點為 $(-1,1),(1,1),(0,0)$。

考慮變數代換： $u = x+y,\ v = x-y$。

13. $\displaystyle\iint_{\Omega}(x^2-y)dxdy$，其中 Ω 為橢圓領域： $9x^2 + 16y^2 \le 144$。考慮變數

代換： $u = \dfrac{x}{4},\ v = \dfrac{y}{3}$。

14. $\displaystyle\iiint_{\Omega}x^2 ydxdydz$，其中 Ω 為橢球領域： $\dfrac{x^2}{9} + \dfrac{y^2}{4} + z^2 \le 1$。考慮變數

代換： $u = \dfrac{x}{3},\ v = \dfrac{y}{2},\ w = z$。

15. $\displaystyle\iint_{\Omega}xdxdy$，其中 Ω 為 $\dfrac{x^2}{9} + \dfrac{y^2}{16} \le 1$。

16. $\displaystyle\iint_{\Omega}ye^{xy}dxdy$，其中 Ω 為由下列曲線所圍成的領域：

$$xy = 1,\ xy = 3,\ x = 1,\ x = 3$$

6–5 重積分在物理學上的應用

我們已經看過，重積分可以解釋為體積與質量，除此之外，還可以用來求質心、形心、慣性矩、萬有引力……等等。

甲、質心與形心

在第三章第五節 (3–5) 裡，我們已經看過，一直線的（線）密度為 $\rho(x)$ 時，它的質心坐標為

$$\overline{x} = \frac{\displaystyle\int_a^b x\rho(x)dx}{\displaystyle\int_a^b \rho(x)dx} \tag{1}$$

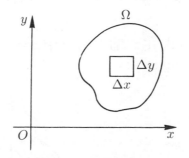

圖 6–35

同理，對於平面區域 Ω，假設在點 (x, y) 處的（面）密度為 $\rho(x, y)$，則其**質心坐標** $(\overline{x}, \overline{y})$ 為：（參見圖 6–35）

$$\bar{x} = \frac{\displaystyle\iint_{\Omega} x\rho(x,y)dxdy}{\displaystyle\iint_{\Omega} \rho(x,y)dxdy}$$

$$\bar{y} = \frac{\displaystyle\iint_{\Omega} y\rho(x,y)dxdy}{\displaystyle\iint_{\Omega} \rho(x,y)dxdy}$$

$$\left.\vphantom{\begin{array}{c}1\\1\\1\\1\\1\end{array}}\right\}$$ (2)

對於三維空間的立體 Ω，那麼它的**質心坐標** $(\bar{x}, \bar{y}, \bar{z})$ 就是

$$\bar{x} = \frac{\displaystyle\iiint_{\Omega} x\rho(x,y,z)dxdydz}{\displaystyle\iiint_{\Omega} \rho(x,y,z)dxdydz}\text{等等。}$$ (3)

（註：當 ρ 為一個常函數時，上述公式(1)至(3)中的 ρ 均可消去。此時質心由圖形的形狀完全決定，故又稱為**形心**。）

例 1　求在 x 軸上方且由 $y = \sqrt{r^2 - x^2}$ 所圍成的半圓盤之形心坐標。

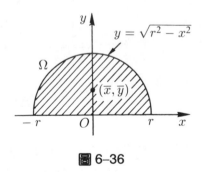

圖 6–36

解　半圓盤

$$\Omega : -r \le x \le r,\ 0 \le y \le \sqrt{r^2 - x^2}$$

由對稱性知形心的橫坐標 $\bar{x} = 0$

因此只要計算

$$\overline{y} = \frac{\displaystyle\iint_{\Omega} y\,dx\,dy}{\displaystyle\iint_{\Omega} dx\,dy} = \frac{\displaystyle\int_{-r}^{r}\left[\int_{0}^{\sqrt{r^2-x^2}} y\,dy\right]dx}{\dfrac{1}{2}\pi r^2}$$

$$= \frac{\displaystyle\int_{-r}^{r}\dfrac{1}{2}(r^2-x^2)\,dx}{\dfrac{1}{2}\pi r^2} = \frac{\dfrac{2}{3}r^3}{\dfrac{1}{2}\pi r^2} = \frac{4r}{3\pi}$$

故形心坐標為 $\left(0, \dfrac{4r}{3\pi}\right)$。 ∎

例 2 求下圖四分之一圓盤的形心坐標。

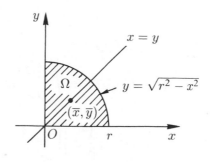

圖 6–37

解 上圖對稱於直線 $y = x$，故形心坐標 $(\overline{x}, \overline{y})$ 必有 $\overline{x} = \overline{y}$，如上例我們計算

$$\overline{y} = \frac{\displaystyle\iint_{\Omega} y\,dx\,dy}{\displaystyle\iint_{\Omega} dx\,dy} = \frac{\displaystyle\int_{0}^{r}\left[\int_{0}^{\sqrt{r^2-x^2}} y\,dx\right]dy}{\dfrac{1}{4}\pi r^2} = \frac{4r}{3\pi}$$

故形心坐標為 $\left(\dfrac{4r}{3\pi}, \dfrac{4r}{3\pi}\right)$。 ∎

例3　求直線 $y = 2x$ 與拋物線 $y = x^2$ 所圍領域的形心。

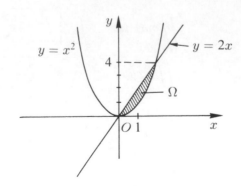

圖 6-38

解　首先我們觀察到 Ω 由如下的不等式所定義

$$\Omega:\ 0 \le x \le 2,\ x^2 \le y \le 2x$$

於是 Ω 的面積為

$$|\Omega| = \iint_{\Omega} dxdy = \int_0^2 \int_{x^2}^{2x} dydx = \int_0^2 (2x - x^2)dx$$

$$= \left[x^2 - \frac{1}{3}x^3\right]\Big|_0^2 = \frac{4}{3}$$

再計算：

$$\iint_{\Omega} xdxdy = \int_0^2 \int_{x^2}^{2x} xdydx = \int_0^2 (2x^2 - x^3)dx$$

$$= \left[\frac{2}{3}x^3 - \frac{1}{4}x^4\right]\Big|_0^2 = \frac{4}{3}$$

$$\iint_{\Omega} ydxdy = \int_0^2 \int_{x^2}^{2x} ydydx = \frac{1}{2}\int_0^2 (4x^2 - x^4)dx$$

$$= \frac{1}{2}\left[\frac{4}{3}x^3 - \frac{1}{5}x^5\right]\Big|_0^2 = \frac{32}{15}$$

由形心坐標公式得知

$$\overline{x} = \frac{1}{|\Omega|} \iint\limits_{\Omega} x\,dxdy = 1, \ \overline{y} = \frac{1}{|\Omega|} \iint\limits_{\Omega} y\,dxdy = \frac{8}{5}$$

因此形心坐標為 $\left(1, \dfrac{8}{5}\right)$。　∎

例 4　有一個三角形板，其三頂點的坐標為 $(0,0)$, $(1,0)$, 及 $(1,2)$（見下圖）。已知在點 (x,y) 的（面）密度為 $\rho(x,y) = x^2 y$。試求其質心。

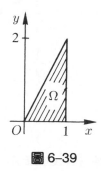

圖 6–39

解　先算總質量

$$M = \iint\limits_{\Omega} x^2 y\,dxdy$$

已知 Ω：$0 \le x \le 1$, $0 \le y \le 2x$，故

$$M = \int_0^1 \left[\int_0^{2x} x^2 y\,dy \right] dx = \int_0^1 \left[\frac{x^2 y^2}{2} \bigg|_{y=0}^{y=2x} \right] dx$$

$$= \int_0^1 2x^4 dx = \frac{2}{5}$$

其次計算相對於 x 軸與 y 軸的力矩 M_x 及 M_y：

$$M_y = \iint\limits_{\Omega} y \cdot x^2 y\,dxdy = \int_0^1 \left[\int_0^{2x} x^2 y^2 dy \right] dx$$

$$= \int_0^1 \frac{8}{3} x^5 dx = \frac{4}{9}$$

$$M_x = \int_\Omega x \cdot x^2 y dx dy = \int_0^1 \left[\int_0^{2x} x^3 y dy \right] dx$$

$$= \int_0^1 2x^5 dx = \frac{1}{3}$$

故質心坐標 $(\bar{x}, \bar{y})$ 為

$$\bar{x} = \frac{M_x}{M} = \frac{\dfrac{1}{3}}{\dfrac{2}{5}} = \frac{5}{6}$$

$$\bar{y} = \frac{M_y}{M} = \frac{\dfrac{4}{9}}{\dfrac{2}{5}} = \frac{10}{9} \quad \blacksquare$$

乙、慣性矩 (Moment of Inertia)

在物理學上，牛頓第二運動定律告訴我們

$$F = ma$$

其中 F 為力，m 為質量，a 為加速度。這是一個質點作位移運動時，所遵循的法則。

但是當一個物體只限於對某一固定軸作旋轉運動時，所遵循的法則，跟牛頓第二運動定律有平行的類推：

$$\begin{cases} 力 & \longleftrightarrow 力矩 \\ 質量 & \longleftrightarrow 慣性矩 \\ 加速度 & \longleftrightarrow 角加速度 \\ 總力 & \longleftrightarrow 總力矩 \end{cases}$$

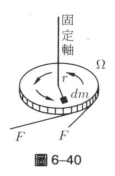

圖 6-40

設有 n 個質點 $m_1, \cdots, m_n$ 跟某固定軸的距離分別為 r_i 則 $I \equiv \sum m_i r_i^2$ 就是這質點系對固定軸的**慣性矩**(Moment of Inertia)。對於連續質量分佈的情形，考慮分割、求和、取極限，於是就變成定積分（見上圖 6-40）：

$$I = \int_\Omega r^2 dm$$

其中 $dm = \rho(x,y)dxdy$。因此慣性矩（相對於某固定軸）

$$I = \iint_\Omega r^2 \rho(x,y)dxdy$$

當 $\rho(x,y) \equiv 1$ 時，則

$$I = \iint_\Omega r^2 dxdy$$

同理，對於空間中某物體的慣性矩（相對於某軸）為

$$I = \iiint_\Omega r^2 \rho(x,y,z)dxdydz$$

例5　試求均勻密度之橢圓板對其短軸的慣性矩。

解　設橢圓板之方程式為 $\dfrac{x^2}{a^2} + \dfrac{y^2}{b^2} \le 1, \ (a > b > 0)$，而密度

ρ為常數，則慣性矩

$$I = \iint\limits_{\frac{x^2}{a^2}+\frac{y^2}{b^2}\leq 1} \rho x^2 dxdy = a^3 b\rho \iint\limits_{u^2+v^2\leq 1} u^2 dudv$$

$$\left(令\ u = \frac{x}{a},\ v = \frac{y}{b} \right)$$

$$= a^3 b\rho \int_0^1 r^3 dr \int_0^{2\pi} \cos^2\theta d\theta = \frac{a^3 b\rho\pi}{4}$$

今因橢圓板之質量為 $M = \rho\pi ab$，故 $I = \dfrac{a^2}{4}M$ ∎

例6 如下圖之均勻板，其質量為M，試求此板相對於 x 軸的慣性矩。

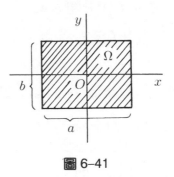

圖 6–41

解 相對於 x 軸的慣性矩為

$$I_x = \iint\limits_{\Omega} y^2 \rho(x,y) dxdy$$

今因為此板的質量分佈是均勻的，故

$$\rho(x,y) = \frac{M}{ab}$$

$$\therefore I_x = \frac{M}{ab} \iint\limits_{\Omega} y^2 dxdy = \frac{M}{ab} \int_{-\frac{a}{2}}^{\frac{a}{2}} \left[\int_{-\frac{b}{2}}^{\frac{b}{2}} y^2 dy \right] dx$$

$$=\frac{M}{ab}\cdot 4\cdot\frac{ab^3}{48}=\frac{Mb^2}{12}\quad\blacksquare$$

例 7 求高為 h, 半徑為 a 之圓柱體 Ω, 對於通過其中心之一直徑旋轉的慣性矩。

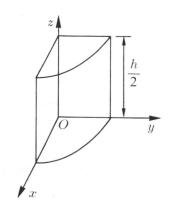

圖 6–42

解 以 z 軸為柱軸, 通過中心之兩正交直線為 x 及 y 軸。令 x 軸為旋轉軸, 於是, 若用柱坐標, 則體積元 $rdrd\theta dz$ 至旋轉軸距離之平方為 $y^2+z^2=r^2\sin^2\theta+z^2$, 按定義言之, 所求之慣性矩 I 為圖 6–42 所示立體之慣性矩之八倍, 因此

$$I=8\iiint\limits_{\Omega}(r^2\sin^2\theta+z^2)dv$$

$$=8\int_0^a rdr\int_0^{\frac{\pi}{2}}d\theta\int_0^{\frac{h}{2}}(r^2\sin^2\theta+z^2)dz$$

$$=8\int_0^a rdr\int_0^{\frac{\pi}{2}}d\theta\left.\left(zr^2\sin^2\theta+\frac{z^3}{3}\right)\right|_0^{\frac{h}{2}}$$

$$=8\int_0^a rdr\int_0^{\frac{\pi}{2}}\left(\frac{hr^2\sin^2\theta}{2}+\frac{h^3}{24}\right)d\theta$$

$$=4\int_0^a hrdr\left\{r^2\left(\frac{\theta}{2}-\frac{\sin 2\theta}{4}\right)+\frac{h^2}{12}\theta\right\}\Bigg|_0^{\frac{\pi}{2}}$$

$$=\int_0^a \pi hr\left(r^2+\frac{h^2}{6}\right)dr=\pi\left(\frac{a^4 h}{4}+\frac{h^3 a^2}{12}\right)$$

$$=m\left(\frac{a^2}{4}+\frac{h^2}{12}\right)$$

其中 $m=\pi a^2 h$ 為圓柱體的體積。 ∎

*丙、萬有引力的計算

　　牛頓發現萬有引力定律後，為了驗證它，必須比較地球對樹上的蘋果，以及對月亮的引力。對於地球與月亮的情形，可以很合理地假定，它們都是質點（即質量全部集中於質心一地），但是對於蘋果與地球的情形，可以這樣假設嗎？這是牛頓所遇到的困難。

　　現在我們可以利用積分術來解決這個困難，我們要來證明：「均勻球體對球外一點的引力，等於把全體質量都集中在球心對該點所產生的引力」。

　　考慮一個質量為 M，半徑為 R 之球體 Ω。設一個具有質量 m 之點在距球心 H 遠的地方 $(H \geq R)$。由於球是均勻的且是對稱的，我們可以假設球體對這質點 m 的吸引力指向球心。

　　如果球體的質量都集中在球心上，則球體對 m 所產生的萬有引力之大小為

$$G\frac{M\cdot m}{H^2}$$

其中 G 為一常數，我們要證明這個值與均勻球體的引力相同。

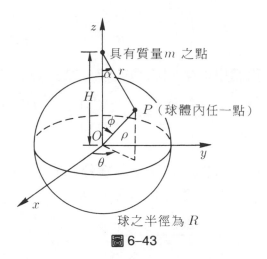

圖 6-43

我們引進球坐標系。令原點在球心上，我們可以假設這質點在正 z 軸上，這並不失去一般性。設 r 表示球內任一點 P 到質點 m 之距離，α 表示垂直的軸與這兩點聯線之夾角。

考慮球上一小塊區域 Ω，其體積為 Δv，質量為 ΔM，設 P 為 Ω 上一點，由萬有引力定律，質量 ΔM 對具有質量 m 之點的吸引力，其大小約等於

$$\frac{Gm\Delta M}{r^2}$$

因為球的密度為 $\dfrac{M}{\frac{4}{3}\pi R^3}$，故質量 ΔM 為

$$\Delta M = \frac{M \cdot \Delta v}{\frac{4}{3}\pi R^3}$$

它所產生的吸引力在 z 軸方向之分量為

$$\frac{Gm \cdot \Delta M}{r^2}\cos\alpha = G \cdot \frac{mM}{r^2}\frac{\cos\alpha}{\frac{4}{3}\pi R^3} \cdot \Delta v \tag{4}$$

於是整個球體作用在質量 m 的力之大小為積分：

$$\iiint_{\Omega} \frac{GmM \cos \alpha}{\frac{4}{3}\pi R^3 r^2} dv = \frac{GmM}{\frac{4}{3}\pi R^3} \iiint_{\Omega} \frac{\cos \alpha}{r^2} dv \qquad (5)$$

我們用球坐標的迭次積分來計算(5)式，就得到

$$\iiint_{\Omega} \frac{\cos \alpha}{r^2} dv = \int_0^R \left[\int_0^\pi \left(\int_0^{2\pi} \frac{\cos \alpha}{r^2} \rho^2 \sin \phi d\theta \right) d\phi \right] d\rho \ (6)$$

我們逐層來計算這個積分。因為 $\dfrac{\rho^2 \cos \alpha \sin \phi}{r^2}$ 與 θ 無關，故在 (6)式中最裏層的積分值為

$$\frac{2\pi\rho^2 \cos \alpha \sin \phi}{r^2}$$

接著我們計算

$$\int_0^\pi 2\pi \cdot \frac{\rho^2 \cos \alpha \sin \phi}{r^2} d\phi \qquad (7)$$

如果我們用 r 代換 ϕ 作積分的變數，計算起來會比較方便。

在圖中，當 ϕ 從 0 變到 π 時，我們可以看到 r 從 $H-\rho$ 變到 $H+\rho$。同時，由餘弦定律（參見第二冊）

$$r^2 = \rho^2 + H^2 - 2\rho \cdot H \cos \phi \qquad (8)$$

得到

$$2rdr = 2\rho H \sin \phi d\phi$$

從而

$$\sin \phi d\phi = \frac{rdr}{\rho H} \qquad (9)$$

我們用下面的關係把 $\cos \alpha$ 用 r 來表示:

$$r \cos \alpha + \rho \cos \phi = H$$

由此得到

$$\cos \alpha = \frac{H - \rho \cos \phi}{r} \qquad (10)$$

今由(8)

$$\rho \cos \phi = \frac{\rho^2 + H^2 - r^2}{2H} \qquad (11)$$

由(10)及(11)得

$$\cos \alpha = \frac{H^2 + r^2 - \rho^2}{2Hr} \qquad (12)$$

由(7)，(9)及(12)我們得到

$$\int_0^\pi \frac{2\pi\rho^2 \cos\alpha \sin\phi}{r^2} d\phi = 2\pi\rho^2 \int_{H-\rho}^{H+\rho} \frac{H^2 + r^2 - \rho^2}{(2Hr)r^2} \cdot \frac{r}{\rho H} dr$$

$$= \frac{\pi\rho}{H^2} \int_{H-\rho}^{H+\rho} \left(\frac{H^2 - \rho^2}{r^2} + 1 \right) dr = \frac{\pi\rho}{H^2}(4\rho) = \frac{4\pi\rho^2}{H^2}$$

最後計算

$$\int_0^R \frac{4\pi\rho^2}{H^2} d\rho = \frac{4\pi}{H^2} \int_0^R \rho^2 d\rho = \frac{4\pi R^3}{3H^2}$$

於是(5)式所表示的吸引力為

$$\frac{GmM}{\frac{4}{3}\pi R^3} \cdot \frac{4\pi R^3}{3H^2} = \frac{GmM}{H^2}$$

　　這結果顯示出一個位於球心的質量 M，對於球外的一個質點所產生的引力為 $\dfrac{GmM}{H^2}$，也就是說一個均勻球體，對他物相吸引就如同它的質量都集中在它的中心一樣，這便是我們想證明的。

習 題 6–5

1. 求 $y = x$ 與 $y = x^3$ 所圍成領域之形心，但 $x \geq 0$，$y \geq 0$。

2. 求 $x^2 = 4y$ 與 $x - 2y + 4 = 0$ 所圍成領域之形心。

3. 求 $y = \sin x$ 與 x 軸在 $[0, \pi]$ 上所圍成領域之形心。

4. 求橢圓 $\dfrac{x^2}{a^2} + \dfrac{y^2}{b^2} = 1$ 所圍成的領域相對於 x 軸與 y 軸的慣性矩。

5. 在球坐標系之下，設 Ω 為球面 $\rho = c$ 與錐面 $\phi = c (0 < \phi < \dfrac{1}{2}\pi)$ 所圍成的領域，求 Ω 的形心坐標。

6. 求 $y = x$ 與 $y = x^2$ 所圍成領域之形心。

7. 求半徑為 a 之半球的形心。

第七章　無窮級數

考慮一個**無窮數列** (Infinite Sequence)

$$a_1, a_2, a_3, \cdots, a_n, \cdots$$

本章我們要來研究**無窮多項的求和問題**:

$$a_1 + a_2 + a_3 + \cdots + a_n + \cdots$$

簡記為

$$\sum_{k=1}^{\infty} a_k$$

並且稱之為**無窮級數** (Infinite Series)。

有時候,從第 0 項開始較方便,亦即考慮無窮級數

$$\sum_{k=0}^{\infty} a_k = a_0 + a_1 + a_2 + \cdots + a_n + \cdots$$

進一步,如果上述無窮級數的每一項都是一個函數,就是函數項的無窮級數:

$$\sum_{k=0}^{\infty} f_k(x)$$

特別地,若每個 $f_k(x)$ 皆形如 $c_k x^k$,就得到**冪級數**(Power Series)

$$\sum_{k=0}^{\infty} c_k x^k = c_0 + c_1 x + c_2 x^2 + \cdots + c_n x^n + \cdots$$

這是通常的多項式(有限項)

$$c_0 + c_1 x + c_2 x^2 + \cdots + c_n x^n$$

之推廣到無窮多項。因此,冪級數又叫做無窮的多項式。

對於一個足夠好的函數 $f(x)$,利用微分工具來剖析它的結構,我們就得到**泰勒級數**(Taylor Series):

$$f(x) = f(a) + f'(a)(x - a) + \cdots + \frac{f^{(n)}(a)}{n!}(x - a)^n + \cdots$$

這是冪級數的特例。

探討這些級數的**收斂**與**發散**，就構成了本章的主題。

7–1　無窮級數的斂散概念

甲、基本定義

定義 1

考慮一個無窮數列

$$a_1, a_2, a_3, \cdots, a_n, \cdots$$

將它們的所有項都加起來

$$\sum_{n=1}^{\infty} a_n = a_1 + a_2 + \cdots + a_n + \cdots \tag{1}$$

就叫做一個**無窮級數**（或簡稱為**級數**）， a_n 叫做級數的通項（或第 n 項）。

對於有限多項的相加，其意義大家都明白，只要有足夠的耐心就可以算出答案。但是，像(1)式，項數無窮，無論如何都加不完，怎麼辦呢？「以有涯逐無涯！」

考慮按如下方式所定義的一個新數列 $S_1, S_2, S_3, \cdots, S_n, \cdots$：

$$S_1 = a_1$$
$$S_2 = a_1 + a_2$$
$$S_3 = a_1 + a_2 + a_3$$
$$S_4 = a_1 + a_2 + a_3 + a_4$$
$$\cdots\cdots\cdots\cdots\cdots\cdots\cdots\cdots$$
$$S_n = a_1 + a_2 + a_3 + a_4 + \cdots + a_n$$
$$\cdots\cdots\cdots\cdots\cdots\cdots\cdots\cdots$$

這些數像階梯一樣，一級一級的，拾級而下，我們稱數列 (S_n) 為級數的**部分和數列**，S_n 為首 n 項的**部分和**(Partial Sum)。

定　義 2

如果部分和數列 (S_n) 有極限值，亦即

$$\lim_{n \to \infty} S_n = S \quad （有限數）$$

則稱級數(1)是**收斂的**(Convergent)，並且稱極限值 S 為級數(1)的**和**(Sum)，記為

$$S = \sum_{n=1}^{\infty} a_n$$

如果部分和數列 (S_n) 不存在極限值，或極限值為$+\infty$ 或 $-\infty$ 則稱級數(1)是**發散的**(Divergent)。

例 1　設 $a_n = 1 + 2 + \cdots + n$，試判別無窮級數

$$\frac{1}{a_1} + \frac{1}{a_2} + \frac{1}{a_3} + \cdots + \frac{1}{a_n} + \cdots$$

之收斂或發散，若收斂的話，再求其和。

解　$\because a_n = 1 + 2 + \cdots + n = \dfrac{n(n+1)}{2}$

$\therefore \dfrac{1}{a_n} = \dfrac{2}{n(n+1)} = 2\left(\dfrac{1}{n} - \dfrac{1}{n+1}\right)$

考慮首 n 項之部分和

$$\begin{aligned}
S_n &= \frac{1}{a_1} + \frac{1}{a_2} + \cdots + \frac{1}{a_n} \\
&= 2\left(\frac{1}{1} - \frac{1}{2}\right) + 2\left(\frac{1}{2} - \frac{1}{3}\right) + \cdots + 2\left(\frac{1}{n} - \frac{1}{n+1}\right) \\
&= 2\left(1 - \frac{1}{n+1}\right) = 2 - \frac{2}{n+1}
\end{aligned}$$

今因

$$\lim_{n \to \infty} S_n = \lim_{n \to \infty} \left(2 - \frac{2}{n+1} \right) = 2$$

所以級數 $\sum_{n=1}^{\infty} \frac{1}{a_n}$ 收斂到 2，其和為 2。　■

例2　判別無窮等差級數

$$1 + 2 + 3 + 4 + \cdots + n + \cdots$$

之收斂或發散。

解　考慮首 n 項之部分和

$$S_n = 1 + 2 + \cdots + n = \frac{n(n+1)}{2}$$

顯然

$$\lim_{n \to \infty} S_n = \lim_{n \to \infty} \frac{n(n+1)}{2} = \infty$$

故原級數發散。　■

例3　判別級數 $1 - 1 + 1 - 1 + 1 - 1 + \cdots$ 的收斂或發散。

解　考慮部分和數列：

$$S_1 = 1$$

$$S_2 = 1 - 1 = 0$$

$$S_3 = 1 - 1 + 1 = 1$$

$$S_4 = 1 - 1 + 1 - 1 = 0$$

....

因為

$$\lim_{n \to \infty} S_n \quad 不存在$$

故原級數發散。　　■

乙、幾何級數

　　在應用上我們常會遇到下面形式之特殊級數，叫做**幾何級數**(Geometric Series) 或**等比級數**：$(a \neq 0)$

$$\sum_{k=0}^{\infty} ar^k = \sum_{k=1}^{\infty} ar^{k-1} = a + ar + ar^2 + \cdots + ar^{n-1} + \cdots (2)$$

a 叫做**首項**，r 叫做**公比**。

　　首先，我們探討幾何級數的收斂與發散行為。這顯然跟公比 r 的值有關係，我們分成下列四種情形來討論。

　　1.當 $r = 1$ 時，原幾何級數變成

$$\sum_{k=1}^{\infty} a = a + a + \cdots$$

其首 n 項部分和為

$$S_n = a + a + a + \cdots + a = na$$

於是

$$\lim_{n \to \infty} S_n = \begin{cases} +\infty, 當\, a > 0 \\ -\infty, 當\, a < 0 \end{cases}$$

因此，當 $r = 1$ 時，原幾何級數**發散**。

　　2.當 $r = -1$ 時，原幾何級數變成

$$\sum_{k=1}^{\infty} (-1)^{k-1} a = a - a + a - a + \cdots$$

於是

$$S_n = \begin{cases} 0, \text{當 } n \text{ 為偶數} \\ a, \text{當 } n \text{ 為奇數} \end{cases}$$

所以

$$\lim_{n \to \infty} S_n \quad 不存在$$

因此，當 $r = -1$ 時，原幾何級數**發散**。

　　3.當 $|r| < 1$，即 $-1 < r < 1$ 時，

$$S_n = a + ar + ar^2 + \cdots + ar^{n-1} = \frac{a(1 - r^n)}{1 - r}$$

$$= \frac{a}{1 - r} - \frac{ar^n}{1 - r}$$

今因 $-1 < r < 1$，故

$$\lim_{n \to \infty} r^n = 0$$

從而

$$\lim_{n \to \infty} S_n = \lim_{n \to \infty} \left[\frac{a}{1 - r} - \frac{ar^n}{1 - r} \right]$$

$$= \frac{a}{1 - r} - \frac{a}{1 - r} \lim_{n \to \infty} r^n$$

$$= \frac{a}{1 - r}$$

因此，當 $-1 < r < 1$ 時，原幾何級數**收斂**到 $\frac{a}{1 - r}$，即幾何級數的和為 $\frac{a}{1 - r}$。

　　4.當 $|r| > 1$，即 $r > 1$ 或 $r < -1$ 時，

$$\lim_{n \to \infty} r^n \quad 不存在$$

於是

$$\lim_{n \to \infty} S_n \quad 也不存在$$

因此，當 $r > 1$ 或 $r < -1$ 時，原幾何級數**發散**。

將上述結果總結成下面的定理：

定 理 1

(1)當 $-1 < r < 1$ 時，幾何級數 $\sum\limits_{k=1}^{\infty} ar^{k-1}$ **收斂**，並且其和為 $\dfrac{a}{1-r}$，亦即

$$\sum_{k=1}^{\infty} ar^{k-1} = \frac{a}{1-r} \tag{3}$$

(2)當 $|r| \geq 1$ 時，幾何級數 $\sum\limits_{k=1}^{\infty} ar^{k-1}$ **發散**。

例 4　試判別下列幾何級數的收斂或發散，若收斂的話再求其和：

(1) $\sum\limits_{k=1}^{\infty} 8\left(\dfrac{2}{5}\right)^{k-1}$　　　　　　(2) $\sum\limits_{k=1}^{\infty} \left(-\dfrac{5}{9}\right)^{k-1}$

(3) $\sum\limits_{k=1}^{\infty} 3 \cdot \left(\dfrac{3}{2}\right)^{k-1}$　　　　　　(4) $\sum\limits_{k=1}^{\infty} \dfrac{1}{2^k}$

解　(1) $a = 8$, $r = \dfrac{2}{5}$。因為 $|r| < 1$，所以級數收斂並且

$$\sum_{k=1}^{\infty} 8\left(\frac{2}{5}\right)^{k-1} = \frac{8}{1-\dfrac{2}{5}} = \frac{40}{3}$$

(2) $a = 1$, $r = -\dfrac{5}{9}$。因為 $|r| < 1$，故級數收斂並且

$$\sum_{k=1}^{\infty} \left(-\frac{5}{9}\right)^{k-1} = \frac{1}{1+\dfrac{5}{9}} = \frac{9}{14}$$

(3) $a = 3$, $r = \dfrac{3}{2}$。因為 $|r| > 1$，故級數發散。

⑷級數 $\sum\limits_{k=1}^{\infty}\dfrac{1}{2^k}$ 並不完全是 $\sum\limits_{k=1}^{\infty}ar^{k-1}$ 之形，但可以變形：

$$\sum_{k=1}^{\infty}\dfrac{1}{2^k}=\sum_{k=1}^{\infty}\dfrac{1}{2}\left(\dfrac{1}{2}\right)^{k-1}$$

$\therefore a=\dfrac{1}{2},\ r=\dfrac{1}{2}$。因為 $|r|<1$，故級數收斂並且

$$\sum_{k=1}^{\infty}\dfrac{1}{2^k}=\dfrac{\dfrac{1}{2}}{1-\dfrac{1}{2}}=1\quad\blacksquare$$

例5　將循環無窮小數 $0.3333\cdots$ 表為分數。

解　　$0.3333\cdots=0.3+0.03+0.003+\cdots$

$$=\dfrac{3}{10}+\dfrac{3}{10^2}+\dfrac{3}{10^3}+\cdots$$

$$=\sum_{k=1}^{\infty}\dfrac{3}{10}\left(\dfrac{1}{10}\right)^{k-1}$$

因為 $a=\dfrac{3}{10},\ r=\dfrac{1}{10}$，且 $|r|<1$ 故上述級數收斂，並且

$$\sum_{k=1}^{\infty}\dfrac{3}{10}\left(\dfrac{1}{10}\right)^{k-1}=\dfrac{\dfrac{3}{10}}{1-\dfrac{1}{10}}=\dfrac{1}{3}$$

從而

$$0.3333\cdots=\dfrac{1}{3}\quad\blacksquare$$

例6　一個球從12公尺的高度丟下，每次彈跳的高度都是前次高度的 $\dfrac{3}{4}$，一直到靜止為止。試求此球彈跳的總距離。

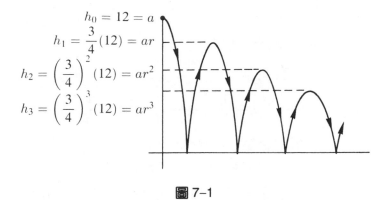

圖 7-1

解　假設 h_n 表示第 n 次反彈的高度，則

$$h_0 = 12$$

$$h_1 = \frac{3}{4} \times 12$$

$$h_2 = \frac{3}{4} \times \left(\frac{3}{4} \times 12 \right) = \left(\frac{3}{4} \right)^2 \times 12$$

$$\cdots\cdots\cdots\cdots\cdots\cdots\cdots\cdots\cdots\cdots\cdots$$

$$h_n = \left(\frac{3}{4} \right)^n \times 12$$

因此，總彈跳的距離為

$$H = h_0 + 2h_1 + 2h_2 + \cdots = h_0 + 2 \sum_{k=1}^{\infty} h_k$$

$$= 12 + 2 \sum_{k=1}^{\infty} 12 \times \left(\frac{3}{4} \right)^k$$

$$= 12 + 24 \sum_{k=1}^{\infty} \left[\left(\frac{3}{4} \right) \times \left(\frac{3}{4} \right)^{k-1} \right]$$

$$= 12 + 24 \times \frac{\dfrac{3}{4}}{1 - \dfrac{3}{4}} = 84 \ \text{公尺} \quad \blacksquare$$

丙、調和級數

我們稱

$$1 + \frac{1}{2} + \frac{1}{3} + \frac{1}{4} + \cdots + \frac{1}{n} + \cdots$$

為**調和級數**(Harmonic Series)。

這個級數是收斂或發散呢?

考慮部分和數列 $S_1, S_2, \cdots, S_n, \cdots$ 如下:

$$S_1 = 1$$

$$S_2 = 1 + \frac{1}{2}$$

$$S_4 = 1 + \frac{1}{2} + \frac{1}{3} + \frac{1}{4} > 1 + \frac{1}{2} + \frac{1}{4} + \frac{1}{4} = 1 + \frac{1}{2} + \frac{1}{2}$$

$$S_8 = 1 + \frac{1}{2} + \frac{1}{3} + \frac{1}{4} + \frac{1}{5} + \frac{1}{6} + \frac{1}{7} + \frac{1}{8} >$$

$$1 + \frac{1}{2} + \frac{1}{4} + \frac{1}{4} + \frac{1}{8} + \frac{1}{8} + \frac{1}{8} + \frac{1}{8}$$

$$= 1 + \frac{1}{2} + \frac{1}{2} + \frac{1}{2}$$

一般而言,

$$S_{2^n} > 1 + \underbrace{\frac{1}{2} + \frac{1}{2} + \cdots + \frac{1}{2}}_{n\text{項}} = 1 + \frac{n}{2}$$

又因為

$$S_1 < S_2 < S_3 < \cdots < S_n < \cdots < S_{2^n} < \cdots$$

所以

$$\lim_{n \to \infty} S_n = \lim_{n \to \infty} S_{2^n} = \infty$$

因此**調和級數發散**。

丁、基本性質

定理 2

(1)若 $\sum\limits_{k=1}^{\infty} a_k$ 收斂且 $\sum\limits_{k=1}^{\infty} b_k$ 收斂，則

$$\sum_{k=1}^{\infty} (a_k + b_k) \text{ 也收斂。}$$

復次，若 $\sum\limits_{k=1}^{\infty} a_k = L$ 且 $\sum\limits_{k=1}^{\infty} b_k = M$，則

$$\sum_{k=1}^{\infty} (a_k + b_k) = L + M$$

(2)若 $\sum\limits_{k=1}^{\infty} a_k$ 收斂且 α 為任一實數則

$$\sum_{k=1}^{\infty} \alpha a_k \text{ 亦收斂。}$$

進一步，若 $\sum\limits_{k=1}^{\infty} a_k = L$，則

$$\sum_{k=1}^{\infty} \alpha a_k = \alpha L$$

證明　令 $S_n = \sum\limits_{k=1}^{n} a_k$, $T_n = \sum\limits_{k=1}^{n} b_k$, $U_n = \sum\limits_{k=1}^{n} (a_k + b_k)$, $V_n = \sum\limits_{k=1}^{n} \alpha a_k$

我們注意到

$$U_n = S_n + T_n \quad 且 \quad V_n = \alpha S_n$$

因此，如果 $\lim\limits_{n \to \infty} S_n = L$ 且 $\lim\limits_{n \to \infty} T_n = M$，則

$$\lim_{n \to \infty} U_n = \lim_{n \to \infty} (S_n + T_n) = L + M$$

$$\lim_{n \to \infty} V_n = \lim_{n \to \infty} (\alpha S_n) = \alpha L \quad \blacksquare$$

定 理 3

設 j 為一正整數，則級數 $\sum\limits_{k=1}^{\infty} a_k$ 收斂 $\iff$ 級數 $\sum\limits_{k=j}^{\infty} a_k$ 收斂。復次，若

$\sum\limits_{k=1}^{\infty} a_k = L$ 則 $\sum\limits_{k=j}^{\infty} a_k = L - (a_1 + a_2 + \cdots + a_{j-1})$，　或者若 $\sum\limits_{k=j}^{\infty} a_k = M$ 則

$\sum\limits_{k=1}^{\infty} a_k = M + (a_1 + a_2 + \cdots + a_{j-1})$。

　　　　上述定理 3 是說，一個無窮級數的收斂或發散跟任何有限多項都無關，即去掉或加上有限多項並不影響收斂或發散。

定 理 4

如果 $\sum\limits_{n=1}^{\infty} a_n$ 收斂，則 $\lim\limits_{n \to \infty} a_n = 0$。反之不然。

證明　令 $S_n = \sum\limits_{k=1}^{n} a_k$。因 $\sum\limits_{k=1}^{\infty} a_k$ 收斂，故存在一個有限數 L，使得

$$\lim_{n \to \infty} S_n = L$$

顯然，我們也有

$$\lim_{n \to \infty} S_{n-1} = L$$

今因 $a_n = S_n - S_{n-1}$，故

$$\lim_{n \to \infty} a_n = \lim_{n \to \infty} S_n - \lim_{n \to \infty} S_{n-1} = L - L = 0$$

另外，調和級數的一般項具有 $\lim\limits_{n \to \infty} \dfrac{1}{n} = 0$，但却是發散的。　■

　　　　這個定理是消極的，因為它並沒有告訴我們如何判別一個級數的收斂。但是，在消極中却有一點積極的作用，它可以用來判別級數的發散，這就是下面的定理。

定理 5

若 $\lim\limits_{n\to\infty} a_n \neq 0$ 或極限不存在則 $\sum\limits_{n=1}^{\infty} a_n$ 發散。

例7　(1) $\sum\limits_{n=1}^{\infty} n$ 發散，因為 $\lim\limits_{n\to\infty} n = +\infty \neq 0$。

　　　(2) $\sum\limits_{n=1}^{\infty} (-1)^n$ 發散，因為 $\lim\limits_{n\to\infty} (-1)^n$ 不存在。

　　　(3) $\sum\limits_{n=1}^{\infty} 23$ 發散，因為 $\lim\limits_{n\to\infty} 23 = 23 \neq 0$。　■

習題 7-1

寫出級數的一般項（或第 n 項）：

1. $1 + \dfrac{1}{3} + \dfrac{1}{5} + \dfrac{1}{7} + \cdots$　　　　2. $\dfrac{1}{2\ln 2} + \dfrac{1}{3\ln 3} + \dfrac{1}{4\ln 4} + \cdots$

3. $\dfrac{2}{1} + \dfrac{3}{2} + \dfrac{4}{3} + \dfrac{5}{4} + \cdots$　　　　4. $\dfrac{1}{2} + \dfrac{2}{5} + \dfrac{3}{10} + \dfrac{4}{17} + \cdots$

試判別下列級數的收斂或發散（5～16）：

5. $1 + \dfrac{1}{3} + \dfrac{1}{9} + \cdots + \left(\dfrac{1}{3}\right)^n + \cdots$

6. $1 + \dfrac{1}{4} + \dfrac{1}{16} + \cdots + \left(\dfrac{1}{4}\right)^n + \cdots$

7. $1 + 2 + 4 + \cdots + 2^n + \cdots$

8. $1 - \dfrac{1}{2} + \dfrac{1}{4} - \dfrac{1}{8} + \cdots + \dfrac{(-1)^{n-1}}{2^{n-1}} + \cdots$

9. $\left(\dfrac{1}{7}\right)^2 + \left(\dfrac{1}{7}\right)^3 + \cdots + \left(\dfrac{1}{7}\right)^n + \cdots$

10. $\left(\dfrac{3}{4}\right)^5 + \left(\dfrac{3}{4}\right)^6 + \cdots + \left(\dfrac{3}{4}\right)^n + \cdots$

11. $\displaystyle\sum_{k=1}^{\infty} (\sqrt{2})^{k-1}$

12. $\displaystyle\sum_{k=1}^{\infty} (0.33)^{k-1}$

13. $\displaystyle\sum_{k=1}^{\infty} 7\left(\dfrac{1}{3}\right)^k$

14. $\displaystyle\sum_{k=1}^{\infty} \left(\dfrac{7}{4}\right)^k$

15. $\displaystyle\sum_{k=1}^{\infty} \left(\dfrac{k+1}{k}\right)^k$

16. $\displaystyle\sum_{k=2}^{\infty} \dfrac{k^{k-2}}{3^k}$

17. 如下圖，給一個正方形，邊長為 4，連結四邊的中點形成一個較小的正方形，不斷地做下去，試求所有正方形的面積和。

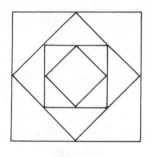

圖 7–2

7–2　正項級數

研究無窮級數最基本的兩個問題是：

(1)判別級數的收斂或發散，

(2)如果收斂的話再求其和。

有的級數即使已知是收斂了，但是和並不容易求得。

本節我們要探討比較特別的**正項級數**。 什麼是正項級數？

若級數 $\displaystyle\sum_{n=1}^{\infty} a_n$ 的所有項都是非負的，即 $a_n \geq 0,\ \forall n \in \mathbb{N}$，則稱此級數為正項級數。

設 $\sum\limits_{n=1}^{\infty} a_n$ 為一個正項級數，令

$$S_n = a_1 + a_2 + \cdots + a_n$$

為其首 n 項之部分和。今因 $a_n \geq 0,\ \forall n \in \mathbb{N}$，故

$$S_{n+1} = \sum_{k=1}^{n+1} a_k = \sum_{k=1}^{n} a_k + a_{n+1} \geq \sum_{k=1}^{n} a_k = S_n,\ \forall n \in \mathbb{N}$$

因此，(S_n) 為一個**遞增數列**。根據**實數系的完備性**：遞增且有上界的數列必有極限，可知

定 理 1

一個正項級數收斂的充要條件是部分和的數列有上界。

甲、積分試斂法

積分是近似和的極限，很自然地，瑕積分與無窮級數具有密切關係。因此，利用瑕積分可以來判別無窮級數的收斂或發散。

定 理 2

（**積分試斂法**）

假設 f 在 $[1, \infty)$ 上連續、遞減且取正值，則

$$\sum_{k=1}^{\infty} f(k)\ 收斂 \iff \int_1^{\infty} f(x)dx\ 收斂$$

證明　考慮 $\int_1^{n} f(x)dx$ 的近似和，如圖 7–3。

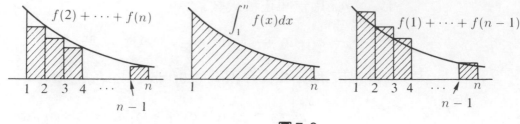

圖 7-3

$$f(2) + f(3) + \cdots + f(n) \text{ 為 } \int_1^n f(x)dx \text{之不足的近似和}$$

並且

$$f(1) + f(2) + \cdots + f(n-1) \text{ 為 } \int_1^n f(x)dx \text{之過剩的近似和}$$

亦即

$$f(2)+f(3)+\cdots+f(n)\leq \int_1^n f(x)dx \leq f(1)+f(2)+\cdots+f(n-1)$$
$$(1)$$

若 $\int_1^\infty f(x)dx$ 收斂，即極限 $\lim\limits_{n\to\infty}\int_1^n f(x)dx$ 存在，則由(1)

式左半不等式知正項級數 $\sum\limits_{k=1}^\infty f(k)$ 的部分和數列有上界，

故 $\sum\limits_{k=1}^\infty f(k)$ 收斂。反過來，若 $\sum\limits_{k=1}^\infty f(k)$ 收斂，則由(1)式之

右半不等式知 $\lim\limits_{k\to\infty}\int_1^n f(x)dx$ 存在，即 $\int_1^\infty f(x)dx$ 收斂 ∎

例1　因為 $\int_1^\infty \dfrac{1}{x}dx = \lim\limits_{b\to\infty}\int_1^b \dfrac{1}{x}dx = \lim\limits_{b\to\infty}\ln b = +\infty$

故調和級數 $\sum\limits_{n=1}^\infty \dfrac{1}{n}$ 發散。　∎

【隨堂練習】 試判別級數 $\sum\limits_{n=1}^{\infty} \dfrac{1}{n^2+1}$ 的斂散行為。

乙、p 級數的斂散判別法

所謂 **p 級數**是指

$$\sum_{n=1}^{\infty} \frac{1}{n^p} = 1 + \frac{1}{2^p} + \frac{1}{3^p} + \cdots \tag{2}$$

其中 p 為大於 0 的實數。當 $p=1$ 時，(2) 式變成調和級數。

定理3

（p 級數試斂法）

(1) 當 $p>1$ 時，p 級數收斂；

(2) 當 $0<p\leq 1$ 時，p 級數發散。

證明 利用積分試斂法，考慮函數 $f(x)=\dfrac{1}{x^p}, p>0$。 顯然 f 在 $[1,\infty)$ 上連續、遞減且取正值。計算瑕積分

$$\int_1^{\infty} \frac{1}{x^p}dx = \lim_{b\to\infty} \int_1^b \frac{1}{x^p}dx$$

$$= \begin{cases} \lim\limits_{b\to\infty} \dfrac{x^{-p+1}}{-p+1}\Big|_1^b, & \text{當 } p\neq 1 \\[2mm] \lim\limits_{b\to\infty} \ln x\Big|_1^b, & \text{當 } p=1 \end{cases}$$

$$= \begin{cases} \lim\limits_{b\to\infty} \dfrac{b^{1-p}-1}{1-p} \begin{cases} \text{收斂，若 } p>1 \\ \text{發散，若 } p<1 \end{cases} \\[4mm] \lim\limits_{b\to\infty} \ln b \qquad\quad \text{發散，若 } p=1 \end{cases}$$

因此，$\sum\limits_{n=1}^{\infty}\dfrac{1}{n^p}$ 收斂或發散，端視 $p>1$ 或 $0<p\leq 1$。 ■

例 2　$\displaystyle\sum_{n=1}^{\infty}\frac{1}{n^3}$ 收斂，因為它是 $p=3$ 的 p 級數。

　　　　$\displaystyle\sum_{n=1}^{\infty}\frac{1}{\sqrt{n}}$ 發散，因為它是 $p=\dfrac{1}{2}$ 的 p 級數。　■

例 3　判別級數之斂散：

$$\sum_{n=1}^{\infty}\frac{1}{n\ln(n+1)}=\frac{1}{\ln 2}+\frac{1}{2\ln 3}+\frac{1}{3\ln 4}+\cdots$$

解　考慮函數

$$f(x)=\frac{1}{x\ln(x+1)}$$

利用積分試斂法

$$\int_{1}^{b}\frac{dx}{x\ln(x+1)}>\int_{1}^{b}\frac{dx}{(x+1)\ln(x+1)}$$

$$=\Big[\ln\ln(x+1)\Big]_{1}^{b}=\ln(\ln(b+1))-\ln(\ln 2)$$

當 $b\to\infty$ 時，$\ln(\ln(b+1))\to\infty$，故 $\displaystyle\int_{1}^{\infty}\frac{dx}{x\ln(x+1)}$ 發散
從而原級數發散。　■

【隨堂練習】　試判別無窮級數 $\displaystyle\sum_{n=2}^{\infty}\frac{1}{n\ln n}$ 之斂散。

丙、比較試斂法

　　利用已知收斂或發散的級數作為「試金石」來跟待判別
斂散的級數作比較，以判別斂散的方法，這叫做**比較試斂法**
(Comparison Test)。

定 理 4

（直接比較試斂法，Direct Comparison Test）

設 $0 \leq a_n \leq b_n, \ \forall n \in \mathbb{N}$

(1)若 $\sum\limits_{n=1}^{\infty} b_n$ 收斂則 $\sum\limits_{n=1}^{\infty} a_n$ 也收斂。

(2)若 $\sum\limits_{n=1}^{\infty} a_n$ 發散則 $\sum\limits_{n=1}^{\infty} b_n$ 也發散。

證明　為了證明(1)，令 $L = \sum\limits_{n=1}^{\infty} b_n$ 且 $S_n = \sum\limits_{k=1}^{n} a_k$。因為 $0 \leq a_n \leq b_n$，故數列 (S_n) 遞增且有上界 L，從而極限 $\lim\limits_{n \to \infty} S_n$ 存在，亦即 $\sum\limits_{n=1}^{\infty} a_n$ 收斂。因為(2)在邏輯上等價於(1)，故(2)亦得證。 ∎

例4　判別級數 $\sum\limits_{n=1}^{\infty} \dfrac{1}{2 + 3^n}$ 之斂散。

解　已知幾何級數

$$\sum\limits_{n=1}^{\infty} \frac{1}{3^n} \quad 收斂（公比 r = \frac{1}{3}）$$

因為

$$a_n = \frac{1}{2 + 3^n} \leq \frac{1}{3^n} = b_n, \ \forall n \in \mathbb{N}$$

故由直接比較試斂法知，原級數收斂。 ∎

例5　判別級數 $\sum\limits_{n=1}^{\infty} \dfrac{n}{5n^2 - 4}$ 之斂散。

解　因為

$$\frac{n}{5n^2 - 4} > \frac{n}{5n^2} = \frac{1}{5} \cdot \frac{1}{n}$$

並且已知 $\sum\limits_{n=1}^{\infty} \dfrac{1}{n}$ 發散，所以由直接比較試斂法知，原級數發散。∎

定 理 5

（**極限比較試斂法**，Limit Comparison Test）

假設 $a_n > 0$ 且 $b_n > 0$。如果

$$\lim_{n\to\infty} \frac{a_n}{b_n} = L > 0 \text{ 且有限}$$

則兩個級數 $\sum\limits_{n=1}^{\infty} a_n$ 與 $\sum\limits_{n=1}^{\infty} b_n$ 同時收斂或發散。

證明　因為 $a_n > 0$, $b_n > 0$ 且 $\lim\limits_{n\to\infty} \dfrac{a_n}{b_n} = L$。故存在 $N > 0$ 使得

$$0 < \frac{a_n}{b_n} < (L+1), \ \forall n \geq \mathbb{N}$$

於是

$$0 < a_n < (L+1)b_n$$

由直接比較試斂法知，若 $\sum\limits_{n=1}^{\infty} b_n$ 收斂，則 $\sum\limits_{n=1}^{\infty} a_n$ 也收斂。同理，由

$$\lim_{n\to\infty} \frac{b_n}{a_n} = \frac{1}{L} > 0$$

可證：若 $\sum\limits_{n=1}^{\infty} a_n$ 收斂，則 $\sum\limits_{n=1}^{\infty} b_n$ 也收斂。∎

例6　判別級數 $\sum\limits_{n=1}^{\infty} \dfrac{1}{2n^{\frac{3}{2}}+5}$ 之斂散性。

解　我們選取收斂的 p 級數 $\sum\limits_{n=1}^{\infty} \dfrac{1}{n^{\frac{3}{2}}}$ 當試金石 $(p=\dfrac{3}{2})$。計算極限

$$\lim_{n\to\infty} \frac{\dfrac{1}{2n^{\frac{3}{2}}+5}}{\dfrac{1}{n^{\frac{3}{2}}}}=\lim_{n\to\infty} \frac{n^{\frac{3}{2}}}{2n^{\frac{3}{2}}+5}$$

$$=\lim_{n\to\infty} \frac{1}{2+\dfrac{5}{n^{\frac{3}{2}}}} = \frac{1}{2}$$

故由極限比較試斂法知原級數收斂。 ∎

例 7 判別級數 $\sum\limits_{n=1}^{\infty} \dfrac{1}{2n+3}$ 之斂散性。

解 選取發散的調和級數 $\sum\limits_{n=1}^{\infty} \dfrac{1}{n}$ 當試金石。計算極限

$$\lim_{n\to\infty} \frac{\dfrac{1}{2n+3}}{\dfrac{1}{n}}=\lim_{n\to\infty} \frac{n}{2n+3}$$

$$=\lim_{n\to\infty} \frac{1}{2+\dfrac{3}{n}} = \frac{1}{2}$$

由極限比較試斂法知,原級數發散。 ∎

【隨堂練習】 判別級數 $\sum\limits_{n=1}^{\infty} \dfrac{\sqrt{n}}{n^2+1}$ 之斂散性。

習 題 7-2

試判別下列級數之斂散性:

1. $\sum\limits_{n=1}^{\infty} \dfrac{1}{n(n+1)}$ 2. $\sum\limits_{n=2}^{\infty} \dfrac{1}{n(\ln n)}$

3. $\sum\limits_{n=1}^{\infty} \dfrac{\ln n}{n^2}$

4. $\sum\limits_{n=2}^{\infty} \dfrac{1}{n\sqrt{\ln n}}$

5. $\sum\limits_{n=1}^{\infty} \dfrac{2}{1+n}$

6. $\sum\limits_{n=1}^{\infty} \dfrac{n^3}{n^3+3}$

7. $\sum\limits_{n=1}^{\infty} \dfrac{2^n}{3^n+5}$

8. $\sum\limits_{n=1}^{\infty} \sin\dfrac{1}{n}$

9. $\sum\limits_{n=1}^{\infty} \dfrac{\sqrt{n}}{n}$

10. $\sum\limits_{n=1}^{\infty} \dfrac{1}{n\sqrt{n+1}}$

7–3 　交錯級數與絕對收斂

甲、交錯級數

接著，我們考慮正負項相間的級數，亦即形如

$$\sum_{n=1}^{\infty} (-1)^{n+1}a_n = a_1 - a_2 + a_3 - a_4 + \cdots$$

或

$$\sum_{n=1}^{\infty} (-1)^n a_n = -a_1 + a_2 - a_3 + a_4 - \cdots$$

的級數，其中 $a_n > 0, \forall n \in \mathbb{N}$。這叫做**交錯級數**(Alternating Series)。例如

$$1 - \frac{1}{2} + \frac{1}{3} - \frac{1}{4} + \cdots = \sum_{n=1}^{\infty} \frac{(-1)^{n+1}}{n}$$

$$-1 + \frac{1}{3!} - \frac{1}{5!} + \frac{1}{7!} - \cdots = \sum_{n=1}^{\infty} \frac{(-1)^n}{(2n-1)!}$$

都是交錯級數。

如何判別交錯級數的斂散性？

定 理 1

(Leibniz 的交錯級數試斂法)

考慮交錯級數

$$\sum_{n=1}^{\infty} (-1)^{n+1} a_n = a_1 - a_2 + a_3 - a_4 + \cdots, a_n > 0$$

如果 a_n 滿足下列條件:

(1) $\lim_{n \to \infty} a_n = 0$ 並且

(2) (a_n) 為遞減數列, 即

$$a_1 \geq a_2 \geq a_3 \geq \cdots \geq a_n \geq a_{n+1} \geq \cdots$$

則原交錯級數收斂。

證明　首 $2n$ 項的部分和為

$$S_{2n} = (a_1 - a_2) + (a_3 - a_4) + \cdots + (a_{2n-1} - a_{2n})$$

由於每一括號項皆為正的, 故 (S_{2n}) 為一個遞增數列。另一方面, 我們又有

$$S_{2n} = a_1 - (a_2 - a_3) - (a_4 - a_5) - \cdots - (a_{2n-2} - a_{2n-1}) - a_{2n}$$

於是 $S_{2n} \leq a_1$, $\forall n \in \mathbb{N}$。因此, 數列 (S_{2n}) 遞增且有上界, 由實數系的完備性知 $\lim_{n \to \infty} S_{2n} = L$ 存在。今因為 $S_{2n-1} - a_{2n} = S_{2n}$ 且 $a_{2n} \to 0$, 故有

$$\lim_{n \to \infty} S_{2n-1} = \lim_{n \to \infty} S_{2n} + \lim_{n \to \infty} a_{2n} = L + 0 = L$$

換言之, (S_{2n}) 與 (S_{2n-1}) 皆收斂到共同的極限值 L, 故 (S_n) 也收斂到 L, 亦即原交錯級數收斂。　∎

例 1　判別交錯調和級數 $\sum_{n=1}^{\infty} (-1)^{n+1} \dfrac{1}{n}$ 之斂散性。

解 因為 $\dfrac{1}{n+1} \le \dfrac{1}{n}$, $\forall n \in \mathbb{N}$ 且 $\lim\limits_{n \to \infty} \dfrac{1}{n} = 0$, 所以由 Leibniz 的交錯級數試斂法知, 交錯調和級數收斂。 ∎

假設交錯級數 $\sum\limits_{n=1}^{\infty} (-1)^{n+1} a_n$ 收斂, 令其和為 S。利用首 N 項的部分和 S_N 來估計 S, 往往可以達到很好的近似效果。

定理 2

考慮收斂的交錯級數 $\sum\limits_{n=1}^{\infty} (-1)^{n+1} a_n$, 假設 $a_{n+1} \le a_n, \forall n \in \mathbb{N}$, 則

$$|S - S_N| \le a_{N+1}$$

證明 $\because S - S_N = \sum\limits_{n=1}^{\infty} (-1)^{n+1} a_n - \sum\limits_{n=1}^{N} (-1)^{n+1} a_n$

$= (-1)^N a_{N+1} + (-1)^{N+1} a_{N+2} + (-1)^{N+2} a_{N+3} + \cdots$

$= (-1)^N (a_{N+1} - a_{N+2} + a_{N+3} - \cdots)$

$\therefore |S - S_N| = a_{N+1} - a_{N+2} + a_{N+3} - \cdots$

$= a_{N+1} - (a_{N+2} - a_{N+3}) - (a_{N+4} - a_{N+5}) - \cdots$

$\le a_{N+1}$, 證畢。 ∎

例2 取首 6 項的部分和, 來估計下列交錯級數之和:

$$\sum_{n=1}^{\infty} (-1)^{n+1} \left(\frac{1}{n!} \right) = \frac{1}{1!} - \frac{1}{2!} + \frac{1}{3!} - \frac{1}{4!} + \frac{1}{5!} - \frac{1}{6!} + \cdots$$

解 因為

$$\frac{1}{(n+1)!} \le \frac{1}{n!} \quad 且 \quad \lim_{n \to \infty} \frac{1}{n!} = 0$$

故由 Leibniz 交錯級數試斂法，知原交錯級數收斂。首 6 項之部分和為

$$S_6 = 1 - \frac{1}{2} + \frac{1}{6} - \frac{1}{24} + \frac{1}{120} - \frac{1}{720} \doteqdot 0.63194$$

由定理 2 知

$$|S - S_6| \le a_7 = \frac{1}{5040} \doteqdot 0.0002$$

即用 S_6 來估計 S，誤差小於 0.0002。　∎

乙、絕對收斂與條件收斂

考慮一般的無窮級數 $\displaystyle\sum_{n=1}^{\infty} a_n$，其中 a_n 可正可負，如何判別其斂散性？

定理 3

如果正項級數 $\displaystyle\sum_{n=1}^{\infty} |a_n|$ 收斂，則 $\displaystyle\sum_{n=1}^{\infty} a_n$ 也收斂。

證明　因為 $0 \le a_n + |a_n| \le 2|a_n|$, $\forall n \in \mathbb{N}$，故由 $\displaystyle\sum_{n=1}^{\infty} |a_n|$ 之收斂假設知

$$\sum_{n=1}^{\infty} (a_n + |a_n|) \text{ 也收斂}$$

復次，因為 $a_n = (a_n + |a_n|) - |a_n|$，故

$$\sum_{n=1}^{\infty} a_n = \sum_{n=1}^{\infty} (a_n + |a_n|) - \sum_{n=1}^{\infty} |a_n|$$

右方兩級數皆收斂，因此，$\sum a_n$ 收斂。　∎

上述定理 3 之逆不成立，例如父錯調和級數

$$\sum_{n=1}^{\infty} (-1)^{n+1} \frac{1}{n} = 1 - \frac{1}{2} + \frac{1}{3} - \frac{1}{4} + \cdots$$

收斂,但加絕對值符號之後,得到調和級數卻是發散的。

定 義

對於一般的級數 $\sum_{n=1}^{\infty} a_n$,

(1)若 $\sum_{n=1}^{\infty} |a_n|$ 收斂,則稱 $\sum_{n=1}^{\infty} a_n$ 為絕對收斂 (Absolutely Convergent)。

(2)若 $\sum_{n=1}^{\infty} a_n$ 收斂,但 $\sum_{n=1}^{\infty} |a_n|$ 發散,則稱 $\sum_{n=1}^{\infty} a_n$ 為**條件收斂**(Conditionally Convergent)。

定理 3 只不過是說,一個級數若絕對收斂則本身必是收斂的,反之不然。

例3 試判別下列級數的斂散性;進一步,再判別其絕對收斂或條件收斂:

(1) $\sum_{n=1}^{\infty} \frac{(-1)^{\frac{n(n+1)}{2}}}{3^n}$ (2) $\sum_{n=1}^{\infty} \frac{(-1)^n}{\sqrt{n}}$

解 (1)首先注意到,這不是一個交錯級數!因為

$$\sum_{n=1}^{\infty} \left| \frac{(-1)^{\frac{n(n+1)}{2}}}{3^n} \right| = \sum_{n=1}^{\infty} \frac{1}{3^n}$$

是一個收斂的幾何級數,故原級數為絕對收斂(因而收斂)。

(2)因為

$$\sum_{n=1}^{\infty} \left| \frac{(-1)^n}{\sqrt{n}} \right| = \frac{1}{\sqrt{1}} + \frac{1}{\sqrt{2}} + \frac{1}{\sqrt{3}} + \frac{1}{\sqrt{4}} + \cdots$$

是 $p = \frac{1}{2}$ 之 p 級數,所以它是發散的。又因為原級數

$$\sum_{n=1}^{\infty} \frac{(-1)^n}{\sqrt{n}}$$ 是收斂的（由 Leibniz 交錯級數試斂法），

因此，$\displaystyle\sum_{n=1}^{\infty} \frac{(-1)^n}{\sqrt{n}}$ 為條件收斂。　■

對於有限多項的求和，例如 $1 + 3 - 2 + 5 - 4$，不論順序如何交換或如何加括號，其和都不變，但是對於無窮級數就不然了。

然而，對於一個絕對收斂級數，我們就可以任意加括號、重排順序，而不改變其和與其絕對收斂性。由於證明超乎本課程範圍，故從略。

丙、比值試斂法 (The Ratio Test)

定 理 4

考慮一般級數 $\displaystyle\sum_{n=1}^{\infty} a_n$，每一項皆不為 0，再假設下列極限存在：

$$\lim_{n \to \infty} \left| \frac{a_{n+1}}{a_n} \right| = r$$

則我們有

(1)當 $r < 1$ 時，級數絕對收斂，因而收斂；

(2)當 $r > 1$ 時，級數發散；

(3)當 $r = 1$ 時，不能確定。

證明　從略。　■

例 4　判別下列級數的斂散性：

$(1)\ \displaystyle\sum_{n=1}^{\infty} \frac{2^n}{n!}$ 　　　　$(2)\ \displaystyle\sum_{n=1}^{\infty} \frac{n^2 2^{n+1}}{3^n}$ 　　　　$(3)\ \displaystyle\sum_{n=1}^{\infty} \frac{n^n}{n!}$

解　　$(1)\ a_n = \dfrac{2^n}{n!}$

$$\therefore \lim_{n \to \infty} \left| \frac{a_{n+1}}{a_n} \right| = \lim_{n \to \infty} \left[\frac{2^{n+1}}{(n+1)!} \div \frac{2^n}{n!} \right]$$

$$= \lim_{n \to \infty} \left[\frac{2^{n+1}}{(n+1)!} \cdot \frac{n!}{2^n} \right]$$

$$= \lim_{n \to \infty} \frac{2}{n+1} = 0$$

因此，級數收斂。

$$(2) \lim_{n \to \infty} \left| \frac{a_{n+1}}{a_n} \right| = \lim_{n \to \infty} \left[(n+1)^2 \left(\frac{2^{n+2}}{3^{n+1}} \right) \left(\frac{3^n}{n^2 2^{n+1}} \right) \right]$$

$$= \lim_{n \to \infty} \frac{2(n+1)^2}{3n^2} = \frac{2}{3} < 1$$

因此，級數收斂。

$$(3) \lim_{n \to \infty} \left| \frac{a_{n+1}}{a_n} \right| = \lim_{n \to \infty} \left[\frac{(n+1)^{n+1}}{(n+1)!} \cdot \frac{n!}{n^n} \right]$$

$$= \lim_{n \to \infty} \frac{(n+1)^n}{n^n}$$

$$= \lim_{n \to \infty} \left(1 + \frac{1}{n} \right)^n$$

$$= e > 1$$

因此，級數發散。 ∎

例5 已知調和級數 $\sum\limits_{n=1}^{\infty} \dfrac{1}{n}$ 發散，而 $p = 2$ 之 p 級數 $\sum\limits_{n=1}^{\infty} \dfrac{1}{n^2}$ 收斂。但是當計算極限 $\lim\limits_{n \to \infty} \left| \dfrac{a_{n+1}}{a_n} \right|$ 時，我們發現不管哪一個級數，此極限都是 1。因此，在定理 4 中，當 $r = 1$ 時，有時收斂，有時發散，這是不能確定斂散的情形，此時必須利用其他試斂法來判別其斂散性。 ∎

丁、根式試斂法 (The Root Test)

定理 5

考慮一般級數 $\sum\limits_{n=1}^{\infty} a_n$，再假設下列極限存在：

$$\lim_{n \to \infty} \sqrt[n]{|a_n|} = r$$

則我們有

(1)當 $r < 1$ 時，級數絕對收斂，因而收斂；

(2)當 $r > 1$ 時，級數發散；

(3)當 $r = 1$ 時，不能確定。

證明　從略。　∎

例6　判別級數 $\sum\limits_{n=1}^{\infty} \dfrac{e^n}{n^n}$ 的斂散性。

解　$\lim\limits_{n \to \infty} \sqrt[n]{|a_n|} = \lim\limits_{n \to \infty} \sqrt[n]{\dfrac{e^n}{n^n}} = \lim\limits_{n \to \infty} \dfrac{e}{n} = 0 < 1$

因此，級數收斂。　∎

例7　判斷級數 $\sum\limits_{n=1}^{\infty} \left(\dfrac{8n+3}{5n-2} \right)^n$ 的斂散性。

解　$\lim\limits_{n \to \infty} \sqrt[n]{|a_n|} = \lim\limits_{n \to \infty} \sqrt[n]{\left(\dfrac{8n+3}{5n-2} \right)^n}$

$\qquad\qquad = \lim\limits_{n \to \infty} \dfrac{8n+3}{5n-2} = \dfrac{8}{5} > 1$

因此，級數發散。　∎

例8　對於 $\sum\limits_{n=1}^{\infty} \dfrac{1}{n}$ 與 $\sum\limits_{n=1}^{\infty} \dfrac{1}{n^2}$，極限 $\lim\limits_{n \to \infty} \sqrt[n]{|a_n|}$ 皆為 1，但前者發

散，後者收斂。因此，在定理 5 中，當 $r = 1$ 時，這是不能確定斂散的情形。　■

習　題 7-3

判別下列交錯級數之斂散性（1～6）：

1. $\sum\limits_{n=1}^{\infty} (-1)^{n+1} \dfrac{1}{n^2}$
2. $\sum\limits_{n=1}^{\infty} (-1)^{n+1} \dfrac{1}{2\sqrt{n}}$

3. $\sum\limits_{n=2}^{\infty} (-1)^{n} \dfrac{1}{n \ln n}$
4. $\sum\limits_{n=1}^{\infty} (-1)^{n+1} \dfrac{n^2}{5n^2 + 2}$

5. $\sum\limits_{n=1}^{\infty} \dfrac{(-1)^{n+1}}{(n+1)2^n}$
6. $\sum\limits_{n=0}^{\infty} (-1)^{n} \dfrac{1}{n!}$

判別下列級數的絕對收斂、條件收斂或發散（7～10）：

7. $\sum\limits_{n=1}^{\infty} \dfrac{(-1)^{n+1}}{2n}$
8. $\sum\limits_{n=1}^{\infty} (-1)^{n+1} \dfrac{\sqrt{n}}{n^2 + 1}$

9. $\sum\limits_{n=0}^{\infty} (-1)^{n+1} \dfrac{1}{\sqrt{n^2 + 1}}$
10. $\sum\limits_{n=1}^{\infty} (-1)^{n+1} \dfrac{1}{n\sqrt{n+3}}$

利用比值試斂法判別下列級數之斂散性（11～16）：

11. $\sum\limits_{n=1}^{\infty} \dfrac{(n+1)!}{3^n}$
12. $\sum\limits_{n=1}^{\infty} \dfrac{10^n}{(2n)!}$

13. $\sum\limits_{n=1}^{\infty} \dfrac{5^n}{n^2}$
14. $\sum\limits_{n=1}^{\infty} \dfrac{n(n+2)}{3^n}$

15. $\sum\limits_{n=1}^{\infty} n2^n$
16. $\sum\limits_{n=1}^{\infty} \dfrac{n}{e^n}$

利用根式試斂法判別下列級數之斂散性（17～20）：

17. $\sum\limits_{n=1}^{\infty} \left(\dfrac{3n-1}{2n+1} \right)^n$
18. $\sum\limits_{n=1}^{\infty} \left(\dfrac{n}{5} \right)^n$

19. $\sum\limits_{n=1}^{\infty} \left(\dfrac{\ln n}{n} \right)^n$ 　　　　　20. $\sum\limits_{n=1}^{\infty} \left(\dfrac{n^2+1}{n} \right)^n$

7–4　冪級數

到目前為止，我們所討論的級數每一項都是常數項，本節我們要把它們改為特殊的函數項。

甲、冪級數的定義

定義 1

設 x 為一個變數，則形如

$$\sum_{n=0}^{\infty} c_n x^n = c_0 + c_1 x + c_2 x^2 + \cdots + c_n x^n + \cdots$$

的無窮級數叫做**冪級數** (Power Series)。
更一般情形，形如

$$\sum_{n=0}^{\infty} c_n (x-a)^n = c_0 + c_1(x-a) + c_2(x-a)^2 + \cdots + c_n(x-a)^n + \cdots$$

的級數叫做**以 a 為中心的冪級數**，其中 a 為一個常數。

例1　(1) $\sum\limits_{n=0}^{\infty} \dfrac{x^n}{n!} = 1 + x + \dfrac{x^2}{2!} + \dfrac{x^3}{3!} + \cdots$

為以 0 為中心的冪級數。

(2) $\sum\limits_{n=0}^{\infty} (-1)^n (x+1)^n = 1 - (x+1) + (x+1)^2 - (x+1)^3 + \cdots$

為以 -1 為中心的冪級數。

(3) $\sum\limits_{n=1}^{\infty} \dfrac{1}{n} (x-1)^n = (x-1) + \dfrac{1}{2}(x-1)^2 + \dfrac{1}{3}(x-1)^3 + \cdots$

為以 1 為中心的冪級數。　∎

例2　考慮冪級數

$$\sum_{n=1}^{\infty} \frac{1}{n} x^n = x + \frac{1}{2} x^2 + \frac{1}{3} x^3 + \cdots$$

當 $x = 0$ 時，它顯然收斂到 0。

當 $x = 1$ 時，它變成調和級數，故發散。

當 $x = -1$ 時，它變成交錯調和級數，故收斂。　∎

乙、冪級數的斂散行為

由上例可知，對於一個冪級數，當 x 代入某個數值時，可能收斂，也可能發散。我們最感興趣的問題是，找出所有使冪級數收斂的 x 值，比值試斂法是最好用的工具。

例3　找出所有使下列冪級數收斂的 x 值:

(1) $\displaystyle\sum_{n=0}^{\infty} \frac{x^n}{n!} = 1 + x + \frac{x^2}{2!} + \frac{x^3}{3!} + \cdots$

(2) $\displaystyle\sum_{n=0}^{\infty} \frac{nx^n}{4^n} = \frac{x}{4} + \frac{2x^2}{4^2} + \frac{3x^3}{4^3} + \cdots$

(3) $\displaystyle\sum_{n=0}^{\infty} (n!)x^n = 1 + x + (2!)x^2 + (3!)x^3 + \cdots$

解　(1)取 $a_n = \dfrac{x^n}{n!}$, $a_{n+1} = \dfrac{x^{n+1}}{(n+1)!}$, 則

$$\lim_{n \to \infty} \left| \frac{a_{n+1}}{a_n} \right| = \lim_{n \to \infty} \left| \frac{x^{n+1}/(n+1)!}{x^n/n!} \right|$$

$$= \lim_{n \to \infty} \frac{|x|^{n+1} n!}{(n+1)!|x|^n} = \lim_{n \to \infty} \frac{|x|}{n+1} = 0, \ \forall x \in \mathbb{R}$$

由比值試斂法知，$\displaystyle\sum_{n=0}^{\infty}\frac{x^n}{n!}$ 對所有 $x \in \mathbb{R}$ 都是絕對收斂，因而收斂。

(2)對於 $\displaystyle\sum_{n=0}^{\infty}\frac{n}{4^n}x^n$ 而言，$a_n = \dfrac{n}{4^n}x^n$，$a_{n+1} = \dfrac{n+1}{4^{n+1}}x^{n+1}$，計算極限

$$\lim_{n\to\infty}\left|\frac{a_{n+1}}{a_n}\right| = \lim_{n\to\infty}\frac{(n+1)|x|^{n+1}4^n}{4^{n+1}(n|x|^n)}$$

$$= \lim_{n\to\infty}\frac{(n+1)|x|}{4n} = \frac{|x|}{4}$$

由比值試斂法知，當 $\dfrac{|x|}{4} < 1$，即 $|x| < 4$ 時，冪級數 $\displaystyle\sum_{n=0}^{\infty}\frac{n}{4^n}x^n$ 絕對收斂，因而收斂。當 $|x| > 4$ 時，冪級數 $\displaystyle\sum_{n=0}^{\infty}\frac{n}{4^n}x^n$ 發散。當 $|x| = 4$，即 $x = -4$ 或 4 時，無法由比值試斂法判斷斂散，此時必須用另外的辦法，我們就直接代入 $x = 4$ 與 -4。當 $x = 4$ 時，原級數變成

$$\sum_{n=0}^{\infty}\frac{n4^n}{4^n} = \sum_{n=0}^{\infty}n = 1 + 2 + 3 + 4 + \cdots$$

這當然發散。當 $x = -4$ 時，我們得到

$$\sum_{n=0}^{\infty}\frac{n(-4)^n}{4^n} = \sum_{n=0}^{\infty}\frac{(-1)^n n 4^n}{4^n} = \sum_{n=0}^{\infty}(-1)^n n$$

$$= -1 + 2 - 3 + 4 - \cdots$$

這也發散。因此，冪級數 $\displaystyle\sum_{n=0}^{\infty}\frac{n}{4^n}x^n$ 的收斂領域為 $-4 < x < 4$，發散領域為 $|x| \geq 4$。

(3)對於 $\displaystyle\sum_{n=0}^{\infty}n!x^n$ 而言，$a_n = n!x^n$，$a_{n+1} = (n+1)!x^{n+1}$，於是

$$\lim_{n \to \infty} \left| \frac{a_{n+1}}{a_n} \right| = \lim_{n \to \infty} \frac{(n+1)!|x|^{n+1}}{n!|x|^n}$$

$$= \lim_{n \to \infty} (n+1)|x| = \begin{cases} 0 & \text{, 若 } x = 0 \\ +\infty & \text{, 若 } x \neq 0 \end{cases}$$

因此，冪級數 $\sum\limits_{n=0}^{\infty} n!x^n$ 只有在 $x = 0$ 時收斂，其他的 x 值皆發散。 ■

丙、收斂區間與收斂半徑

上述例 3 恰好反應出一般冪級數 $\sum\limits_{n=0}^{\infty} c_n x^n$ 的收斂領域：

(1)整條實數線，(2)以 0 為中心的區間，(3)單獨一個點 $x = 0$。
（參見圖 7-4）

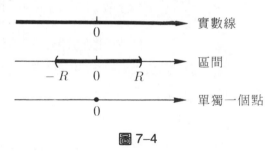

圖 7-4

進一步，我們把它敘述成定理，但省略掉證明。

定理 1

對於任一冪級數 $\sum\limits_{n=0}^{\infty} c_n x^n$，下列三種情形恰好有一種情形成立：

(1)對於所有實數 x，冪級數都絕對收斂，因而收斂。

(2)存在一個正實數 $R > 0$，使得對所有 x, $|x| < R$，冪級數都絕對收斂；對所有 x, $|x| > R$，冪級數都發散。

(3)只有當 $x = 0$ 時，冪級數收斂，其餘的 x 值，冪級數皆發散。

定義 2

讓冪級數收斂的所有 x 值所成的集合, 叫做該冪級數的**收斂區間** (Interval of Convergence)。如果定理 1 的(2)成立, 則 $R > 0$ 叫做該冪級數的**收斂半徑** (Radius of Convergence)。如果(1)成立的話, 我們就說 $R = +\infty$; 如果(3)成立的話, 我們就說 $R = 0$。

例4　上述例 3 的收斂區間分別為 $(-\infty, \infty)$, $(-4, 4)$, $\{0\}$。收斂半徑分別為 $R = +\infty$, $R = 4$, $R = 0$。　■

例5　求冪級數 $\sum\limits_{n=1}^{\infty} \dfrac{x^{2n}}{n}$ 的收斂區間與收斂半徑。

解　利用比值試斂法

$$\lim_{n \to \infty} \left| \frac{x^{2n+2}/(n+1)}{x^{2n}/n} \right| = \lim_{n \to \infty} \frac{n}{n+1} x^2$$

$$= x^2 \lim_{n \to \infty} \frac{n}{n+1} = x^2$$

因此, 當 $x^2 < 1$, 即 $-1 < x < 1$ 時, 冪級數收斂。當 $x^2 > 1$ 即 $|x| > 1$ 時, 冪級數發散。對於端點 $x = 1$ 與 $x = -1$ 代入原冪級數, 都得到調和級數, 故都發散。因此, 收斂區間為開區間 $(-1, 1)$, 收斂半徑為 $R = 1$。（參見圖 7-5）

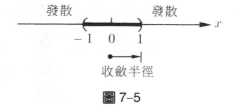

圖 7-5　　■

對於以 a 點為中心的冪級數 $\sum\limits_{n=0}^{\infty} c_n(x-a)^n$, 其斂散行為, 只需

作一下平移就可化約成以 0 點為中心的冪級數： 令 $z = (x - a)$，
則 $\sum\limits_{n=0}^{\infty} c_n(x-a)^n$ 就變成 $\sum\limits_{n=0}^{\infty} c_n z^n$。例如，若 $\sum\limits_{n=0}^{\infty} c_n z^n$ 的收斂區間
為 $-R < z \leq R$，將 z 換回 $x - a$ 得到

$$-R < (x - a) \leq R \quad 或 \quad a - R < x \leq a + R$$

因此，$\sum\limits_{n=0}^{\infty} c_n(x-a)^n$ 的收斂區間為 $(a - R, a + R]$，收斂半徑為 R。

定 理 2

對於冪級數 $\sum\limits_{n=0}^{\infty} c_n(x-a)^n$，下列三種情形恰好有一種情形成立：

(1)對所有實數 x，冪級數都絕對收斂，即收斂區間為 $(-\infty, \infty)$，收斂半徑為 $R = +\infty$。

(2)存在一個正實數 $R > 0$，使得對所有 x，$|x - a| < R$，即 $a - R < x < a + R$，冪級數都絕對收斂；而對於 $|x - a| > R$ 時，冪級數都發散。此時，收斂半徑為 R。對於端點 $x = R$ 與 $x = -R$，冪級數的斂散要另外討論。

(3)只有當 $x = a$ 時，冪級數收斂，其餘的 x 值，冪級數皆發散。此時，收斂半徑 $R = 0$。

例6　　求 $\sum\limits_{n=0}^{\infty} 3(x-2)^n$ 的收斂半徑。

解　　$\lim\limits_{n\to\infty} \left| \dfrac{3(x-2)^{n+1}}{3(x-2)^n} \right| = \lim\limits_{n\to\infty} |x-2| = |x-2|$

由比值試斂法知，當 $|x - 2| < 1$ 時，冪級數收斂；當 $|x - 2| > 1$ 時，冪級數發散。於是收斂半徑 $R = 1$。　∎

丁、端點的斂散

當冪級數 $\sum\limits_{n=0}^{\infty} c_n(x-a)^n$ 的收斂半徑為 $R > 0$ 時，　端點 $x = R$ 與 $x = -R$ 需另行判別斂散，不過**收斂區間**不外是下列四種情形：

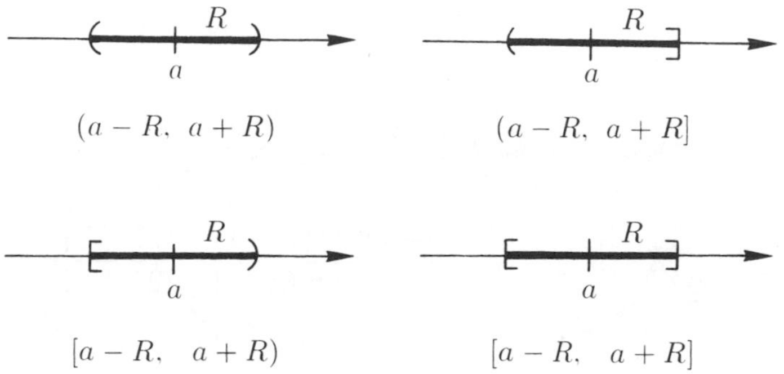

$$(a-R,\ a+R)$$

$$(a-R,\ a+R]$$

$$[a-R,\ a+R)$$

$$[a-R,\ a+R]$$

圖 7-6

例 7　求冪級數 $\sum\limits_{n=1}^{\infty} \dfrac{x^n}{n}$ 之收斂區間。

解　令 $a_n = \dfrac{x^n}{n}$，計算極限

$$\lim_{n\to\infty}\left|\frac{a_{n+1}}{a_n}\right| = \lim_{n\to\infty}\left|\frac{x^{n+1}/n+1}{x^n/n}\right|$$

$$= \lim_{n\to\infty}\left|\frac{nx}{n+1}\right| = |x|$$

由比值試斂法知，收斂半徑為 $R = 1$。冪級數在開區間 $(-1,1)$ 上收斂，在 $(-\infty,-1)\cup(1,\infty)$ 上發散。當 $x = 1$ 時，原冪級數變成調和級數

$$\sum_{n=1}^{\infty}\frac{1}{n} = 1 + \frac{1}{2} + \frac{1}{3} + \cdots$$

這是發散的。當 $x = -1$ 時，我們得到交錯調和級數

$$\sum_{n=1}^{\infty} \frac{(-1)^n}{n} = -1 + \frac{1}{2} - \frac{1}{3} + \frac{1}{4} - \cdots$$

這是收斂的。因此，原冪級數的收斂區間為 $[-1, 1)$，如圖 7–7 所示。

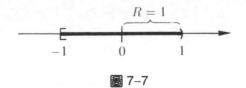

圖 7–7　　　　　　　　　　　　■

例8　求冪級數 $\sum_{n=0}^{\infty} \frac{(-1)^n (x+1)^n}{2^n}$ 的收斂區間。

解　$\lim_{n \to \infty} \left| \frac{(-1)^{n+1}(x+1)^{n+1}/2^{n+1}}{(-1)^n(x+1)^n/2^n} \right| = \lim_{n \to \infty} \left| \frac{2^n(x+1)}{2^{n+1}} \right|$

$$= \left| \frac{x+1}{2} \right|$$

由比值試斂法知，若 $\left| \dfrac{x+1}{2} \right| < 1$，即 $|x+1| < 2$ 時，冪級數收斂。因此，收斂半徑 $R = 2$。於是，冪級數在 $(-3, 1)$ 上收斂，在 $(-\infty, -3) \cup (1, \infty)$ 上發散。當 $x = -3$ 時，我們得到

$$\sum_{n=0}^{\infty} \frac{(-1)^n(-2)^n}{2^n} = \sum_{n=0}^{\infty} \frac{2^n}{2^n} = \sum_{n=0}^{\infty} 1$$

這是發散的。當 $x = 1$ 時，得到

$$\sum_{n=0}^{\infty} \frac{(-1)^n 2^n}{2^n} = \sum_{n=0}^{\infty} (-1)^n$$

這也發散。從而，原冪級數的收斂區間為開區間 $(-3, 1)$，參見圖 7–8。

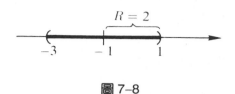

圖 7–8

■

例9　求冪級數 $\sum\limits_{n=1}^{\infty} \dfrac{x^n}{n^2}$ 之收斂區間。

解　　　$\lim\limits_{n\to\infty} \left| \dfrac{x^{n+1}/(n+1)^2}{x^n/n^2} \right| = \lim\limits_{n\to\infty} \left| \dfrac{n^2 x}{(n+1)^2} \right| = |x|$

由比值試斂法知，當 $|x| < 1$ 時，冪級數收斂；當 $|x| > 1$ 時，冪級數發散。於是，收斂半徑 $R = 1$。換言之，冪級數在區間 $(-1, 1)$ 上收斂，在 $(-\infty, -1) \cup (1, \infty)$ 上發散。當 $x = 1$ 時，我們得到收斂的 p 級數 $(p = 2)$：

$$\sum_{n=1}^{\infty} \frac{1}{n^2} = \frac{1}{1^2} + \frac{1}{2^2} + \frac{1}{3^2} + \frac{1}{4^2} - \cdots$$

當 $x = -1$ 時，我們得到收斂的交錯級數

$$\sum_{n=1}^{\infty} \frac{(-1)^n}{n^2} = -\frac{1}{1^2} + \frac{1}{2^2} - \frac{1}{3^2} + \frac{1}{4^2} - \cdots$$

因此，原冪級數的收斂區間為閉區間 $[-1, 1]$，參見圖 7–9。

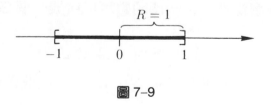

圖 7–9

■

習　題　**7–4**

求下列冪級數的收斂半徑（1～4）：

1. $\sum\limits_{n=1}^{\infty} \dfrac{(2x)^n}{n^2}$

2. $\sum\limits_{n=0}^{\infty} \dfrac{(2x)^n}{n!}$

3. $\sum\limits_{n=0}^{\infty} (-1)^n \dfrac{x^n}{n+1}$

4. $\sum\limits_{n=0}^{\infty} (4x)^n$

求下列冪級數的收斂區間（5～10）：

5. $\sum\limits_{n=0}^{\infty} (-1)^{n+1} n x^n$

6. $\sum\limits_{n=1}^{\infty} \dfrac{(-1)^{n+1} x^n}{4^n}$

7. $\sum\limits_{n=0}^{\infty} \dfrac{(x-2)^{n+1}}{(n+1)3^{n+1}}$

8. $\sum\limits_{n=0}^{\infty} \dfrac{(-1)^{n+1}(x-1)^{n+1}}{n+1}$

9. $\sum\limits_{n=1}^{\infty} \dfrac{(-1)^{n+1} x^{2n-1}}{2n-1}$

10. $\sum\limits_{n=0}^{\infty} \dfrac{x^{2n+1}}{(2n+1)!}$

7–5　泰勒級數及其應用

　　研究函數的性質與行為是微積分的主題。在這之前，我們探討了一些代數函數（如多項式函數、有理函數及無理函數）與超越函數（如指數函數、對數函數、三角函數）的微分與積分。在本書的最後一節，我們先要探討另一類函數的微分與積分，這一類函數是由冪級數所定義的函數；最後是要探討在什麼條件下，一個函數可以展成一個冪級數或稱為泰勒級數。

甲、由冪級數所定義的函數

　　如果冪級數 $\sum\limits_{n=0}^{\infty} c_n(x-a)^n$ 的收斂區間為 I，那麼我們可以利用此冪級數定義一個函數

$$f(x)= \sum_{n=0}^{\infty} c_n(x-a)^n = c_0 + c_1(x-a) + c_2(x-a)^2 + \cdots, \quad \forall x \in I \qquad (1)$$

我們很自然地要問：f 連續嗎？可微分嗎？可積分嗎？如何求算 f 的微分與積分？

幂級數可以看作是多項式的推廣，因此幂級數又叫做無窮的多項式，兩者是同一國的，具有完全相似的性質。我們只敍述出定理，而省略掉證明。

定 理 1

由(1)式所定義的函數在收斂區間的內部上連續、可微分且可積分。進一步，f 的微分與積分可逐項演算如下：

(1) $f'(x) = c_1 + 2c_2(x-a) + 3c_3(x-a)^2 + \cdots$

(2) $\displaystyle \int f(x)dx = c + c_0(x-a) + c_1 \cdot \frac{(x-a)^2}{2} + c_2 \cdot \frac{(x-a)^3}{3} + \cdots$

這兩個幂級數仍然跟原幂級數具有相同的收斂半徑，但收斂區間在端點可能有所差異。

例 1　定義函數

$$f(x) = \sum_{n=1}^{\infty} \frac{x^n}{n} = x + \frac{x^2}{2} + \frac{x^3}{3} + \cdots$$

試求(1) $f(x)$，(2) $\displaystyle \int f(x)dx$，(3) $f'(x)$ 的收斂區間。

解　(1)在上一節例7 已看過，$f(x)$ 的收斂區間為 $[-1,1)$。

(2) $\displaystyle \int f(x)dx = \sum_{n=1}^{\infty} \frac{x^{n+1}}{n(n+1)}$ 除了在 $(-1,1)$ 上收斂外，在 $x = \pm 1$ 也收斂，故 $\displaystyle \int f(x)dx$ 的收斂區間為 $[-1,1]$。

(3) $\displaystyle f'(x) = \sum_{n=1}^{\infty} x^{n-1}$ 在 $x = \pm 1$ 都發散，故 $f'(x)$ 的收斂區間為 $(-1,1)$。　∎

由幾何級數斂散的判別法知，

$$\frac{1}{1+x} = 1 - x + x^2 - x^3 + \cdots, \ |x| < 1 \tag{2}$$

兩邊積分之, 得到

$$\int \frac{1}{1+x}dx = \ln(1+x) = c + x - \frac{x^2}{2} + \frac{x^3}{3} - \cdots$$

$$+ (-1)^n \frac{x^{n+1}}{n+1} + \cdots$$

當 $x = 0$ 時, $\ln(1+x) = 0$, 故 $c = 0$

$$\therefore \ln(1+x) = x - \frac{x^2}{2} + \frac{x^3}{3} - \cdots + (-1)^n \frac{x^{n+1}}{n+1} + \cdots \quad (3)$$

上述(2)與(3)式分別為函數 $\frac{1}{1+x}$ 與 $\ln(1+x)$ 之冪級數展式。至少我們知道(3)之展式在 $(-1, 1)$ 上成立, 而端點是否也成立的討論超乎目前的課程範圍。事實上, 對於 $x = 1$, (3)式亦成立, 於是得到著名公式

$$\ln 2 = 1 - \frac{1}{2} + \frac{1}{3} - \frac{1}{4} + \frac{1}{5} - \cdots \qquad (4)$$

例2 求 $\tan^{-1} x$ 的冪級數展式。

解 已知 $D \tan^{-1} x = \frac{1}{1+x^2}$, 並且在(2)式中以 x^2 代 x 得到

$$\frac{1}{1+x^2} = 1 - x^2 + x^4 - \cdots + (-1)^n x^{2n} + \cdots, |x| < 1 \quad (5)$$

作積分

$$\int_0^x \frac{dt}{1+t^2} = \int_0^x (1 - t^2 + t^4 - t^6 + \cdots)dt$$

亦即

$$\tan^{-1} x = x - \frac{x^3}{3} + \frac{x^5}{5} - \frac{x^7}{7} + \cdots, |x| < 1 \qquad (6)$$

事實上, (6)式對於 $x = \pm 1$ 也成立。令 $x = 1$, 就得到

$$\frac{\pi}{4} = 1 - \frac{1}{3} + \frac{1}{5} - \frac{1}{7} + \cdots \qquad (7)$$

這叫做Leibniz公式。 ∎

上述我們是由冪級數出發，定義出函數，現在我們反過來，給一個函數 $f(x)$，要探求它的冪級數展式。

乙、泰勒多項函數

微分是計算近似的有力工具，由導數的定義：

$$f'(a) = \lim_{x \to a} \frac{f(x) - f(a)}{x - a}$$

可知，當 x 很接近 a 時，則 $f'(a)$ 與 $\dfrac{f(x) - f(a)}{x - a}$ 雖不等，也相去不遠。於是我們有

$$f'(a) \doteqdot \frac{f(x) - f(a)}{x - a}$$

從而

$$f(x) \doteqdot f(a) + f'(a)(x - a), \quad （當 x 很靠近 a 時） \quad (8)$$

此式叫做 f 的**一階泰勒多項式**，這是近似估計最根本的原則！

注意，(8)式右端是 x 的一次多項式，其意義是：f 本身可能很複雜，函數值不易算，但是當 x 夠靠近 a 時，我們大可用簡單的一次多項式 $f(a) + f'(a)(x - a)$ 來取代 $f(x)$。但須 $f(a), f'(a)$ 為可求，或較 $f(x)$ 之求法方便為宜。

一階的泰勒多項式也有解析幾何的意思：
由點斜式知，過 $P(a, f(a))$ 點的切線方程式為

$$\frac{y - f(a)}{x - a} = f'(a)$$

或

$$y = f(a) + f'(a)(x - a)$$

此式跟(8)式比較得知，用 $f(a) + f'(a)(x-a)$ 取代 $f(x)$（在 a 點附近）的幾何意義就是用通過 $(a, f(a))$ 點的切線來取代原曲線（見圖 7–10）。換句話說，在局部範圍（如 a 點附近）我們可用平直取代彎曲！同理對於高維度的情形，我們就用切平面（平直）取代曲面，這是整個微分學的精義所在。

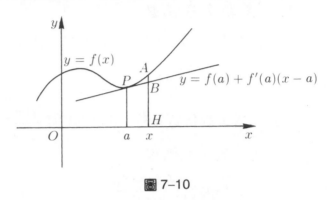

圖 7–10

　　既然是近似估計，我們就得講究精確度。通常是越高階的估計越精確。不過別忘了有個**互補原理**：越高階，計算就越麻煩。因此這完全要看你的時間、耐力與金錢而定（請電子計算機計算要花錢）。舉個例來說，如果 $f(x)$ 是連續的，那麼當 x 夠靠近 a 時，對 $f(x)$ 最快速的估計就是取 $f(a)$（馬馬虎虎），這是**第 0 階**的估計。若時間多一點，可作更高階的估計，比如一階估計 $f(a) + f'(a)(x-a)$。

　　上述的近似估計，還有一層代數的意思，今說明於下。假設給一個函數 $f(x)$（可能很複雜），我們希望用已學過的簡單函數。如多項函數，來迫近它。（以簡馭繁！）

　　換句話說，我們的問題是：找一個多項式 $g(x)$，使得 $g(x)$ 與 $f(x)$ 很「**接近**」。要這個問題有意義，我們必須對 $g(x)$ 作一些限制，比如說限定 $g(x)$ 的次數，或在某些特定點上的值等等。其次還需述明「接近」的意思。

　　我們先用一個例子來說明這個問題的用意。例如說，我們

要算定積分 $\int_a^b f(x)dx$。當 $f(x)$ 很複雜時，這個定積分不容易算。我們的辦法之一，就是去找一個多項式 $g(x)$ 跟 $f(x)$ 很「接近」，而乾脆就用多項式的積分 $\int_a^b g(x)dx$，當作 $\int_a^b f(x)dx$ 的近似估計。多項式的積分是最簡單的，大家都會。

總之，逼近的概念含有兩個要件：(1)**簡單的函數**，以及(2)**逼近的尺度**。我們取簡單的函數作為逼近的基石，再輔以逼近的尺度，這樣我們才知道用什麼東西來逼近，以及在什麼意味之下的逼近。

所謂泰勒展式的逼近法是取「多項函數」作為簡單的函數，取「**切近**」作為逼近尺度。

讓我們先來談逼近尺度：在高等數學中，我們說兩個函數「很接近」有很多種意思，此地我們只介紹微分學中的一種「接近」概念，即「切近」的想法。

兩個函數 f 與 g 在點 $x = a$ 零階切近是指：$f(a) = g(a)$，記為 $f \overset{0}{\cong} g$（見圖 7–11）。

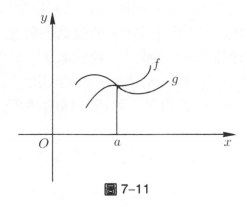

圖 7–11

為求更精確，我們再考慮一階切近。f 與 g 在 a 點一階切近是指：$f'(a) = g'(a)$ 且 $f(a) = g(a)$，記為 $f \overset{1}{\cong} g$（見圖7–12）。一

般而言，f 與 g 在 a 點 n 階切近是指: $D^k f(a) = D^k g(a)$, $k = 0, \cdots n$; 記為 $f \underset{a}{\cong} g$。注意: 我們定義 $D^0 f(a) \equiv f(a)$，又 k 階切近必為 $(k-1)$ 階切近。通常最常見也是最重要的是一階切近。

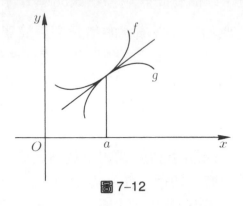

圖 7-12

　　另外，我們取多項函數作為簡單函數的理由是，多項函數是屬於「算術」層次的函數，只要用加減乘除四則運算就可以掌握，其他的函數就沒有這麼簡單。

　　取好簡單函數及切近的概念後，那麼 f 的一階泰勒多項式 $f(a) + f'(a)(x-a)$ 的代數意思就是: 找一個一次多項函數跟原函數一階切近，結果所得到的就是 $f(a) + f'(a)(x-a)$。現在我們把問題改進成:「給函數 f，要找一個 n 次多項函數 g，使得 g 與 f 在 a 點具有 n 階的切近。」其實我們只要解決特殊情形 $a = 0$ 就夠了，再用平移的技巧，$a \neq 0$ 的一般情形自然就解決了。

　　今假設 $g(x)$ 為 n 次多項式，可令

$$g(x) = a_0 + a_1 x + a_2 x^2 + \cdots + a_n x^n$$

只要把係數 $a_0, a_1, \cdots, a_n$ 定出就好了。由假設 $f \underset{a}{\cong} g$，可知

$$f(0) = g(0) = a_0$$

$$f'(0) = g'(0) = a_1$$

$$f''(0) = g''(0) = (2!)a_2$$

....

$$f^{(k)}(0) = g^{(k)}(0) = (k!)a_k$$

....

於是解得 $a_k = \dfrac{f^{(k)}(0)}{k!}$, $k = 0, 1, \cdots, n$; 其中 $0! \equiv 1$, 且 $k! = k(k-1)\cdots 3 \cdot 2 \cdot 1$。所以

$$g(x) = f(0) + f'(0)x + \frac{f''(0)}{2!}x^2 + \cdots + \frac{f^{(n)}(0)}{n!}x^n$$

$$= \sum_{k=0}^{n} \frac{f^{(k)}(0)}{k!}x^k \tag{9}$$

這就是我們所要求的答案。我們稱 n 階切近的(9)式為 $f(x)$ 的 n 階**馬克勞林**(Maclaurin) 多項式（或相對於點 $a = 0$ 之 n 階泰勒多項式）。

　　對於一般的情形，我們只寫出其公式，而不去推導： $f(x)$ 在點 $x = a$ 的 n 階切近近似式又稱 **n 階泰勒多項式**是

$$g(x) \equiv f(a) + \frac{f'(a)}{1!}(x-a) + \frac{f^{(2)}(a)}{2!}(x-a)^2 +$$

$$\cdots + \frac{f^{(n)}(a)}{n!}(x-a)^n$$

（註：令 $a = 0$ 就得到馬克勞林多項式。因此馬克勞林多項式是泰勒多項式的特例。）

【隨堂練習】　求 $\ln x$ 在 $a = 2$ 點的 5 階泰勒多項式。

例3　求 $\ln(1+x)$ 在 $x = 0$ 點的 n 階泰勒多項式。

解　　先求 $f(x) = \ln(1+x)$ 的各階導微，再令 $x = 0$：

$$f(x) = \ln(1+x) \qquad\qquad f(0) = 0$$

$$f'(x) = \frac{1}{1+x} \qquad\qquad f'(0) = 1$$

$$f''(x) = -\frac{1}{(1+x)^2} \qquad\qquad f''(0) = -1$$

$$f^{(3)}(x) = \frac{1 \times 2}{(1+x)^3} \qquad\qquad f^{(3)}(0) = 2!$$

$$f^{(4)}(x) = -\frac{1 \times 2 \times 3}{(1+x)^4} \qquad\qquad f^{(4)}(0) = -3!$$

$$\cdots\cdots\cdots\cdots\cdots$$

$$f^n(x) = (-1)^{n-1}\frac{(n-1)!}{(1+x)^n} \qquad f^{(n)}(0) = (-1)^{n-1}(n-1)!$$

所以 $\ln(1+x)$ 的 n 階泰勒展開為：

$$\ln(1+x) \doteqdot x - \frac{x^2}{2} + \frac{x^3}{3} - \cdots + (-1)^{n-1}\frac{x^n}{n} \qquad \blacksquare$$

例 4　　求 $f(x) = \sin x$ 的馬克勞林展開。

解　　$\because f(x) = \sin x \qquad\qquad \therefore f(0) = 0$

$\quad\quad f'(x) = \cos x \qquad\qquad f'(0) = 1$

$\quad\quad f''(x) = -\sin x \qquad\qquad f''(0) = 0$

$\quad\quad f^{(3)}(x) = -\cos x \qquad\qquad f^{(3)}(0) = -1$

$\quad\quad f^{(4)}(x) = \sin x \qquad\qquad f^{(4)}(0) = 0$

$\qquad\cdots\cdots\cdots\cdots \qquad\qquad\qquad \cdots\cdots\cdots\cdots$

因此

$$\sin x \doteqdot x - \frac{x^3}{3!} + \frac{x^5}{5!} - \frac{x^7}{7!} + \frac{x^9}{9!} - \cdots + (-1)^n\frac{x^{2n+1}}{(2n+1)!} \qquad \blacksquare$$

例 5　　求 $f(x) = \cos x$ 的 n 階馬克勞林展開。

解　　$\because f(x) = \cos x$　　　　$\therefore f(0) = 1$

$\quad f'(x) = -\sin x$　　　　$f'(0) = 0$

$\quad f''(x) = -\cos x$　　　　$f''(0) = -1$

$\quad f^{(3)}(x) = \sin x$　　　　$f^{(3)}(0) = 0$

$\quad f^{(4)}(x) = \cos x$　　　　$f^{(4)}(0) = 1$

$\quad \cdots\cdots\cdots\cdots$　　　　$\cdots\cdots\cdots\cdots$

（循環）

因此

$$\cos x \doteqdot 1 - \frac{x^2}{2!} + \frac{x^4}{4!} - \frac{x^6}{6!} + \cdots + (-1)^n \frac{x^{2n}}{(2n)!} \quad \blacksquare$$

讓我們來作出 $\cos x$ 的前面幾階切近多項函數的圖形：

$y = \cos x$

$y_1 = 1$（0 階切近，於 $x = 0$ 點）

$y_2 = 1 - \dfrac{x^2}{2!}$

$y_3 = 1 - \dfrac{x^2}{2!} + \dfrac{x^4}{4!}$

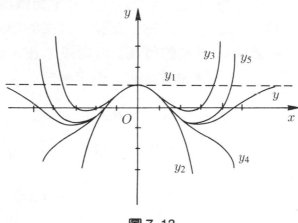

圖 7-13

$$y_4 = 1 - \frac{x^2}{2!} + \frac{x^4}{4!} - \frac{x^6}{6!}$$

$$y_5 = 1 - \frac{x^2}{2!} + \frac{x^4}{4!} - \frac{x^6}{6!} + \frac{x^8}{8!}$$

例 6　求 $f(x) = e^x (\equiv \exp(x))$ 的 n 階馬克勞林多項式。

解　$\because f(x) = e^x$　　　　$\therefore f(0) = 1$

$\quad\quad f'(x) = e^x$　　　　　$f'(0) = 1$

$\quad\quad f''(x) = e^x$　　　　　$f''(0) = 1$

$\quad\quad f^{(3)}(x) = e^x$　　　　$f^{(3)}(0) = 1$

$\quad\quad \cdots\cdots\cdots\cdots$　　　$\cdots\cdots\cdots\cdots$

因此

$$e^x \fallingdotseq 1 + \frac{x^2}{2!} + \frac{x^3}{3!} + \cdots + \frac{x^n}{n!} \quad \blacksquare$$

丙、泰勒定理

　　我們談過，利用 Taylor 多項式 $p_n(x)$ 來局部地迫近一個函數 $f(x)$ 是一個很有用的想法。但是如果能進一步估計誤差，那更理想。因此我們在此要介紹**剩餘項**(或叫**誤差項**) $R_n(x) \equiv f(x) - p_n(x)$ （作為分部積分公式的應用），並利用它來探討函數 $f(x)$ 一些的行為。今假設 f 在 a 點的某一近旁具有直到 $n + 1$ 階的連續導函數。由定義知

$$f(x) \equiv p_n(x) + R_n(x)$$

$$= f(a) + f'(a)(x - a) + \frac{f''(a)}{2!}(x - a)^2 + \cdots +$$

$$\frac{f^{(n)}(a)}{n!}(x - a)^n + R_n(x) \tag{10}$$

對上式逐次導微，直到 n 次止，於是得到：

$$
\begin{cases}
f'(x)=f'(a)+\dfrac{f''(a)}{1!}(x-a)+\cdots+\dfrac{f^{(n)}(a)}{(n-1)!}(x-a)^{n-1}+R_n'(x) \\[2mm]
f''(x)=f''(a)+\dfrac{f^{(3)}(a)}{1!}(x-a)+\cdots+\dfrac{f^{(n)}(a)}{(n-2)!}(x-a)^{n-2}+R_n''(x) \quad (11)\\[2mm]
\cdots\cdots\cdots\cdots\cdots\cdots\cdots\cdots\cdots\cdots\cdots\cdots\cdots\cdots\cdots\cdots \\[2mm]
f^{(n)}(x)=f^{(n)}(a)+R_n^{(n)}(x)
\end{cases}
$$

在(10)、(11)兩式中，令 $x=a$，則得到

$$
R_n(a)=0,\ R_n'(a)=0,\cdots,R_n^{(n)}(a)=0 \tag{12}
$$

再對(11)之最後一式導微得：

$$
R_n^{(n+1)}(x)=f^{(n+1)}(x) \tag{13}
$$

我們要利用(12)、(13)兩式求出 $R_n(x)$。由微積分根本定理

$$
\begin{aligned}
R_n(x)&=\int_a^x R_n'(t)dt \quad (\because R_n(a)=0\,也) \\[2mm]
&=-\int_a^x R_n'(t)d(x-t) \quad (x\ 看成固定數) \\[2mm]
&=-R_n'(t)(x-t)\Big|_a^x+\int_a^x R_n''(t)(x-t)dt \\[2mm]
&=-\int_a^x R_n''(t)d\frac{(x-t)^2}{2!} \quad (\because R_n'(a)=0\,也) \\[2mm]
&=-R_n''(t)\frac{(x-t)^2}{2!}\Big|_a^x+\int_a^x R_n^{(3)}(t)\frac{(x-t)^2}{2!}dt \\[2mm]
&=-\int_a^x R_n^{(3)}(t)d\frac{(x-t)^3}{3!} \quad (\because R_n''(a)=0\,也) \\[2mm]
&=\cdots\cdots\cdots\cdots\cdots\cdots\cdots\cdots\cdots\cdots\cdots \\[2mm]
&=\int_a^x R_n^{(n+1)}(t)\frac{(x-t)^n}{n!}dt
\end{aligned}
$$

利用(13)式得

$$
R_n(x)=\frac{1}{n!}\int_a^x f^{(n+1)}(t)(x-t)^n dt \tag{14}
$$

這就得到 $R_n(x)$ 的解析表式，此式叫做**積分形式的剩餘項**。從而

$$f(x) \equiv f(a) + f'(a)(x-a) + \frac{f''(a)}{2!}(x-a)^2 + \cdots +$$

$$\frac{f^{(n)}(a)}{n!}(x-a)^n + \frac{1}{n!}\int_a^x f^{(n+1)}(t)(x-t)^n dt \quad (15)$$

此式稱為Taylor公式或Taylor展式。

在應用上更常見且更有用的是**微分形式的剩餘項**，又叫 Lagrange **餘項**：

$$R_n(x) = \frac{f^{(n+1)}(\xi)}{(n+1)!}(x-a)^{n+1}, \ \text{其中} \xi \text{介乎} a \text{與} x \text{之間} \quad (16)$$

今推導於下，我們只做 $x > a$ 的情形（$x < a$ 的情形依樣畫葫蘆）。由上面(14)式

$$R_n(x) = \frac{1}{n!}\int_a^x f^{(n+1)}(t)(x-t)^n dt$$

但已知 $f^{(n+1)}(t)$ 在 $[a,x]$ 上連續，故 $f^{(n+1)}(t)$ 在 $[a,x]$ 取得最大值 M 與最小值 m，即

$$m \leq f^{(n+1)}(t) \leq M, \quad \forall t \in [a,x]$$

於是

$$m \cdot \frac{1}{n!}(x-t)^n \leq \frac{1}{n!}f^{(n+1)}(t)(x-t)^n \leq M \cdot \frac{1}{n!}(x-t)^n$$

積分得

$$m\int_a^x \frac{(x-t)^n}{n!}dt \leq R_n(x) \leq M\int_a^x \frac{(x-t)^n}{n!}dt \quad (17)$$

因為

$$\int_a^x \frac{(x-t)^n}{n!}dt = \frac{-(x-t)^{n+1}}{(n+1)!}\bigg|_{t=a}^{t=x} = \frac{(x-a)^{n+1}}{(n+1)!}$$

故(17)式變成

$$\frac{m(x-a)^{n+1}}{(n+1)!} \le R_n(x) \le \frac{M(x-a)^{n+1}}{(n+1)!}$$

從而

$$m \le R_n(x)\frac{(n+1)!}{(x-a)^{n+1}} \le M$$

由連續函數的中間值定理知，存在 ξ，介乎 a 與 x 之間，使得

$$f^{(n+1)}(\xi) = R_n(x)\frac{(n+1)!}{(x-a)^{n+1}}$$

從而

$$f(x)\equiv f(a) + f'(a)(x-a) + \frac{f''(a)}{2!}(x-a)^2 + \cdots +$$

$$\frac{f^{(n)}(a)}{n!}(x-a)^n + \frac{f^{(n+1)}(\xi)}{(n+1)!}(x-a)^{n+1} \tag{18}$$

其中 ξ 介乎 a 與 x 之間。(18)式是更常見的泰勒展式。

將上述論證所得的結果，整理成如下重要的定理：

定理 2

（泰勒展開定理）

設函數 f 在開區間 (α,β) 上具有直到 $n+1$ 階的連續可微分性，並且 $a \in (\alpha,\beta)$，則對於每個 $x \in (\alpha,\beta)$，函數 $f(x)$ 可以展開成

$$f(x) = \sum_{k=0}^{n} \frac{f^{(k)}(a)}{k!}(x-a)^k + R_n(x) \tag{19}$$

其中

$$R_n(x) = \int_a^x \frac{(x-t)^n}{n!} f^{(n+1)}(t)dt \tag{20}$$

或

$$R_n(x) = \frac{f^{(n+1)}(\xi)}{(n+1)!}(x-a)^{n+1}, \ \xi \text{ 介於 } a \text{ 與 } x \text{ 之間} \tag{21}$$

分別叫做積分形式與微分形式的剩餘項。

我們注意到:

1.當 $n = 0$ 時，則由(19)與(20)兩式得到

$$f(x) = f(a) + \int_a^x f'(t)dt \tag{22}$$

這是微積分根本定理的內容！因此積分形式的泰勒公式是微積分根本定理的推廣。

2.當 $n = 0$ 時，則由(19)與(21)兩式得到

$$f(x) = f(a) + f'(\xi)(x - a), \quad \text{其中} \xi \text{ 介於 } a \text{ 與 } x \text{ 之間} \tag{23}$$

這是均值定理的內容！因此微分形式的泰勒公式是均值定理的推廣。

推 論

設 f 在 (α, β) 上具有無窮階的連續可微分性。如果

$$\lim_{n \to \infty} R_n(x) = 0, \quad \forall x \in (\alpha, \beta)$$

則 f 在 (α, β) 上可以展開為泰勒級數

$$f(x) = \sum_{k=0}^{\infty} \frac{f^{(k)}(a)}{k!}(x - a)^k \tag{24}$$

（註：當 $a = 0$ 時，相應的(19)式叫做Maclaurin**展式**，(24)式叫做
Maclaurin**級數**。）

例7　　求 $f(x) = \sin x$ 的 Maclaurin 展式。

解　　由例4 及定理 9 可知

$$\sin x = x - \frac{x^3}{3!} + \frac{x^5}{5!} - \frac{x^7}{7!} + \cdots + (-1)^n \frac{x^{2n+1}}{(2n+1)!}$$

$$+ R_{2n+1}(x)$$

其中

$$R_{2n+1}(x) = \frac{f^{(2n+2)}(\xi)}{(2n+2)!} x^{2n+2}, \quad \text{但是}$$

$$f^{(2n+2)}(x) = \pm \sin x \quad \text{或} \quad \pm \cos x$$

於是

$$0 \leq |R_{2n+1}(x)| = \left| \frac{f^{(2n+2)}(\xi)}{(2n+2)!} x^{2n+2} \right|$$

$$\leq \frac{|x|^{2n+2}}{(2n+2)!} \to 0, \quad \text{當 } n \to \infty \text{時}$$

這對於所有實數 $x \in \mathbb{R}$ 皆成立，因此

$$\sin x = x - \frac{x^3}{3!} + \frac{x^5}{5!} - \frac{x^7}{7!} + \cdots + (-1)^n \frac{x^{2n+1}}{(2n+1)!} + \cdots$$

$$\forall x \in \mathbb{R} \quad \blacksquare$$

　　仿上例的方法，我們可以求得下列常見函數的泰勒級數展式（對 $a = 0$ 點）：

$$e^x = 1 + x + \frac{x^2}{2!} + \frac{x^3}{3!} + \frac{x^4}{4!} + \cdots \quad \forall x \in \mathbb{R}$$

$$\cos x = 1 - \frac{x^2}{2!} + \frac{x^4}{4!} - \frac{x^6}{6!} + \frac{x^8}{8!} - \cdots \quad \forall x \in \mathbb{R}$$

$$\ln(1 + x) = x - \frac{x^2}{2} + \cdots + (-1)^{n-1} \frac{x^n}{n} + \cdots,$$
$$-1 < x \leq 1$$

$$(1 + x)^\alpha = 1 + \binom{\alpha}{1} x + \binom{\alpha}{2} x^2 + \cdots + \binom{\alpha}{n} x^n + \cdots,$$
$$-1 < x < 1$$

其中 $\dbinom{\alpha}{n} = \dfrac{\alpha(\alpha - 1) \cdots (\alpha - n + 1)}{n!}$,

$$\binom{\alpha}{0} = 1, \ \alpha \in \mathbb{R}$$

$$(1-x)^{-1} = 1 + x + x^2 + \cdots + x^n + \cdots \quad |x| < 1$$

順便一提，利用 e^x，$\sin x$ 及 $\cos x$ 的馬克勞林 (Maclaurin) 展式，則馬上就可以得到著名的尤拉 (Euler) 公式：

$$e^{i\theta} = \cos\theta + i\sin\theta$$

理由如下：

$$e^{i\theta} = 1 + i\theta + \frac{(i\theta)^2}{2!} + \frac{(i\theta)^3}{3!} + \cdots$$

$$= \left(1 - \frac{\theta^2}{2!} + \frac{\theta^4}{4!} - \frac{\theta^6}{6!} + \cdots\right) + i\left(\theta - \frac{\theta^3}{3!} + \frac{\theta^5}{5!} - \cdots\right)$$

$$= \cos\theta + i\sin\theta$$

特別地，令 $\theta = \pi$，則得到

$$e^{i\pi} = \cos\pi + i\sin\pi = -1$$

$$\therefore e^{i\pi} + 1 = 0$$

此式將數學中最重要的五個常數 $0, 1, i, e, \pi$ 連結在一起，被公認為數學中最漂亮的公式。

丁、泰勒展式的應用

最後我們介紹，如何利用泰勒 (Taylor) 展式來求算函數值之近似值。

例8　已知 $f(x) = x^2 + x + 2$ 求 $f(1.01)$ 的值。

解　這個函數似乎已經很簡單，直接代進去求算就可以了，但是先將 $f(x)$ 對 $x = 1$ 點作泰勒展開卻可以帶來計算上

的方便：

$$f(x) = 4 + 3(x-1) + (x-1)^2$$

利用此式眼睛一瞄就看出

$$f(1.01) = (0.01)^2 + 3 \times (0.01) + 4$$

$$= 4.0301 \quad \blacksquare$$

【隨堂練習】　試將 $f(x) = x^3 - x^2 + 1$ 對 $x = \dfrac{1}{2}$ 點作泰勒展開。再求 $f(0.50028)$ 的值。

例9　試求一個多項式 $p(x)$ 使得 $|e^x - p(x)| < 0.001$

(1)對於所有滿足 $-\dfrac{1}{2} \le x \le \dfrac{1}{2}$ 的 x 均成立。

(2)對於所有滿足 $-2 \le x \le 2$ 的 x 均成立。

解　由例6知，我們要取多項式

$$p_n(x) = 1 + x + \frac{x^2}{2!} + \cdots + \frac{x^n}{n!}$$

來迫近 e^x 到所要求的誤差程度內。為此我們必須決定 n 使得

$$|R_n(x)| = |e^x - p_n(x)| < 10^{-3}$$

但剩餘項 $R_n(x) = \dfrac{e^{\theta x}}{(n+1)!} x^{n+1}, \quad 0 < \theta < 1$。

我們希望 n 越小越好，這樣可以減少實際計算 $p_n(x)$ 時的累積誤差。

(1)當 $-\dfrac{1}{2} \le x \le \dfrac{1}{2}$ 時，則

$$|R_n(x)| \le \frac{e^{\frac{1}{2}}}{(n+1)!} \left(\frac{1}{2}\right)^{n+1}$$

我們要找 n 使得

$$\frac{e^{\frac{1}{2}}}{(n+1)!}\left(\frac{1}{2}\right)^{n+1} < \frac{1}{1000}$$

亦即

$$\frac{1}{(n+1)!2^{n+1}} < \frac{1}{1000e^{\frac{1}{2}}} < \frac{1}{1648}$$

由計算得

$$\frac{1}{4!2^4} = \frac{1}{384}, \quad \frac{1}{5!2^5} = \frac{1}{3840}$$

因此取 $n+1=5$，即 $n=4$，就得到我們所要找的多項式

$$p_4(x) = 1 + x + \frac{x^2}{2!} + \frac{x^3}{3!} + \frac{x^4}{4!}$$

(2)當 $-2 \le x \le 2$ 時，則

$$|R_n(x)| \le \frac{e^2}{(n+1)!} \cdot 2^{n+1}$$

亦即

$$\frac{e^2}{(n+1)!} \cdot 2^{n+1} < \frac{1}{1000}$$

或

$$\frac{2^{n+1}}{(n+1)!} < \frac{1}{7389}$$

由計算得

$$\frac{2^{10}}{10!} = \frac{1024}{3628800} = \frac{4}{14175} \doteqdot \frac{1}{3544}$$

$$\frac{2^{11}}{11!} = \frac{2^{10}}{10!} \cdot \frac{2}{11} \doteqdot \frac{2}{38981} \doteqdot \frac{1}{19500}$$

因此取 $n+1=11$，即 $n=10$，就得到所要找的多項式

$$p_{10}(x) = 1 + x + \frac{x^2}{2!} + \cdots + \frac{x^{10}}{10!} \quad \blacksquare$$

　　上例告訴我們，編製一個函數的數值表的方法就是利用 Taylor 多項式！今再舉一例來說明。假設我們要編製 $\sin x$ 及 $\cos x$ 的數值表至 5 位小數。由三角學知識可知，我們只要對 $0 \leq x \leq \frac{\pi}{4}$ 的範圍來編製就好了。因為，譬如說，我們要求 $\sin 69°$，那麼 $\sin 69° = \sin(90° - 21°) = \cos 21°$ 就可查表了。

　　今我們只考慮 $\sin x$ 的情形（$\cos x$ 依樣畫葫蘆）。譬如，我們對 $\sin x$ 取三階的 Taylor 多項式（對 $x = 0$ 點）：

$$p_3(x) = x - \frac{x^3}{6}$$

則誤差為

$$|\sin x - p_3(x)| \leq \frac{x^5}{5!} = \frac{x^5}{120}$$

欲得小數 5 位的數值表，則誤差必須小於 5×10^{-6}，因此我們必須要求

$$\frac{x^5}{120} < 5 \times 10^{-6}$$

即

$$x < (6 \times 10^{-4})^{\frac{1}{5}} < 0.22 \quad \text{弧度} \fallingdotseq 12.5°$$

也就是說，取三階 Taylor 多項式來計算 $\sin x$，在 0° 到 12° 之間，就可得到小數 5 位的近似值。

　　為了擴大適用範圍，我們嘗試五階 Taylor 展式（對 $x = 0$ 點）：

$$p_5(x) = x - \frac{x^3}{3!} + \frac{x^5}{5!}$$

因為

$$|\sin x - p_5(x)| = \left| \frac{\cos\theta x}{7!} x^7 \right| \leq \frac{x^7}{7!}$$

故若

$$\frac{x^7}{7!} < 5 \times 10^{-6}, \ \text{或} \ x^7 < 0.0252$$

亦即當 $x < (0.0252)^{\frac{1}{7}} < 0.59$ 弧度 $\fallingdotseq 34°$ 時，那麼用 $p_5(x)$ 來迫近 $\sin x$ 就得到小數5 位的近似值。

若更進一步取七階 Taylor 展式：

$$p_7(x) = x - \frac{x^3}{3!} + \frac{x^5}{5!} - \frac{x^7}{7!}$$

則誤差為

$$|\sin x - p_7(x)| \leq \frac{x^9}{9!}$$

此時對於 $0°$ 到 $45°$ 之間的角度，其誤差至多為

$$\frac{1}{9!}\left(\frac{\pi}{4}\right)^9 \fallingdotseq \frac{1}{9!}(0.7854)^9 < \frac{1}{9!}(0.79)^9 < 4 \times 10^{-7}$$

結論是：在 $0 \leq x \leq \frac{\pi}{4}$ 的範圍，利用 Taylor 多項式 $p_7(x)$ 來迫近 $\sin x$，就可以得到小數 6 位的近似值。值得注意的是 $p_7(x)$ 只含有四項，故累積誤差很小。

（註：我們不必限於對 $x = 0$ 點作 Taylor 展開，譬如要估計 $45°$ 附近的值時，最好是對 $\frac{\pi}{4}$ 來作 Taylor 多項式。如此可以使用較低階的 Taylor 多項式，而得到一樣好的效果。不過我們編 $\sin x$ 的函數表時，多半喜歡用 $x = 0$ 點的 Taylor 多項式，因為此時偶數次的係數均為 0，項數少掉一半，計算方便也。）

例 10 $\sin 1 = ?$

解 由 $\sin x$ 的馬克勞林 (Maclaurin) 展式

$$\sin x = x - \frac{x^3}{3!} + \frac{x^5}{5!} - \frac{x^7}{7!} + \cdots$$

得知

$$\sin 1 = 1 - \frac{1}{3!} + \frac{1}{5!} - \frac{1}{7!} + \frac{1}{9!} - \cdots$$

估算前面幾項的和

$$
\begin{array}{ll}
1 = 1.00000\cdots & \frac{1}{3!} = 0.16667\cdots \\
+)\frac{1}{5!} = 0.00833\cdots & +)\frac{1}{7!} = 0.00020\cdots \\
\hline
\quad 1.00833 & \quad 0.16687
\end{array}
$$

所以

$$\sin 1 \doteqdot 1.00833 - 0.16687 = 0.84146$$

這已經相當準確了。事實上，三角函數表就是利用泰勒 (Taylor) 展式求算出來的。　■

Taylor 展式對於定積分的近似估計也很有威力。考慮函數 e^{-x^2} 與 $\frac{\sin x}{x}$ 的積分，我們無法找到這兩個函數的反導函數，故微積分根本定理派不上用場，因此只好想法子作近似估計。

例 11　試估計 $\int_0^{\frac{1}{2}} e^{-x^2} dx$ 之值。

解　取 e^t 的首四項 Taylor 展開得

$$e^t = 1 + t + \frac{t^2}{2!} + \frac{t^3}{3!} + \frac{e^\xi}{4!} t^4$$

其中 ξ 介乎 0 與 t 之間。用 $-x^2$ 取代 t 得

$$e^{-x^2} = 1 - x^2 + \frac{x^4}{2!} - \frac{x^6}{3!} + \frac{c^\xi}{4!} x^8$$

其中 ξ 介乎 0 與 $-x^2$ 之間，因為 ξ 為負數，故

$$0 \leq \frac{e^\xi x^8}{4!} \leq \frac{e^0 x^8}{4!} = \frac{x^8}{4!}$$

於是

$$\int_0^{\frac{1}{2}} \frac{e^\xi x^8}{4!} dx \leq \int_0^{\frac{1}{2}} \frac{x^8}{4!} dx = \frac{x^9}{(4!)9}\Big|_0^{\frac{1}{2}} = \frac{1}{(4!) \times 9 \times 2^9}$$

因此用

$$\int_0^{\frac{1}{2}} \left(1 - x^2 + \frac{x^4}{2!} - \frac{x^6}{3!}\right) dx$$

$$= \frac{1}{2} - \frac{1}{2^3 \cdot 3} + \frac{1}{2^5 \cdot 5 \cdot (2!)} - \frac{1}{2^7 \cdot 7 \cdot (3!)} = 0.46127$$

作為 $\int_0^{\frac{1}{2}} e^{-x^2} dx$ 的近似估計，誤差小於

$$\frac{1}{(4!) \cdot 9 \cdot (2^9)} = \frac{1}{110592} < 0.00001 \quad \blacksquare$$

例 12 試估計 $\int_0^1 \frac{\sin x}{x} dx$ 之值。

解 先作 $\sin x$ 的 Taylor 展式（取前面幾項）：

$$\sin x = x - \frac{x^3}{3!} + \frac{x^5}{5!} - \frac{x^7}{7!} + R_7(x)$$

其中

$$R_7(x) = \frac{\sin \xi}{8!} x^8, \quad 並且 \xi 介乎 0 與 x 之間。$$

於是

$$\frac{\sin x}{x} = 1 - \frac{x^2}{3!} + \frac{x^4}{5!} - \frac{x^6}{7!} + \frac{\sin \xi}{8!} x^7$$

從而

$$\int_0^1 \frac{\sin x}{x} dx$$

$$= \int_0^1 \left(1 - \frac{x^2}{3!} + \frac{x^4}{5!} - \frac{x^6}{7!} \right) dx + \int_0^1 \frac{\sin\xi}{8!} x^7 dx$$

今因 $0 \le \sin\xi \le 1$，對 $\xi \in [0,1]$ 均成立，故

$$0 < \int_0^1 \frac{\sin\xi}{8!} x^7 dx < \int_0^1 \frac{x^7}{8!} dx = \frac{1}{8 \times (8!)} < 0.00001$$

因此用 $\displaystyle\int_0^1 \left(1 - \frac{x^2}{3!} + \frac{x^4}{5!} - \frac{x^6}{7!} \right) dx = 0.94608$

來估計 $\displaystyle\int_0^1 \frac{\sin x}{x} dx$ 之值，誤差小於 0.00001。　　■

　　總結上述，逼近問題所要處理的就是：給一個函數 f（可能很複雜而不易對付），要找一個簡單的函數 g（比如多項式或三角多項式），使得在事先給定的「接近」意味下，g 很接近 f。那麼我們就用 g 取代 f。當然在本課程裏，我們只能談，用多項式來逼近的情形。如果我們取 g 為一次多項式，這就是所謂的**線性逼近**。我們要強調，線性逼近恒是最方便，也是最有用的局部逼近！這就是為什麼世界上最重要的函數是線性函數的原因。

　　我們可以用一句標語來總結本課程的微積分內容：

　　　　一法兩念二義一理兩招一用

一法是指「無窮步驟的分析法」，兩念是指「極限與無窮小」兩個概念，二義是指「微分與積分」兩個定義，一理是指「微積分學根本定理」，兩招是指「分部積分與變數代換」兩個積分技巧，一用是指「泰勒分析」之應用。進一步，我們表達成如下之流程圖：

```
                  極限 → 微分
無窮步驟 ↗              ↘   微積分 → 分部積分法   泰勒
  分析法 ↘         ✗      ↗根本定理  變數代換法   分析
             無窮小 → 積分
```

習 題 7–5

求下列各函數的泰勒展式（1–6題）：

1. $f(x) = (1+x)^2, \ x = 0$

2. $f(x) = \tan^{-1} x, \ x = 0$

3. $f(x) = \ln(1+x), \ x = 0$

4. $f(x) = e^x, \ x = 1$

5. $f(x) = e^{-x}, \ x = 1$

6. $f(x) = \cos x, \ x = \dfrac{\pi}{4}$

7. 試求一多項式 $p(x)$ 使得 $|e^{-x^2} - p(x)| < 0.001, \ \forall x \in [-1, 1]$。

三民大專用書書目──數學

書　名	著（編）者	任教學校
數　學	楊維哲　蔡聰明　著	臺灣大學
數　學	吳順益　姚任之　著	成功大學　中山大學
數　學（一）、（二）、（三）、（四）（工專）	吳順益　姚任之　著	成功大學　中山大學
數　學（一）、（二）、（三）、（四）（工專）	楊維哲　蔡聰明　著	臺灣大學
數　學	嚴自強　等編著	國立建國工業專科學校
二專數學（工專）	姚任之　郭忠勝　著	中山大學　臺灣師範大學
五專數學（一）、（二）、（三）、（四）（商專）	吳順益　姚任之　著	成功大學　中山大學
商專數學（一）、（二）、（三）、（四）	葉能哲　著	淡水工商管理學院
管理數學	謝志雄　著	東吳大學
管理數學	戴久永　著	交通大學
管理數學題解	戴久永　著	交通大學
保險數學	蘇文斌　著	成功大學
商用數學	薛昭雄　著	政治大學
商用數學（含商用微積分）	楊維哲　著	臺灣大學
線性代數	謝志雄　著	東吳大學
商用微積分	何典恭　著	淡水工商管理學院
商用微積分題解	何典恭　著	淡水工商管理學院
微積分	楊維哲　著	臺灣大學
微積分（上）、（下）	楊維哲　著	臺灣大學
微積分	何典恭　著	淡水工商管理學院
微積分題解	何典恭　著	淡水工商管理學院
微積分	姚任之　著	中山大學
微積分題解	姚任之　著	中山大學
二專微積分（上）、（下）	姚任之　郭忠勝　著	中山大學　臺灣師範大學
數學（微積分）	姚任之　郭忠勝　著	中山大學　臺灣師範大學
大二微積分	楊維哲　著	臺灣大學
機率導論	戴久永　著	交通大學